建·筑·工·程
施工现场速成系列

建筑工程
识图
快速上手

张 良 编著

U0300931

化学工业出版社
·北京·

内 容 简 介

本书主要介绍了建筑识图的原理、规则、不同图纸的识读要点以及完整的识图解读等内容，主要包括施工图识读基础、施工图构成与识读、建筑图快速识读、建筑结构施工图快速识读、建筑给排水施工图快速识读、建筑暖通空调施工图快速识读、建筑电气施工图快速识读、土建工程识图实例解读、给排水工程识图实例解读、建筑电气工程识图实例解读等内容。全书内容的编写主要针对刚入行的施工员和技术员，先将各类施工图识读的基本知识和技巧进行详细讲解，并通过引出线的方式将一些重要的知识点直接在图上进行标示，使读者能一目了然地识读图上重要信息，最后通过几套有代表性的施工图纸将建筑工程施工图的整体识读讲述明白。本书还配有相关案例与视频，可使读者快速学会所需知识。

本书内容简明实用，图文并茂，实用性和实际操作性较强，可作为建筑工程技术人员和管理人员的参考用书，也可作为土建类相关专业大中专院校师生的参考教材。

图书在版编目（CIP）数据

建筑工程识图快速上手/张良编著. —北京：化学工业出版社，2022.2
（建筑工程施工现场速成系列）
ISBN 978-7-122-40445-9

Ⅰ.①建… Ⅱ.①张… Ⅲ.①建筑制图-识图-基本知识
Ⅳ.①TU204.21

中国版本图书馆 CIP 数据核字（2021）第 250208 号

责任编辑：彭明兰　　　　　　　　　　文字编辑：王　硕
责任校对：王佳伟　　　　　　　　　　装帧设计：刘丽华

出版发行：化学工业出版社（北京市东城区青年湖南街 13 号　邮政编码 100011）
印　　装：高教社（天津）印务有限公司
787mm×1092mm　1/16　印张 16½　字数 435 千字　2022 年 4 月北京第 1 版第 1 次印刷

购书咨询：010-64518888　　　　　　　　售后服务：010-64518899
网　　址：http://www.cip.com.cn
凡购买本书，如有缺损质量问题，本社销售中心负责调换。

定　　价：78.00 元　　　　　　　　　　　　　　　　版权所有　违者必究

作为一个实践性、操作性很强的专业技术领域，建筑工程行业在很多方面在要有理论依据的同时，更需要以实践经验为指导。如果对于现场实际操作缺乏一定的了解，即便理论知识丰富，进入建筑施工现场后，往往也是"丈二和尚摸不着头脑"，无从下手。尤其对于刚参加工作的新手来说，理论知识与实际施工现场的差异，是阻碍他们快速适应工作岗位的第一道障碍。因此，如何快速了解并"学会"工作，是每个进入建筑行业的新人所必须解决的首要问题。为了解决这一问题，我们针对建筑工程领域最关键的图纸识读、现场测量、现场施工、工程造价这四个方面，力求通过简洁的文字、直观的图表，分别将这四个核心岗位应掌握的技能讲述得清楚明白，指导初学者顺利适应相关工作岗位。

本书主要介绍了建筑识图的原理、规则、不同图纸的识读要点以及完整的识图解读等内容，具体包括施工图识读基础、施工图构成与识读、建筑图快速识读、建筑结构施工图快速识读、建筑给排水施工图快速识读、建筑暖通空调施工图快速识读、建筑电气施工图快速识读、土建工程识图实例解读、给排水工程识图实例解读、建筑电气工程识图实例解读等内容。全书内容的编写主要针对刚入行的施工员和技术员，先将各类施工图识读的基本知识和技巧进行详细讲解，并通过引出线的方式将一些重要的知识点直接在图上进行标示，使读者能一目了然地识读图上重要信息，最后通过几套有代表性的施工图纸将建筑工程施工图的整体识读讲述明白。本书还配有相关案例与视频，可使读者快速学会所需知识。

本书在编写过程中参考了有关文献和一些项目施工管理经验性文件，并且得到了许多专家和相关单位的关心与大力支持，在此表示衷心的感谢。

由于编写时间和水平有限，尽管笔者尽心尽力，反复推敲核实，但难免有疏漏或不妥之处，恳请广大读者批评指正，以便做进一步的修改和完善。

编著者

2022 年 1 月

目录

●
○

第一章

施工图识读基础

第一节　投影基本知识

一、投影的概念

在我们生活的三维空间里，一切物体都有长度、宽度和高度，如何才能在一个只有长度和宽度的图纸上，准确而全面地表达出物体的形状和大小呢？可以用投影的方法。

假如要画出一个物体的图形，可在物体前面放一个光源（例如电灯），它将在物体背后的平面上投落一个灰黑的多边形的影子（如图1-1所示）。但此影子是漆黑一片，只能反映空间物体某个方向的外形轮廓，不能反映物体上的各棱线和棱面。当光源或物体的位置改变时，影子的形状、位置也随之改变，因此，它不能反映出物体的真实形状。

假设从光源发出的光线能够穿透物体，光线把物体的每个顶点和棱线都投射到地面或墙面上，这样所得到的影子就能表达出物体的形状，称为物体的投影，如图1-2所示。

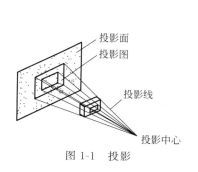

图 1-1　投影

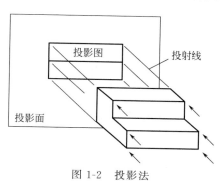

图 1-2　投影法

在制图中，把光源称为投影中心，光线称为投射线，光线的射向称为投射方向，落影的平面（如地面、墙面等）称为投影面，影子的轮廓称为投影。用投影表示物体的形状和大小的方法称为投影法，用投影法画出的物体图形称为投影图。

二、投影法的分类

根据投射线的类型（平行或汇交）、投影面与投射线的相对位置（垂直或倾斜）的不同，投影法一般分为以下两类。

1.中心投影法

投射线汇交于一点的投影法为中心投影法。汇交点用 S 表示，称为投射中心，如图1-3所示。采用中心投影法绘制的图形一般不反映物体的真实大小，但立体感好，多用于绘制建筑物的透视图。

2. 平行投影法

当投影中心移至无限远处时，投影线将依据一定的投影方向平行地投射下来，用相互平行的投射线对物体作投影的方法称作平行投影法。显然，投射线相对于投影面的位置有倾斜、垂直两种情况，见表 1-1。

表 1-1　正、斜投影法

名称	主要内容
正投影法	投影方向垂直于投影面时所作出的平行投影，称作正投影。作出正投影的方法称为正投影法，如图 1-4 所示。用这种方法画得的图形称作正投影图
斜投影法	投影方向倾斜于投影面时所作出的平行投影，称作斜投影，作出斜投影的方法称为斜投影法，如图 1-5 所示。用这种方法画得的图形称作斜投影图

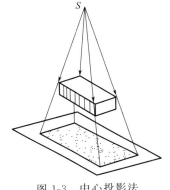

图 1-3　中心投影法

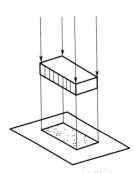

图 1-4　正投影法

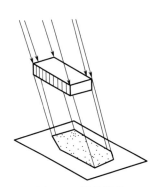

图 1-5　斜投影法

画物体的正投影图时，可见的轮廓用实线表示，被遮挡的不可见轮廓用虚线表示。由于正投影图能反映物体的真实形状和大小，因此，是工程图样广为采用的基本作图方法。

三、正投影的基本性质

组成物体的基本几何元素是点、线、面。了解点、直线和平面形的正投影的基本性质，有助于读者更好地理解和掌握画物体正投影图的内在规律和基本方法，见表 1-2。

表 1-2　正投影的性质

正投影的性质	主要内容
同素性	点的正投影仍然是点，直线的正投影一般仍为直线（特殊情况例外），平面的正投影一般仍为原空间几何形状的平面（特殊情况例外），这种性质称为正投影的同素性，如图 1-6(a) 和图 1-6(b) 所示
从属性	点在直线上，点的正投影一定在该直线的正投影上。点、直线在平面上，点和直线的正投影一定在该平面的正投影上。这种性质称为正投影的从属性，如图 1-6(c) 所示
积聚性	当直线或平面垂直于投影面时，其直线的正投影积聚为一个点；平面的正投影积聚为一条直线。这种性质称为正投影的积聚性，如图 1-6(d) 和图 1-6(e) 所示
可量性	当线段或平面平行于投影面时，其线段的投影长度反映线段的实长；平面的投影与原平面图形全等。这种性质称为正投影的全等性，如图 1-6(f) 和图 1-6(g) 所示

续表

正投影的性质	主要内容
定比性	线段上的点将该线段分成的比例,等于点的正投影分线段的正投影所成的比例,这种性质称为正投影的定比性,如图 1-6(h)和图 1-6(i)所示
平行性	两直线平行,它们的正投影也平行,且空间线段的长度之比等于它们正投影的长度之比,这种性质称为正投影的平行性,如图 1-6(j)所示

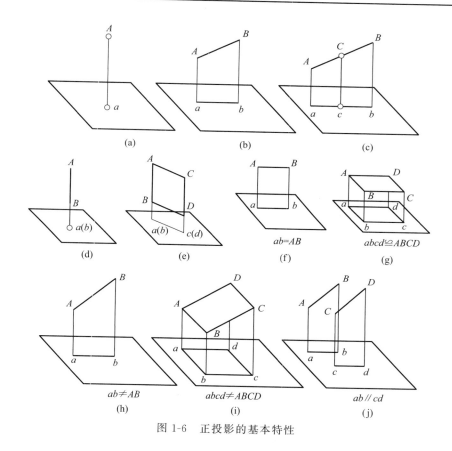

图 1-6　正投影的基本特性

第二节　工程中常用的投影法

在土木工程中,由于所表达的对象不同、目的不同,对图样的要求所采用的图示方法也随之不同。在土木工程上常用的投影图有四种:正投影图、轴测投影图、透视投影图、标高投影图。

📚 知识拓展

正投影图和轴测投影图

正投影图的优点是能够反映物体的真实形状和大小,便于度量和绘制,符合设计、施工、生产的需要。《房屋建筑制图统一标准》中规定，把正投影法作为绘制建筑工程图样的主要方法，正投影图是土木工程施工图纸的基本形式。但是正投影图的缺点是立体感差。

轴测投影图的特点是，能够在一个投影面上同时反映出物体的长、宽、高三个方向的结构和形状。

下面介绍工程中常用的几种图示法。

一、正投影法

正投影图由物体在两个互相垂直的投影面上的正投影，或在两个以上的投影面（其中相邻的两投影面互相垂直）上的正投影所组成。多面正投影是土木建筑工程中最主要的图样，如图 1-7 所示。然后将这些带有物体投影图的投影面展开在一个平面上，从而得到物体投影图，如图 1-8 所示。

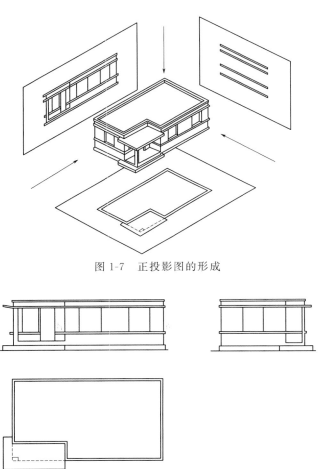

图 1-7　正投影图的形成

图 1-8　正投影图

二、轴测投影法

轴测投影图是将物体连同其直角坐标系，沿不平行于任一坐标平面的方向，用平行投影法将其投射在单一投影面上所得的图形，可以是正投影，也可以是斜投影，通常省略不画坐标轴的投影，如图 1-9（a）所示。

　　轴测投影图有较强的立体感，在土木建筑工程中常用来绘制给水排水、采暖通风和空气调节等方面的管道系统图。

　　在轴测投影法投射中，物体的三个轴向（左右、前后、上下）在轴测图中有规律性，可以计算和量度，由此被称作轴测投影图。但是作图较繁琐，表面形状在图中往往失真，只能作为工程上的辅助性图样，以弥补正投影图的不足，如图 1-9（b）所示。

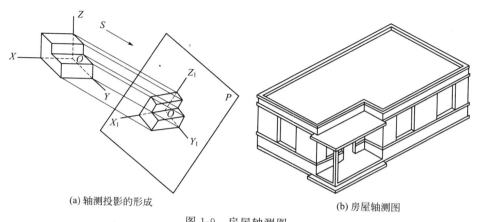

(a) 轴测投影的形成　　　　　　　　　　　(b) 房屋轴测图

图 1-9　房屋轴测图

三、透视投影法

　　透视投影图是用中心投影法将物体投射在单一投影面上所得的图形。

　　透视投影图有很强的立体感，形象逼真，如拍摄的照片。照相机在不同的地点、以不同的方向拍摄，会得到不同的照片；在不同的地点、以不同的方向视物，会得到不同的视觉形象。

　　透视投影图作图复杂，物体的尺寸不能直接在图中度量，故不能作为施工依据，仅用于建筑设计方案的比较及工艺美术和宣传广告画等。

四、标高投影法

　　标高投影图是在物体的水平投影上加注某些特征面、线以及控制点的高度数值的单面正投影。如图 1-10 所示，假设平坦的地面是高度为零的水平基准面 H，将 H 面作为投影面，它与山丘交得一条交线，也就是高程标记为零的等高线；再以高于水平基准面 10m、15m、20m 的水平面与山丘相交，交得高程标记为 10、15、20 的等高线；作出这些等高线在水平基准面 H 上的正投影，标注出高程数字，并画出比例尺或标注出比例，就得到了用标高投影图表达的这个山丘的地形图。

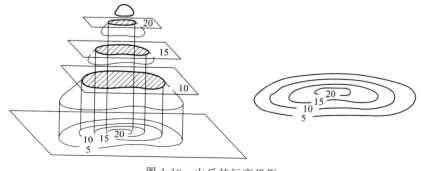

图 1-10　山丘的标高投影

第三节 三面正投影图

一、三投影面体系的建立

采用三个互相垂直的平面作为投影面，如图 1-11 所示，构成三投影面体系。水平位置的平面称作水平投影面（简称平面），用字母 H 表示，也可称为 H 面；与水平面垂直相交呈正立位置的投影面称作正立投影面（简称立面），用字母 V 表示，也可称为 V 面；位于右侧与 H、V 面均垂直的平面称作侧立投影面（简称侧面），用字母 W 表示，也可称为 W 面。

H 面与 V 面的交线 OX 称作 OX 轴；

H 面与 W 面的交线 OY 称作 OY 轴；

V 面与 W 面的交线 OZ 称作 OZ 轴。

三个投影轴 OX、OY、OZ 的交汇点 O 称作原点。

二、三面正投影图的形成

将物体置于 H 面之上，V 面之前，W 面之左的空间（第一分角），如图 1-12 所示，用分别垂直于三个投影面的平行投影线投影，可得物体在三个投影面的正投影图。

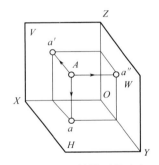

图 1-11　三投影面的建立

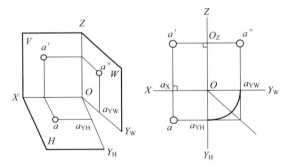

图 1-12　投影图的形成

投影图的组成内容见表 1-3。

表 1-3　投影图的组成内容

分类	定义
水平投影	点 A 在 H 面的投影 a，称为点 A 的水平投影
正面投影	点 A 在 V 面的投影 a'，称为点 A 的正面投影
侧面投影	点 A 在 W 面的投影 a''，称为点 A 的侧面投影

三、三投影面的展开

前面部分介绍的投影分别绘在了三个互相垂直的投影面上，而实际作图时只能绘在一个面上，因此，还需要将三个投影面展开，目的是使 H、V、W 面同处在一个平面（图纸）上。

根据我国绘制工程图样的有关规定，投影面的展开必须按照统一的规则，即：V 面不动，H 面绕 OX 轴向下旋转 $90°$，W 面绕 OZ 轴向右旋转 $90°$，这时，H 面与 W 面重合于 V

面，如图 1-13（a）所示。表示投影面范围的边线省略不画，展开投影面以后，投影图如图 1-13（b）所示。

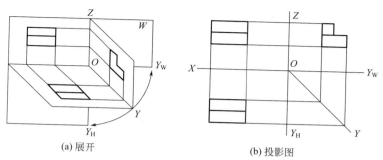

(a) 展开　　　　　　　　　　　　(b) 投影图

图 1-13　投影面的展开

四、三面投影图的关系

从三投影面体系（如图 1-11 所示）中不难看出，空间的左右、前后、上下三个方向，可以分别由 OX 轴、OY 轴和 OZ 轴的方向来代表。换言之，在投影图中，凡是与 OX 轴平行的直线，反映的是空间左右方向；凡是与 OY 轴平行的直线，反映的是空间前后方向；凡是与 OZ 轴平行的直线，反映的是空间上下方向，如图 1-14 所示。在画物体的投影图时，习惯上使物体的长、宽、高三组棱线分别平行于 OX、OY、OZ 轴，因此，物体的长度可以沿着与 OX 轴平行的方向量取，在平面和立面图中显示实长；物体的宽度可以沿着与 OY 轴平行的方向量取，在平面和侧面图中显示实长；物体的高度可以沿着与 OZ 轴平行的方向量取，在立面图、侧面图中显示实长。平、立、侧三面投影图中，每一个投影图含有两个量，三个投影图之间保持着量的统一性和图形的对应关系，概括地说，就是长对正、高平齐、宽相等。如图 1-15 所示，表明了三面投影图的"三等"关系。

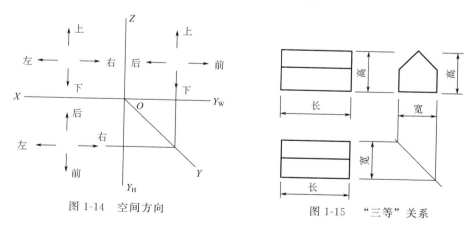

图 1-14　空间方向　　　　　　　　　　图 1-15　"三等"关系

📚 **知识拓展**

"三等"关系

"三等"关系即正立面图的长与平面图的长相等；正立面图的高与侧立面图的高相等；平面图的宽与侧立面图的宽相等。

五、三面投影图的画法

现以模型体台阶为例,介绍三面正投影图的画图方法,如图 1-16 所示。

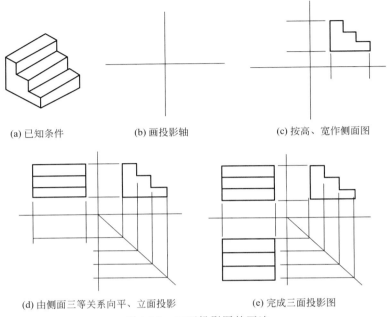

(a) 已知条件   (b) 画投影轴   (c) 按高、宽作侧面图

(d) 由侧面三等关系向平、立面投影   (e) 完成三面投影图

图 1-16   三面投影图的画法

根据平面投影图向侧面作等宽线的方法有三种,见图 1-17。

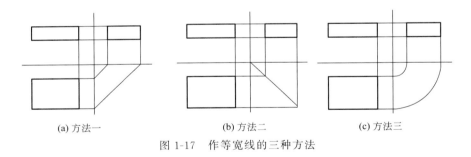

(a) 方法一   (b) 方法二   (c) 方法三

图 1-17   作等宽线的三种方法

第四节   工程中常用的投影、视图、剖面图、断面图

一、投影与视图

在学习投影原理时,我们知道一个物体可在三个互相垂直的投影面 H、V 和 W 上获得其水平投影、正面投影和侧面投影,如图 1-18 所示。

在工程制图中将物体向投影面作投影获得的投影图称为视图。图 1-18 是物体的三面视图。

在土建制图中,把相当于水平投影、正面投影和侧面投影的投影图,分别称为平面图、

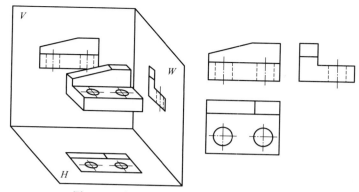

图 1-18　水平投影、正面投影和侧面投影

正立面图和左侧立面图。平面图相当于观看者面对 H 面，从上向下观看物体时所得到的视图；正立面图是面对 V 面，从前向后观看时所得到的视图；左侧立面图是面对 W 面，从左向右观看时所得到的视图。

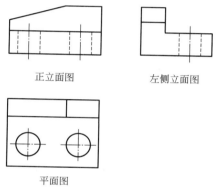

正立面图　　　　左侧立面图

平面图

图 1-19　三视图的排列位置

在三视图的排列位置中，平面图位于正立面图的下方。左侧立面图位于正立面图的右方，如图 1-19 所示。

正立面图反映了物体的上下、左右的相互关系，即高度和长度；平面图反映了物体的左右、前后的相互关系，即长度和宽度；左侧立面图反映了物体的上下、前后的相互关系，即高度和宽度。

在识图时，要注意物体的上、下、左、右、前、后六个方位在视图上的表示。特别是前面、后面的表示，如平面图的下方和左侧立面图的右方都表示物体的前面，平面图的上方和左侧立面图的左方都表示物体的后面。

二、视图数量的选择

建筑物及其构配件的视图，在保证表达完整清晰的前提下，可选用一个视图，或两个、三个，甚至更多的视图。如：图 1-20(a) 所示的晾衣架，可选用一个视图，再加文字说明钢筋的直径和混凝土块的厚度；门轴铁脚采用两个视图，就可以把它的形体表达清楚，如图 1-20(b) 所示。

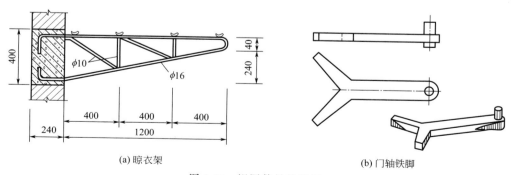

(a) 晾衣架　　　　　　　　　　　　　(b) 门轴铁脚

图 1-20　视图数量的选择

如图 1-21 所示的肋式杯形基础，需用三个视图才能确定它们的形体。

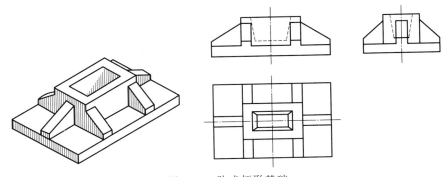

图 1-21 肋式杯形基础

三、剖面图

知识拓展

剖面图的画法

剖切面是假想的，并非把物体真正剖开，只是在某一投影方向上需要表示内部形状时，才假想将物体剖去一部分，画出此方向上的剖面图。而其他方向的投影应按完整的物体画出。

作剖面图时，剖切平面的方向，一般选择与某一投影面平行，以便在剖面图中得到该部分的实形。同时，要使剖切平面尽量通过物体上的孔、洞、槽等隐蔽形体的中心线，将物体内部尽量表现清楚。剖切平面平行于 V 面时，作出的剖面图称为正立剖面图，可以用来替代原来带虚线的正立面图；剖切平面平行于 W 面时，所作出的剖面图称为侧立剖面图，可以用来替代侧立面图。

物体剖开之后，都有一个截口，即截交线围成的平面图形，称为截面。在剖面图中，规定要在断面上画出建筑材料图例，以区别断面（剖到的）和非断面（看到的）部分。各种建筑材料图例必须遵照国家标准规定的画法，在被剖到的图形上画图例线。图例线为 45° 细实线，间距 2～6mm。在同一物体的各剖面中，图例线的方向、间距要一致。

1. 剖面图的形成

为了表达工程形体内孔和槽的形状，假想用一个平面沿工程形体的对称面将其剖开。这个平面为剖切面。

将处于观察者与剖切面之间的部分形体移去，而将余下的这部分形体向投影面投射，所得的图形称为剖面图，也称"剖视"。剖切面与物体的接触部分称为剖面区域，如图 1-22 所示。

综上所述，"剖视"的概念，可以归纳为三个字：

（1）"剖"——假想用剖切面剖开物体；

（2）"移"——将处于观察者与剖切面之间的部分移去；

（3）"视"——将其余部分向投影面投射。

所得的图形为剖面图。

2. 全剖面图

假想用一个剖切平面把形体整个剖开后所画出的剖面图叫全剖面图。

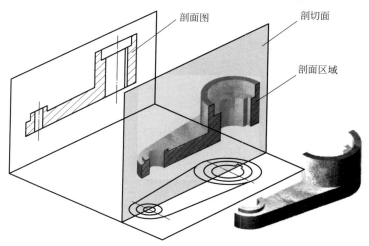

图 1-22　剖视概念

　　不对称的建筑形体，或虽然对称但外形比较简单，或在另一个投影中已将它的外形表达清楚时，可假想用一个剖切平面将物体全部剖开，然后画出形体的剖面图。这种剖面图称为全剖面图。如图 1-23 所示的房屋，为了表示它的内部布置，假想用一水平的剖切平面，通过门、窗洞将整幢房子剖开，然后画出其整体的剖面图。这种水平剖切的剖面图，在房屋建筑图中，称为平面图。

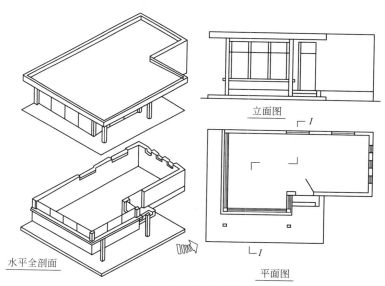

图 1-23　全剖面图

3. 阶梯剖面图

　　当物体上有较多的孔、槽，且不在同一层次上时，可用两个或两个以上平行的剖切平面通过各孔、槽轴线把物体剖开，所得剖面称为阶梯剖面。

　　如图 1-24 所示的房屋，如果只用一个平行于 W 面的剖切平面，就不能同时剖开前墙的窗和后墙的窗，这时可将剖切平面转折一次，即用一个剖切平面剖开前墙的窗，用另一个与其平行的平面剖开后墙的窗，这样就满足了要求。阶梯形剖切平面的转折处，在剖面图上规定不画分界线。

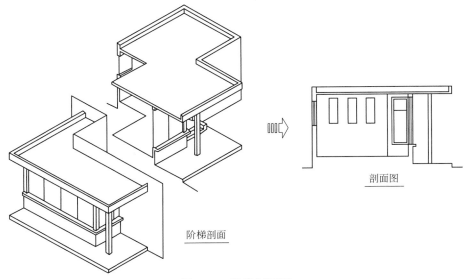

图 1-24　阶梯剖面图

4. 局部剖面图

当建筑的外形比较复杂，完全剖开后就无法表示清楚时，可以保留原投影图的大部分，而只将局部地方画成剖面图。如图 1-25 所示，在不影响外形表达的情况下，将杯形基础水平投影的一个角落画成剖面图，表示基础内部钢筋的配置情况。这种剖面图，称为局部剖面图。按国家标准规定，投影图与局部剖面图之间，要用徒手画的波浪线分界。

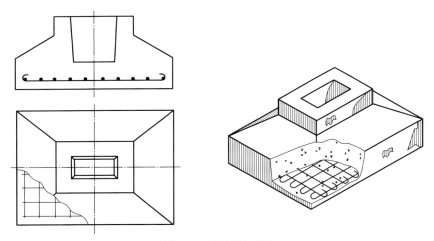

图 1-25　局部剖面图

图 1-25 所示基础的正面投影，已被剖面图所代替。图上已画出了钢筋的配置情况，在断面上便不再画钢筋混凝土的图例符号。

5. 半剖面图

当建筑形体是左右对称或前后对称，而外形又比较复杂时，可以画出由半个外形正投影图和半个剖面图拼成的图形，以同时表示物体的外形和内部构造。这种剖面称为半剖面。

如图 1-26 所示的正锥壳基础，可画出半个正面投影和半个侧面投影以表示基础的外形和相贯线，另外各配上半个相应的剖面图表示基础的内部构造。半剖面相当于剖去物体的 1/4，将剩余的 3/4 做剖面。

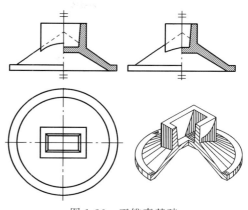

图 1-26　正锥壳基础

四、断面图

1. 断面图的画法

用一个剖切平面将物体剖开之后，物体上的截口，即截交线所围成的平面图形，称为断面。如果只把这个断面投射到与它平行的投影面上，所得的投影表示出断面的实形，称为断面图。

与剖面图一样，断面图也是用来表示物体内部形状的。剖面图与断面图的区别如图 1-27 所示，其具体内容主要有以下几点。

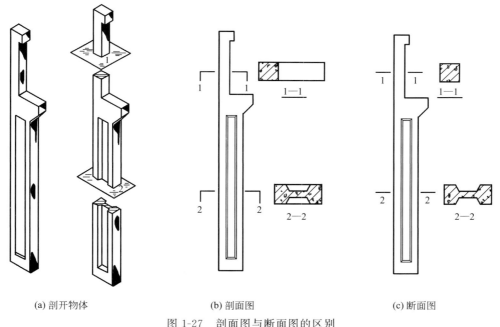

(a) 剖开物体　　　　(b) 剖面图　　　　(c) 断面图

图 1-27　剖面图与断面图的区别

（1）断面图只画出物体被剖开后断面的投影，如图 1-28 中 1—1 所示，而剖面图要画出物体被剖开后整个余下部分的投影，如图 1-28 中 2—2 所示。

（2）剖面图是被剖开物体的投影，是体的投影，而断面图只是一个截口的投影，是面的投影。被剖开的物体必有一个截口，所以剖面图必然包含断面图在内，而断面图虽属于剖面图的一部分，但一般单独画出。

（3）剖切符号的标注不同。断面图的剖切符号只画出剖切位置线，不画出剖切方向线，且只用编号的注写位置来表示剖切方向。编号写在剖切位置线下侧，表示向下投影；注写在左侧，表示向左投影。

（4）剖面图中的剖切平面可转折，断面图中的剖切平面则不可转折。

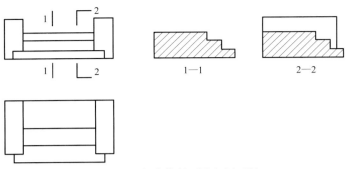

图 1-28　台阶的断面图与剖面图

2. 断面图的简化画法

为了节省绘图时间，或由于绘图位置不够，建筑制图国家标准允许在必要时可以采用下列的简化画法。

（1）对称图形的简化画法。对称的图形可以只画一半，但要加上对称符号。例如图 1-29（a）所示的锥壳基础平面图，因为它左右对称，可以只画左半部，并在对称线的两端加上对称符号，如图 1-29（b）所示。对称线用细点划线表示。对称符号用一对平行的短细实线表示，其长度为 6～10mm。两端的对称符号到图形的距离应相等。

（2）由于锥壳基础的平面图不仅左右对称，而且上下对称，因此还可以进一步简化，只画出其四分之一，但同时要增加一条水平的对称线和对称符号，如图 1-29（c）所示。

（3）对称的构件需要画剖面图时，也可以以对称为界，一边画外形图，一边画剖面图。这时需要加对称符号，如图 1-26 所示的锥壳基础。

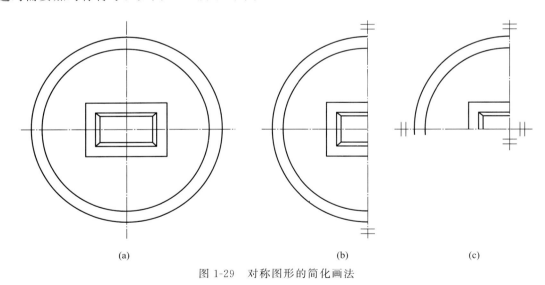

(a)　　　　　　　　　　　　　　(b)　　　　　　　　(c)

图 1-29　对称图形的简化画法

3. 相同要素的简化画法

建筑物或构配件的图形，如果图上有多个完全相同而连续排列的构造要素，可以仅在排列的两端或适当位置画出其中一两个要素的完整形状，然后画出其余要素的中心线或中心线交点，以确定它们的位置，例如图 1-30（a）所示的混凝土空心砖和图 1-30（b）所示的预应力空心板。

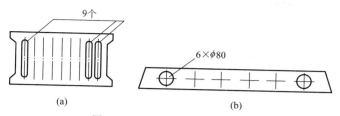

图 1-30 相同要素的简化画法

4. 折断省略画法

对于较长的等断面的构件，或构件上有一段较长的等断面，可以假想将该构件折断其中间一部分，然后在断开处两侧加上折断线，如图 1-31（a）所示的柱子。

一个构件如果与另一构件仅部分不相同，该构件可以只画出不同的部分，但要在两个构件的相同部分与不同部分的分界线上分别画上连接符号。两个连接符号应对准在同一线上，如图 1-31（b）所示。

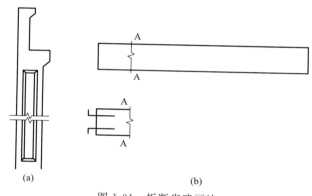

图 1-31 折断省略画法

第五节 国家制图基本规定

扫码看视频

CAD简单制图（1）

一、图纸幅面

（1）图纸幅面及图框尺寸，应符合表 1-4 的规定。

表 1-4 图纸幅面尺寸

单位：mm

尺寸符号	幅面代号及对应尺寸				
	A0	A1	A2	A3	A4
$B \times L$	841×1189	594×841	420×594	297×420	210×297
c	10			5	
a	25				

注：B—幅面短边尺寸；L—幅面长边尺寸；c—图框线与幅面线间宽度；a—图框线与装订边间宽度。

（2）需要微缩复制的图纸，其一个边上应附有一段准确米制尺度，四个边上均附有对中标志，米制尺度的总长应为 100mm，分格应为 10mm。对中标志应画在图纸各边长的中点处，线宽应为 0.35mm，伸入框内应为 5mm。

（3）图纸的短边一般不应加长，长边可加长，但应符合表 1-5 的规定。

表 1-5　图纸长边加长尺寸 单位：mm

幅面代号	长边尺寸	长边加长后尺寸
A0	1189	1486　1635　1783　1932　2080　2230　2378
A1	841	1051　1261　1471　1682　1892　2102
A2	594	743　891　1041　1189　1388　1486　1635
A2	594	1783　1932　2080
A3	420	630　841　1051　1261　1471　1682　1892

注：有特殊需要的图纸，可采用 $B \times L$ 为 841mm×891mm 与 1189mm×1261mm 的幅面。

（4）图纸以短边作为垂直边称为横式，以短边作为水平边称为立式。一般 A0～A3 图纸宜横式使用；必要时，也可立式使用。

（5）一个工程设计中，每个专业所使用的图纸一般不宜多于两种幅面，不含目录及表格所采用的 A4 幅面。

二、标题栏与会签栏

1. 图纸的标题栏、会签栏及装订边的位置

（1）横式和立式使用的图纸，应按图 1-32 所示的形式布置。

（2）标题栏应按图 1-33 所示，根据工程需要选择确定其尺寸、格式及分区。签字区应包含实名列和签名列。涉外工程的标题栏内，各项主要内容的中文下方应附有译文，设计单位的上方或左方，应加"中华人民共和国"字样。

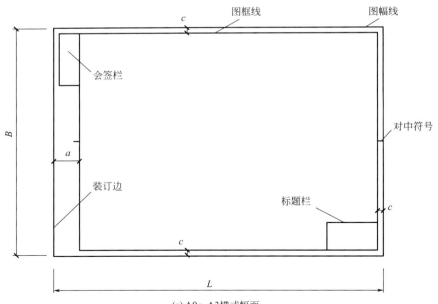

(a) A0～A3横式幅面

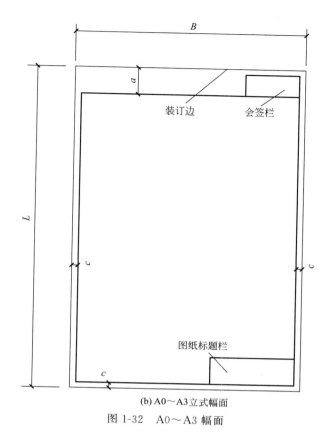

(b) A0～A3立式幅面

图 1-32　A0～A3 幅面

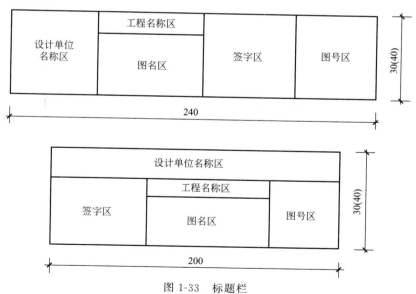

图 1-33　标题栏

（3）会签栏应按图 1-34 的格式绘制，其尺寸应为 100mm×20mm，栏内应填写会签人员所代表的专业、姓名、日期（年、月、日）；一个会签栏不够时，可另加一个，两个会签栏应并列；不需会签的图纸可不设会签栏。

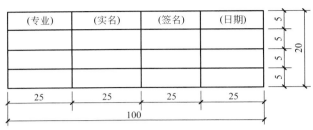

图 1-34 会签栏

2. 图纸编排顺序

（1）工程图纸应按专业顺序编排，一般应为图纸目录、总图、建筑图、结构图、给水排水图、暖通空调图、电气图……

（2）各专业的图纸，应该按图纸内容的主次关系、逻辑关系有序排列。

三、图线

（1）图线的宽度 b，宜从下列线宽系列中选取：2.0mm、1.4mm、1.0mm、0.7mm、0.5mm、0.35mm。每个图样，应根据复杂程度与比例大小，先选定基本线宽 b，再选用表 1-6 中相应的线宽组。

（2）工程建设制图，应选用表 1-7 所示的图线。

（3）同一张图纸内，相同比例的各图样，应选用相同的线宽组。

（4）图纸的图框和标题栏线，可采用表 1-8 所示的线宽。

（5）相互平行的图线，其间隙不宜小于其中的粗线宽度，且不宜小于 0.7mm。

（6）虚线、单点长划线或双点长划线的线段长度和间隔，宜各自相等。

（7）单点长划线或双点长划线，当在较小图形中绘制有困难时，可用实线代替。

（8）单点长划线或双点长划线的两端，不应是点。点划线与点划线交接或点划线与其他图线交接时，应是线段交接。

（9）虚线与虚线交接或虚线与其他图线交接时，应是线段交接。虚线为实线的延长线时，不得与实线连接。

（10）图线不得与文字、数字或符号重叠、混淆，不可避免时，应首先保证文字等的清晰。

表 1-6　线宽组　　　　　　　　　　　　　　　　　　　单位：mm

b	2.0	1.4	1.0	0.7	0.5	0.35
$0.5b$	1.0	0.7	0.5	0.35	0.25	0.18
$0.35b$	0.5	0.35	0.25	0.18	—	—

注：需要微缩的图纸，不宜采用 0.18mm 及更细的线宽。

表 1-7　图形的线型、线宽及用途

名称	线型	线宽	用途
粗实线	——	b	1.平、剖面图中被剖切的主要建筑构造（包括构配件）的轮廓线 2.建筑立面图或室内立面图的外轮廓线 3.建筑构造详图中被剖切的主要部分的轮廓线 4.建筑构配件详图中的外轮廓线 5.平、立、剖面图的剖切符号

续表

名称	线型	线宽	用途
中实线	——	0.5b	1. 平、剖面图中被剖切的次要建筑构造（包括构配件）的轮廓线 2. 建筑平、立、剖面图中建筑构配件的轮廓线 3. 建筑构造详图及建筑构配件详图中的一般轮廓线
细实线	——	0.25b	小于 0.5b 的图形线、尺寸线、尺寸界线、图例线、索引符号、标高符号、详图材料做法引出线等
中虚线	— — —	0.5b	1. 建筑构造详图及建筑构配件不可见的轮廓线 2. 平面图中的起重机（吊车）轮廓线 3. 拟扩建的建筑物轮廓线
细虚线	- - - - -	0.25b	图例线、小于 0.5b 的不可见轮廓线
粗单点长划线	—·—·—	b	起重机（吊车）轨道线
细单点长划线	—·—·—	0.25b	中心线、对称线、定位轴线
折断线	—⌐⌐—	0.25b	不需画全的断开界线
波浪线	～～～	0.25b	不需画全的断开界线 构造层次的断开界线

注：地平线的线宽比为 1.4b。

表 1-8　图纸图框线和标题栏线线宽　　　　　单位：mm

图纸幅面	图框线	标题栏外框线	标题栏分格线
A0,A1	1.4	0.7	0.35
A2,A3,A4	1.0	0.7	0.35

四、字体

（1）图纸上所需书写的文字、数字或符号等，均应笔画清晰、字体端正、排列整齐；标点符号应清楚正确。

（2）文字的字高，应从如下系列中选用：3.5mm、5mm、7mm、10mm、14mm、20mm。如需书写更大的字，其高度应按 $\sqrt{2}$ 的比值递增。

（3）图样及说明中的汉字，宜采用长仿宋体，宽度与高度的关系应符合表 1-9 的规定。大标题、图册封面、地形图等的汉字，也可书写成其他字体，但应易于辨认。

（4）汉字的简化字书写，必须符合国务院公布的《汉字简化方案》和有关规定。

（5）拉丁字母、阿拉伯数字与罗马数字的书写与排列，应符合表 1-10 的规定。

（6）拉丁字母、阿拉伯数字与罗马数字，如需写成斜体字，其斜度应是从字的底线逆时针向上倾斜 75°。斜体字的高度与宽度应与相应的直体字相等。

（7）拉丁字母、阿拉伯数字与罗马数字的字高，应不小于 2.5mm。

（8）数量的数值注写，应采用正体阿拉伯数字。各种计量单位凡前面有量值的，均应采用国家颁布的单位符号注写。单位符号应采用正体字母。

（9）分数、百分数和比例数的注写，应采用阿拉伯数字和数学符号，例如：四分之三、百分之二十五和一比二十应分别写成 3/4、25％和 1：20。

（10）当注写的数字小于 1 时，必须写出个位的"0"，小数点应采用圆点，齐基准线书写，例如 0.01。

（11）长仿宋汉字、拉丁字母、阿拉伯数字与罗马数字示例见《技术制图　字体》（GB/T 14691—93）。

表 1-9　长仿宋体字高宽关系　　　　　　　　　　　　　单位：mm

字号（即字高）	2.5	3.5	5	7	10	14	20
字宽	1.4	2.5	3.5	5	7	10	14

表 1-10　阿拉伯数字、拉丁字母、罗马数字的规格

		一般字体	窄字体
字母高	大写字母	h	h
	小写字母(上下均无延伸)	$(7/10)h$	$(10/14)h$
小写字母向上或向下延伸部分		$(3/10)h$	$(4/14)h$
笔画宽度		$(1/10)h$	$(1/14)h$
间隔	字母间隔	$(2/10)h$	$(2/14)h$
	上下行底线间最小间隔	$(14/10)h$	$(20/14)h$
	文字间最小间隔	$(6/10)h$	$(6/14)h$

注：1. 小写字母如 a，c，m，n 等上下均无延伸，而 j 则上下有延伸。

2. 字母的间隔，倘在视觉上需要更好的效果时，可以减小一半，即和笔画的宽度相等。

五、比例

（1）图样的比例，应为图形与实物相对应的线性尺寸之比。比例的大小，是指其比值的大小，如 1∶50 大于 1∶100。

（2）比例的符号为"∶"，比例应以阿拉伯数字表示，如 1∶1、1∶2、1∶100 等。

（3）比例宜注写在图名的右侧，字的基准线应取平；比例的字高宜比图名的字高小一号或二号（图 1-35）。

平面图　　1∶100

图 1-35　图名和比例

（4）绘图所用的比例，应根据图样的用途与被绘对象的复杂程度，从表 1-11 中选用，并优先用表中常用比例。

表 1-11　绘图常用比例

图名	比例
建筑物或构筑物的平面图、立面图、剖面图	1∶50、1∶100、1∶150、1∶200、1∶300
建筑物或构筑物的局部放大图	1∶10、1∶20、1∶25、1∶30、1∶50
配件及构造详图	1∶25、1∶30、1∶50

（5）一般情况下，一个图样应选用一种比例。根据专业制图需要，同一图样可选用两种比例。

（6）特殊情况下也可自选比例，这时除应注出绘图比例外，还必须在适当位置绘制出相应的比例尺。

六、符号

1. 剖切符号

（1）剖视的剖切符号应符合下列规定。

① 剖视的剖切符号应由剖切位置线及投射方向线组成，均应以粗实线绘制。剖切位置

线的长度宜为 6～10mm；投射方向线应垂直于剖切位置线，长度应短于剖切位置线，宜为 4～6mm（图 1-36）。绘制时，剖视的剖切符号不应与其他图线相接触。

② 剖视剖切符号的编号宜采用阿拉伯数字，按顺序由左至右、由下至上连续编排，并应注写在剖视方向线的端部。

③ 需要转折的剖切位置线，应在转角的外侧加注与该符号相同的编号。

④ 建（构）筑物剖面图的剖切符号宜注在±0.00 标高的平面图上。

（2）断面的剖切符号应符合以下规定。

① 断面的剖切符号应只用剖切位置线表示，并应以粗实线绘制，长度宜为 6～10mm。

② 断面剖切符号的编号宜采用阿拉伯数字，按顺序连续编排，并应注写在剖切位置线的一侧；编号所在的一侧应为该断面的剖视方向（图 1-37）。

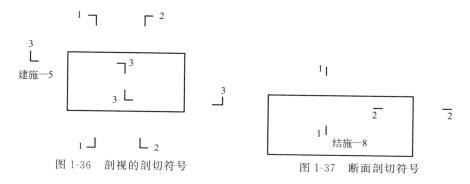

图 1-36　剖视的剖切符号　　　　　　图 1-37　断面剖切符号

（3）剖面图或断面图，如与被剖切图样不在同一张图内，可在剖切位置线的另一侧注明其所在图纸的编号，也可以在图上集中说明。

2. 索引符号与详图符号

图样中的某一局部或构件，如需另见详图，应以索引符号索引［图 1-38(a)］。索引符号是由直径为 10mm 的圆和水平直径组成，圆及水平直径均应以细实线绘制。索引符号应按下列规定编写。

① 索引出的详图，如与被索引的详图同在一张图纸内，应在索引符号的上半圆中用阿拉伯数字注明该详图的编号，并在下半圆中间画一段水平细实线［图 1-38(b)］。

② 索引出的详图，如与被索引的详图不在同一张图纸内，应在索引符号的上半圆中用阿拉伯数字注明该详图的编号，在索引符号的下半圆中用阿拉伯数字注明该详图所在图纸的编号［图 1-38(c)］。数字较多时，可加文字标注。

③ 索引出的详图，如采用标准图，应在索引符号水平直径的延长线上加注该标准图册的编号［图 1-38(d)］。

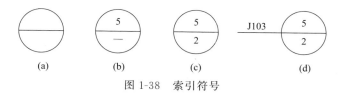

图 1-38　索引符号

3. 引出线

（1）引出线应以细实线绘制，宜采用水平方向的直线，或与水平方向成 30°、45°、60°、90°的直线，或经上述角度再折为水平线。文字说明宜注写在水平线的上方［图 1-39(a)］，也可注写在水平线的端部 [图 1-39(b)]。索引详图的引出线，应与水平直径线相连接 [图 1-39(c)]。

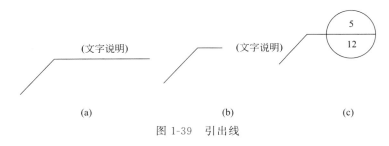

图 1-39　引出线

（2）同时引出几个相同部分的引出线，宜互相平行 [图 1-40(a)]，也可画成集中于一点的放射线 [图 1-40(b)]。

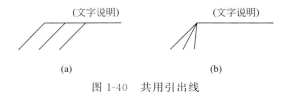

图 1-40　共用引出线

七、定位轴线

（1）定位轴线应用细点划线绘制。

（2）定位轴线一般应编号，编号应注写在轴线端部的圆内。圆应用细实线绘制，直径为 8~10mm。定位轴线圆的圆心，应在定位轴线的延长线上或延长线的折线上。

（3）平面图上定位轴线的编号，宜标注在图样的下方与左侧。横向编号应用阿拉伯数字，从左至右顺序编写，竖向编号应用大写拉丁字母，从下至上顺序编写（图 1-41）。

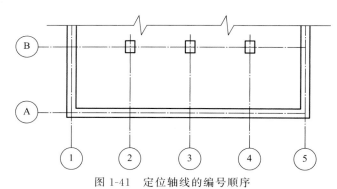

图 1-41　定位轴线的编号顺序

（4）拉丁字母的 I、O、Z 不得用作轴线编号。如字母数量不够使用，可增用双字母或单字母加数字注脚，如 AA、BA、…、YA 或 A_1、B_1、…、Y_1。

（5）组合较复杂的平面图中定位轴线也可采用分区编号（图 1-42），编号的注写形式应为"分区号-该分区编号"。分区号采用阿拉伯数字或大写拉丁字母表示。

（6）附加定位轴线的编号，应以分数形式表示，并应按下列规定编写。

① 两根轴线间的附加轴线，应以分母表示前一轴线的编号，分子表示附加轴线的编号，编号宜用阿拉伯数字顺序编写，如：

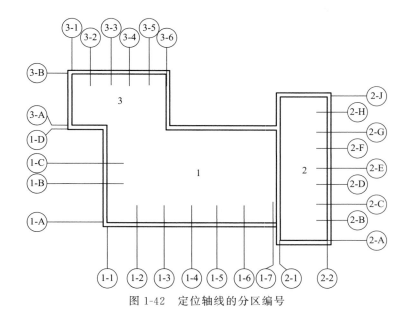

图 1-42　定位轴线的分区编号

$\dfrac{1}{2}$表示 2 号轴线之后附加的第一根轴线；

$\dfrac{3}{C}$表示 C 号轴线之后附加的第三根轴线。

② 1 号轴线或 A 号轴线之前的附加轴线的分母应以 01 或 0A 表示，如：

$\dfrac{1}{01}$表示 1 号轴线之前附加的第一根轴线；

$\dfrac{3}{0A}$表示 A 号轴线之前附加的第三根轴线。

（7）通用详图中的定位轴线，应只画圆，不注写轴线编号。

八、常用建筑材料图例

常用建筑材料应按表 1-12 所示图例画法绘制。

表 1-12　常用建筑材料图例

序号	名称	图例	备注
1	自然土壤		包括各种自然土壤
2	夯实土壤		
3	砂、灰土		靠近轮廓线绘较密的点
4	砂砾石、碎砖三合土		

续表

序号	名称	图例	备注
5	石材	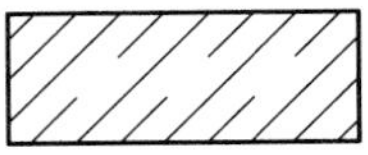	
6	毛石		
7	普通砖	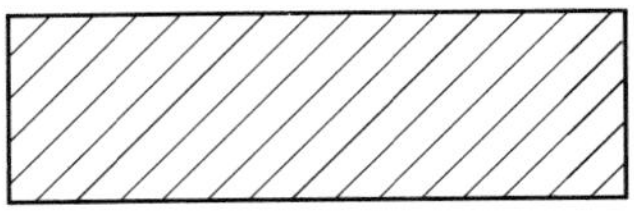	包括实心砖、多孔砖、砌块等砌体。断面较窄不易绘出图例线时,可涂红
8	耐火砖	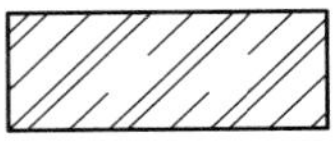	包括耐酸砖等砌体
9	空心砖	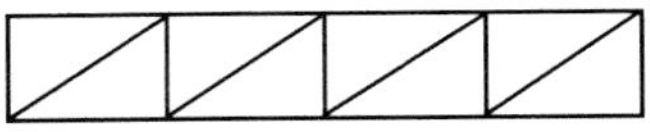	指非承重砖砌体
10	饰面砖	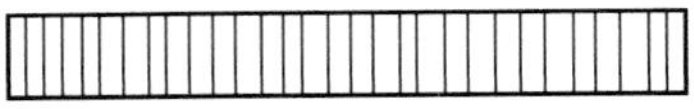	包括铺地砖、玻璃马赛克、陶瓷锦砖、人造大理石等
11	焦渣、矿渣	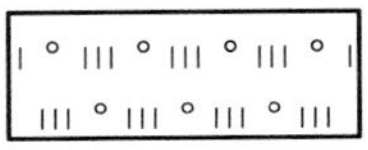	包括与水泥、石灰等混合而成的材料
12	混凝土		1. 本图例指能承重的混凝土及钢筋混凝土 2. 包括各种强度等级、骨料、添加剂的混凝土 3. 在剖面上画出钢筋时,不画图例线 4. 断面图形小,不易画出图例线时,可涂黑
13	钢筋混凝土	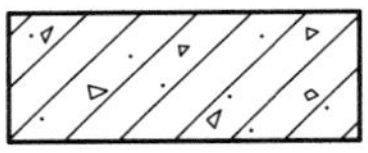	
14	多孔材料	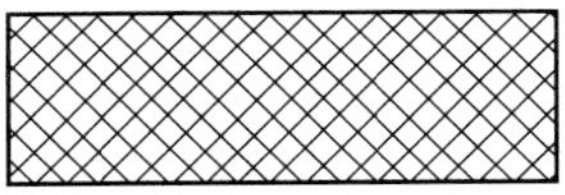	包括水泥珍珠岩、沥青珍珠岩、泡沫混凝土、非承重加气混凝土、软木、蛭石制品等
15	纤维材料	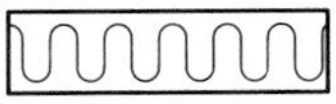	包括矿棉、岩棉、玻璃棉、麻丝、木丝板、纤维板等
16	泡沫塑料材料	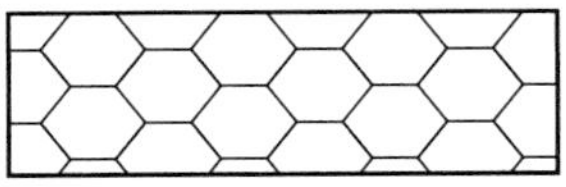	包括聚苯乙烯、聚乙烯、聚氨酯等多孔聚合物类材料
17	木材		1. 上图为横断面,上左图为垫木、木砖或木龙骨 2. 下图为纵断面

续表

序号	名称	图例	备注
18	胶合板		应注明为×层胶合板
19	石膏板		包括圆孔、方孔、防水石膏板等
20	金属		1.包括各种金属 2.图形小时,可涂黑
21	网状材料		1.包括金属、塑料网状材料 2.应注明具体材料名称
22	液体		应注明具体液体名称
23	玻璃		包括平板玻璃、磨砂玻璃、夹丝玻璃、钢化玻璃、中空玻璃、夹层玻璃、镀膜玻璃等
24	橡胶		
25	塑料		包括各种软、硬塑料及有机玻璃等
26	防水材料		构造层次多或比例大时,采用上面图例
27	粉刷		本图例采用较稀的点

注：序号1、2、5、7、8、13、14、16、17、18、22图例中的斜线、短斜线、交叉斜线等一律为45°。

九、尺寸标注

1. 尺寸界线、尺寸线及尺寸起止符号

（1）图样上的尺寸，包括尺寸界线、尺寸线、尺寸起止符号和尺寸数字（图1-43）。

（2）尺寸界线应用细实线绘制，一般应与被注长度垂直，其一端应离开图样轮廓线不小于2mm，另一端宜超出尺寸线2～3mm。图样轮廓线可用作尺寸界线（图1-44）。

扫码看视频

CAD简单制图（2）

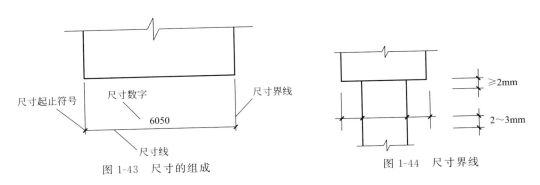

图 1-43　尺寸的组成　　　　　　　图 1-44　尺寸界线

（3）尺寸线应用细实线绘制，应与被注长度平行。图样本身的任何图线均不得用作尺寸线。

（4）尺寸起止符号一般用中粗斜短线绘制，其倾斜方向应与尺寸界线成顺时针 45°角，长度宜为 2～3mm。半径、直径、角度与弧长的尺寸起止符号，宜用箭头表示（图 1-45）。

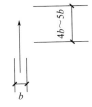

图 1-45　箭头尺寸起止符号

2. 尺寸数字

（1）图样上的尺寸，应以尺寸数字为准，不得从图上直接量取。

（2）图样上的尺寸单位，除标高及总平面以 m 为单位外，其他必须以 mm 为单位。

（3）尺寸数字的方向，应按图 1-46（a）的规定注写。若尺寸数字在 30°斜线区内，宜按图 1-46（b）的形式注写。

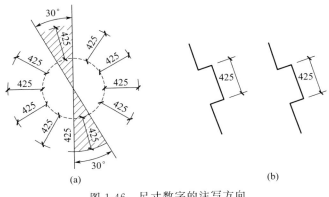

图 1-46　尺寸数字的注写方向

（4）尺寸数字一般应依据其方向注写在靠近尺寸线的上方中部。如没有足够的注写位置，最外边的尺寸数字可注写在尺寸界线的外侧，中间相邻的尺寸数字可错开注写（图 1-47）。

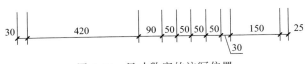

图 1-47　尺寸数字的注写位置

3. 尺寸的排列与布置

（1）尺寸宜标注在图样轮廓以外，不宜与图线、文字及符号等相交（图 1-48）。

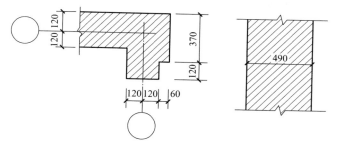

图 1-48　尺寸数字的注写

（2）互相平行的尺寸线，应从被注写的图样轮廓线由近向远整齐排列，较小尺寸应离轮廓线较近，较大尺寸应离轮廓线较远（图 1-49）。

（3）图样轮廓线以外的尺寸界线，距图样最外轮廓之间的距离，不宜小于 10mm。平行排列的尺寸线的间距，宜为 7～10mm，并应保持一致（图 1-49）。

（4）总尺寸的尺寸界线应靠近所指部位，中间的分尺寸的尺寸界线可稍短，但其长度应相等（图 1-49）。

4. 半径、直径、球的尺寸标注

（1）半径的尺寸线应一端从圆心开始，另一端画箭头指向圆弧。半径数字前应加注半径符号"R"（图 1-50）。

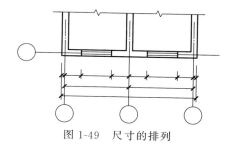

图 1-49　尺寸的排列　　　　　图 1-50　半径标注方法

（2）较小圆弧的半径，可按图 1-51 形式标注。

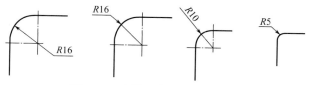

图 1-51　小圆弧半径的标注方法

（3）较大圆弧的半径，可按图 1-52 形式标注。

图 1-52　大圆弧半径的标注方法

（4）标注圆的直径尺寸时，直径数字前应加直径符号"ϕ"。在圆内标注的尺寸线应通过圆心，两端画箭头指至圆弧（图1-53）。

（5）较小圆的直径尺寸，可标注在圆外（图1-54）。

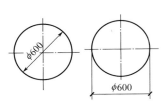

图1-53　圆直径的标注方法

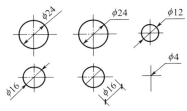

图1-54　小圆直径的标注方法

（6）标注球的半径尺寸时，应在尺寸前加注符号"SR"。标注球的直径尺寸时，应在尺寸数字前加注符号"$S\phi$"。注写方法与圆弧半径和圆直径的尺寸标注方法相同。

十、标高

（1）标高符号应以等腰直角三角形表示，按图1-55（a）所示形式用细实线绘制，如标注位置不够，也可按图1-55（b）所示形式绘制。标高符号的具体画法如图1-55（c）、（d）所示。

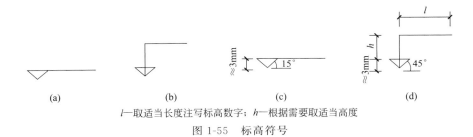

l—取适当长度注写标高数字；h—根据需要取适当高度

图1-55　标高符号

（2）总平面图室外地坪标高符号，宜用涂黑的三角形表示［图1-56（a）］，具体画法如图1-56（b）所示。

（3）标高数字应以 m 为单位，注写到小数点以后第三位。在总平面图中，可注写到小数点以后第二位。

（4）零点标高应注写成±0.000，正数标高不注"＋"，负数标高应注"－"，例如3.000、－0.600。

（5）在图样的同一位置需表示几个不同标高时，标高数字可按图1-57的形式注写。

图1-56　总平面图室外地坪标高符号　　图1-57　同一位置注写多个标高数字

第六节　给排水识图基础及制图规定

给水排水工程是城市建设的基础设施之一，分为给水工程和排水工程两大部分。给水工程是用于满足城镇居民生活和工业生产用水需要的工程设施；排水工程是与给水工程相配套，用来汇集、输送、处理和排除生活污水、生产污水和雨、雪水的工程设施。

给水排水工程主要包括室外给水、室外排水、室内给水、室内排水、室内热水供应、建筑消防等分部工程。在房屋建筑中，给排水设施主要有：给水龙头、洗脸盆、洗菜盆、大小便器、消防栓、淋浴器、清通设施等。每一项给排水设施，都需要经过专门设计表达在图纸上，这些有关的图纸就是给排水施工图。在建筑施工图中，它与电气施工图、采暖通风施工图一起，列为设备施工图。给排水施工图按"水施"编号。

1. 图线

图线的宽度 b，应根据图纸的类别、比例和复杂程度选用，一般线宽 b 宜为 0.7mm 或 1.0mm。给水排水专业制图，常用的各种线型宜符合表 1-13 的规定。

表 1-13　给水排水专业制图线型

名称	线型	线宽	用途
粗实线	——	b	新设计的各种排水和其他重力流管线
粗虚线	– – –	b	新设计的各种排水和其他重力流管线的不可见轮廓线
中粗实线	——	$0.75b$	新设计的各种给水和其他压力流管线；原有的各种排水和其他重力流管线
中粗虚线	– – –	$0.75b$	新设计的各种给水和其他压力流管线及原有的各种排水和其他重力流管线的不可见轮廓线
中实线	——	$0.50b$	给水排水设备、零(附)件的可见轮廓线；总图中新建的建筑物和构筑物的可见轮廓线；原有的各种给水和其他压力流管线
中虚线	– – – –	$0.50b$	给水排水设备、零(附)件的不可见轮廓线；总图中新建的建筑物和构筑物的不可见轮廓线；原有的各种给水和其他压力流管线的不可见轮廓线
细实线	——	$0.25b$	建筑的可见轮廓线；总图中原有的建筑物和构筑物的可见轮廓线；制图中的各种标注线
细虚线	- - - -	$0.25b$	建筑的不可见轮廓线；总图中原有的建筑物和构筑物的不可见轮廓线
单点长划线	—·—·—	$0.25b$	中心线、定位轴线
折断线	—/—	$0.25b$	断开界线
波浪线	～～～	$0.25b$	平面图中水面线；局部构造层次范围线；保温范围示意线等

2. 比例

（1）给水排水专业制图常用的比例，宜符合表 1-14 的规定。

表 1-14　给水排水专业制图常用比例

名称	比例	备注
区域规划图 区域位置图	1∶50000、1∶25000、1∶10000 1∶5000、1∶2000	宜与总图专业一致
总平面图	1∶1000、1∶500、1∶300	宜与总图专业一致
管道纵断面图	纵向：1∶200、1∶100、1∶50 横向：1∶1000、1∶500、1∶300	
水处理厂(站)平面图	1∶500、1∶200、1∶100	

续表

名称	比例	备注
水处理构筑物、设备间、卫生间、泵房平、剖面图	1：100、1：50、1：40、1：30	
建筑给排水平面图	1：200、1：150、1：100	宜与总图专业一致
建筑给排水轴测图	1：150、1：100、1：50	宜与总图专业一致
详图	1：50、1：30、1：20、1：10、1：5、1：2、1：1、2：1	

（2）在管道纵断面图中，可根据需要对纵向与横向采用不同的组合比例。在建筑给排水轴测图中，如局部表达有困难，该处可不按比例绘制。水处理流程图、水处理高程图和建筑给排水系统原理图均不按比例绘制。

3. 标高

室内工程应标注相对标高；室外工程宜标注绝对标高，当无绝对标高资料时，可标注相对标高，但应与总图专业一致。

压力管道应标注管中心标高；沟渠和重力流管道宜标注沟（管）内底标高。

（1）应标注标高的部位。在下列部位应标注标高：

① 沟渠和重力流管道的起止点、转角点、连接点、变坡点、变尺寸（管径）点及交叉点；

② 压力流管道中的标高控制点；

③ 管道穿外墙、剪力墙和构筑物的壁及底板等处；

④ 不同水位线处；

⑤ 构筑物和土建部分的相关标高。

（2）标高的标注方法应符合的规定如下。

① 平面图中，管道标高应按图 1-58 的方式标注。

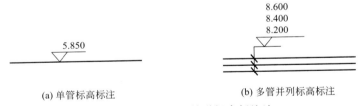

(a) 单管标高标注 　　　　　　　 (b) 多管并列标高标注

图 1-58　平面图中管道标高标注法

② 平面图中，沟渠标高应按图 1-59 的方式标注。

图 1-59　平面图中沟渠标高标注法

③ 剖面图中，管道及水位的标高应按图 1-60 的方式标注。

④ 轴测图中，管标高应按图 1-61 的方式标注。

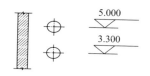

(a) 管道标注示意图　　　　　　　(b) 水位标高示意图

图 1-60　剖面图中管道及水位标高标注法

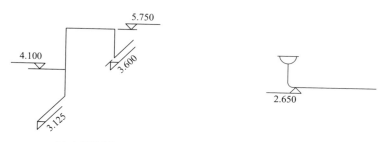

(a) 立管标高标注　　　　　　　　(b) 干管标高标注

图 1-61　轴测图中管道标高标注法

在建筑工程中，管道也可注相对本层建筑地面的标高，标注方法为 $H+×.×××$，H 表示本层建筑地面标高（如 $H+0.250$）。

4. 管径

（1）管径的表达方式。管径应以 mm 为单位，管径的表达方式应符合表 1-15 的规定。

表 1-15　管径的表达方式应符合的规定

管材类型	主要内容
普通钢管	水煤气输送钢管（镀锌或非镀锌）、铸铁管等管材，管径宜以公称直径 DN 表示（如 $DN15$、$DN50$）
无缝钢管、焊接钢管	无缝钢管、焊接钢管（直缝或螺旋缝）等管材，管径宜以外径 $D×$壁厚表示（如 $D108×4$、$D159×4.5$ 等）
混凝土管、陶土管	钢筋混凝土（或混凝土）管、陶土管、耐酸陶瓷管、缸瓦管等管材，管径宜以内径 d 表示（如 $d230$、$d380$ 等）
塑料管	塑料管材，管径宜按产品标准的方法表示

注：当设计均用公称直径 DN 表示管径时，应有公称直径 DN 与相应产品规格对照表。

（2）管径的标注方法应符合下列规定。

① 单根管道时，管径应按图 1-62 的方式标注。

② 多根管道时，管径应按图 1-63 的方式标注。

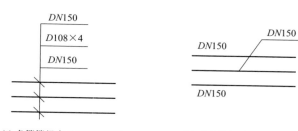

DN20

图 1-62　单管管径表示法

(a) 多管管径表示(不同管径)　　　(b) 多管管径表示(相同管径)

图 1-63　多管管径表示法

5. 编号

（1）当建筑物的给水引入管或排水排出管的数量超过 1 根时，宜进行编号，编号宜按图 1-64 的方法表示。

（2）建筑物内穿越楼层的立管，其数量超过 1 根时宜进行编号，编号宜按图 1-65 的方法表示。

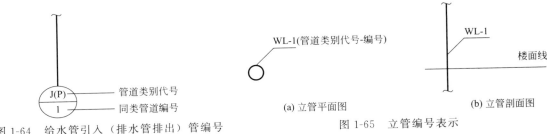

图 1-64　给水管引入（排水管排出）管编号　　　　图 1-65　立管编号表示

（3）在总平面图中，当给排水附属构筑物的数量超过 1 个时，宜进行编号，编号方法为：构筑物代号-编号。给水构筑物的编号顺序宜为：从上源到干管，再从干管到支管，最后到用户。排水构筑物的编号顺序宜为：从上游到下游，先干管后支管。

（4）当给排水机电设备的数量超过 1 台时，宜进行编号，并应有设备编号与设备名称对照表。

第七节　水暖工程常用的图例

1. 管道类别的图例

管道类别应以汉语拼音字母表示，并符合表 1-16 的要求。

表 1-16　管道图例

序号	名称	图例
1	生活给水管	—— J ——
2	热水给水管	—— RJ ——
3	热水回水管	—— RH ——
4	中水给水管	—— ZJ ——
5	循环给水管	—— XJ ——
6	循环回水管	—— XH ——
7	热媒给水管	—— RM ——
8	热媒回水管	—— RMH ——
9	蒸汽管	—— Z ——
10	凝结水管	—— N ——
11	废水管	—— F ——

续表

序号	名称	图例
12	压力废水管	—— YF ——
13	通气管	—— T ——
14	污水管	—— W ——
15	压力污水管	—— YW ——
16	雨水管	—— Y ——
17	压力雨水管	—— YY ——
18	膨胀管	—— PZ ——
19	保温管	
20	多孔管	
21	地沟管	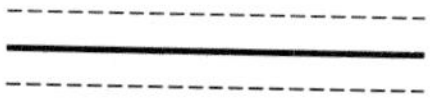
22	防护套管	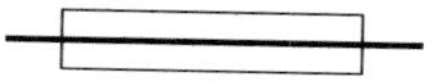
23	管道立管	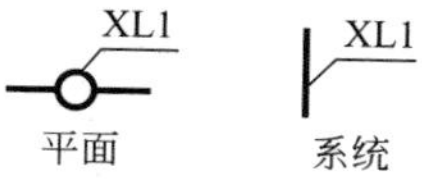 XL1 XL1 平面 系统
24	伴热管	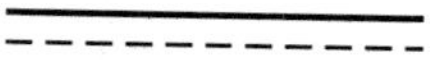
25	空调凝结水管	—— KN ——
26	排水明沟	 坡向 ——
27	排水暗沟	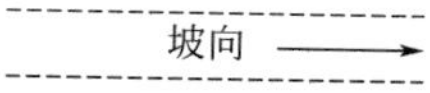 坡向 ——

注：分区管道用加注角标方式表示，如 J_1、J_2、RJ_1、RJ_2 等。

2. 管道附件的图例

管道附件的图例宜符合表 1-17 的要求。

表 1-17 管道附件图例

序号	名称	图例	备注
1	管道伸缩器		
2	方形伸缩器		
3	刚性防水套管	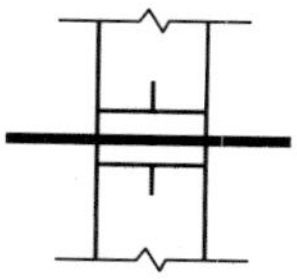	

续表

序号	名称	图例	备注
4	柔性防水套管		
5	波纹管		
6	可曲挠橡胶接头	单球　　　　双球	
7	管道固定支架		
8	立管检查口		
9	清扫口	平面　　　　系统	
10	通气帽	成品　　　　蘑菇形	
11	雨水斗	YD—　　　　YD— 平面　　　　系统	
12	排水漏斗	平面　　　　系统	
13	圆形地漏	平面　　　　系统	通用。如无水封， 地漏应加存水弯
14	方形地漏	平面　　　　系统	
15	自动冲洗水箱		

续表

序号	名称	图例	备注
16	挡墩	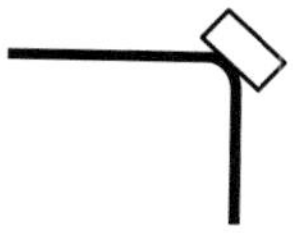	
17	减压孔板		
18	Y形除污器		
19	毛发聚集器	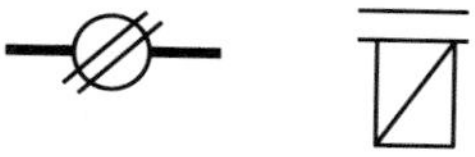 平面　　　系统	
20	倒流防止器	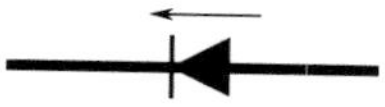	
21	吸气阀		
22	真空破坏器		
23	防虫网罩		
24	金属软管		

3. 管道连接的图例

管道连接的图例宜符合表1-18的要求。

表1-18　管道连接图例

序号	名称	图例	备注
1	法兰连接	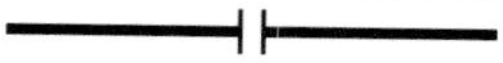	
2	承插连接		
3	活接头		
4	管堵		
5	法兰堵盖		

续表

序号	名称	图例	备注
6	盲板		
7	弯折管	高　低　　低　高	
8	管道丁字上接	高 低	
9	管道丁字下接	高 低	
10	管道交叉	低 高	在下面和后面的管道应断开

4. 管件的图例

管件的图例宜符合表 1-19 的要求。

表 1-19　管件图例

序号	名称	图例
1	偏心异径管	
2	同心异径管	
3	乙字管	
4	喇叭口	
5	转动接头	
6	S 形存水弯	
7	P 形存水弯	
8	90°弯头	
9	正三通	
10	TY 三通	
11	斜三通	
12	正四通	

续表

序号	名称	图例
13	斜四通	
14	浴盆排水管	

5. 阀门的图例

阀门的图例宜符合表 1-20 的要求。

表 1-20　阀门图例

序号	名称	图例	备注
1	闸阀		
2	角阀		
3	三通阀		
4	四通阀		
5	截止阀		
6	蝶阀		
7	电动闸阀		
8	液动闸阀		
9	气动闸阀		
10	电动蝶阀		

序号	名称	图例	备注
11	液动蝶阀		
12	气动蝶阀		
13	减压阀		左侧为高压端
14	旋塞阀	平面　　　　系统	
15	底阀	平面　　　　系统	
16	球阀		
17	隔膜阀		
18	气开隔膜阀		
19	气闭隔膜阀		
20	电动隔膜阀		
21	温度调节阀		
22	压力调节阀		
23	电磁阀		
24	止回阀		
25	消声止回阀		

序号	名称	图例	备注
26	持压阀		
27	泄压阀		
28	弹簧安全阀		左侧为通用
29	平衡锤安全阀		
30	自动排气阀	平面　　　　系统	
31	浮球阀	平面　　　　系统	
32	水力液位控制阀	平面　　　　系统	
33	延时自闭冲洗阀		
34	感应式冲洗阀		
35	吸水喇叭口	平面　　　　系统	
36	疏水器		

6. 给水配件的图例

给水配件的图例宜符合表 1-21 的要求。

表 1-21 给水配件图例

序号	名称	图例
1	水嘴	 平面 　　　　　系统
2	皮带水嘴	 平面 　　　　　系统
3	洒水（栓）水嘴	
4	化验水嘴	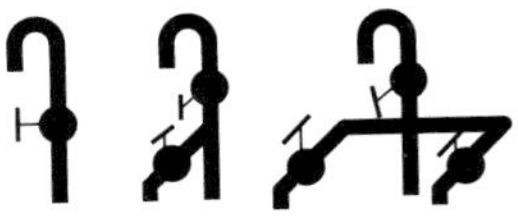
5	肘式水嘴	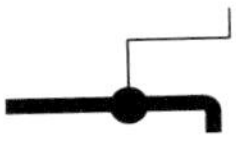
6	脚踏开关水嘴	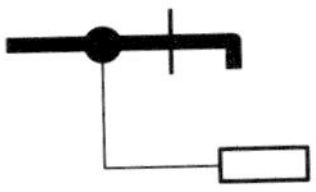
7	混合水嘴	
8	旋转水嘴	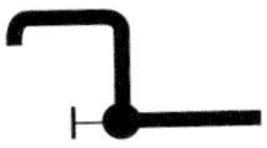
9	浴盆带喷头混合水嘴	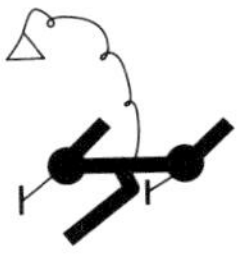
10	蹲便器脚踏开关	

7. 消防设施的图例

消防设施的图例宜符合表 1-22 的要求。

表 1-22 消防设施图例

序号	名称	图例	备注
1	消火栓给水管	——— XH ———	
2	自动喷水灭火给水管	——— ZP ———	
3	雨淋灭火给水管	——— YL ———	
4	水幕灭火给水管	——— SM ———	
5	水炮灭火给水管	——— SP ———	

续表

序号	名称	图例	备注
6	室外消火栓		
7	室内消火栓（单口）	平面　　系统	白色为开启面
8	室内消火栓（双口）	平面　　系统	
9	水泵接合器		
10	自动喷洒头（开式）	平面　　系统	
11	自动喷洒头（闭式）	平面　　系统	下喷
12	自动喷洒头（闭式）	平面　　系统	上喷
13	自动喷洒头（闭式）	平面　　系统	上下喷
14	侧墙式自动喷洒头	平面　　系统	
15	水喷雾喷头	平面　　系统	
16	直立型水幕喷头	平面　　系统	
17	下垂型水幕喷头	平面　　系统	

序号	名称	图例	备注
18	干式报警阀	平面　　　系统	
19	湿式报警阀	平面　　　系统	
20	预作用报警阀	平面　　　系统	
21	雨淋阀	平面　　　系统	
22	信号闸阀		
23	信号蝶阀		
24	消防炮	平面　　　系统	
25	水流指示器		
26	水力警铃		
27	末端试水装置	平面　　　系统	
28	手提式灭火器		

续表

序号	名称	图例	备注
29	推车式灭火器	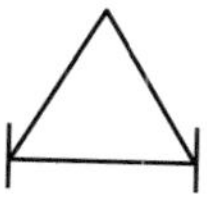	

注：分区管道用加注角标方式表示，如 XH_1、XH_2、ZP_1、ZP_2 等。

第八节 建筑电气施工图的绘制原则

建筑电气施工图有如下绘制原则。

（1）连接导线在电气图中使用非常多，在施工图中为了使表达的意义明确并且整齐美观，连接线应尽可能水平和垂直布置，并尽可能减少交叉。

（2）导线的表示可以采用多线和单线的表示方法。每根导线均绘出为多线表示，如图 1-66 所示。

（3）当用单线表示的多根导线中有导线离开或汇入时，一般可加一段短斜线来表示，如图 1-67 所示。

（4）在建筑电气施工图中的电气元件和电气设备并不采用比例画其形状和尺寸，均采用图形符号进行绘制。

（5）为了进一步对设计意图进行说明，在电气工程图上往往还有文字标注和文字说明，对设备的容量、安装方式、线路的敷设方法等进行补充说明。

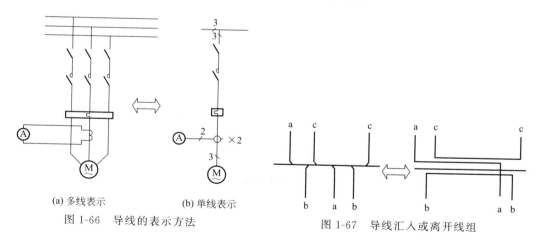

(a) 多线表示　　　　(b) 单线表示

图 1-66　导线的表示方法

图 1-67　导线汇入或离开线组

第九节 电气施工图的一般规定

一、图纸格式

1. 幅面

（1）图纸的优选实际幅面见表 1-23。

表 1-23　图纸的图幅

代号	尺寸($B \times L$)/(mm×mm)
A0	841×1189
A1	594×841
A2	420×594
A3	297×420
A4	210×297

（2）当需要较长的图纸时，应采用表 1-24 所示尺寸。

表 1-24　加长图纸的图幅

代号	尺寸($B \times L$)/(mm×mm)
A3×3	420×891
A3×4	420×1189
A4×3	297×630
A4×4	297×841
A4×5	297×1051

2. 图框

（1）图框又分内框和外框，图纸的图框尺寸见表 1-25，内框尺寸为外框尺寸减去相应的 a、c、e 的尺寸。加长幅面的内框尺寸，按选用的基本幅面大一号的图框尺寸确定。

表 1-25　图纸的图框尺寸　　　　　　　　单位：mm

幅面代号	A0	A1	A2	A3	A4
e	20		10		
c	10			5	
a	25				

（2）不留装订边的图框如图 1-68 所示。

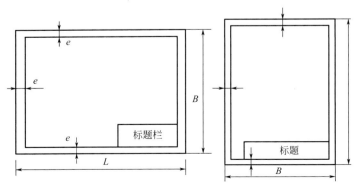

图 1-68　不留装订边的图框

（3）留装订边的图框如图1-69所示。

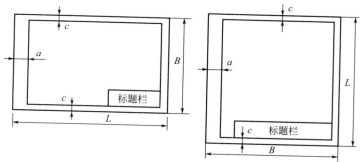

图1-69 留装订边的图框

（4）标题栏如图1-70所示。

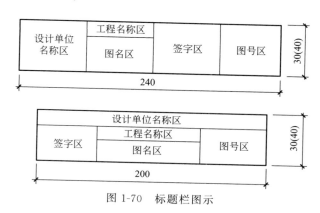

图1-70 标题栏图示

二、绘图比例

一般地，各种电气的平面布置图，使用与相应建筑平面图相同的比例。在这种情况下，如需确定电气设备安装的位置或导线长度，可在图上用比例尺直接量取。与建筑图无直接联系的其他电气施工图，可任选比例或不按比例示意性地绘制。

三、图线使用

电气施工图的图线，其线宽应遵守建筑工程制图标准的统一规定，其线型与统一规定基本相同，各种图线的使用见表1-26。

表1-26 图线的使用

名称	内容
粗实线(b)	电路中的主回路线
虚线($0.35b$)	事故照明线、直流配电线路、钢索或屏蔽等，以虚线的长短区分用途
点划线($0.35b$)	控制及信号线
双点划线($0.35b$)	50V及以下电力、照明线路
中粗线($0.5b$)	交流配电线路
细实线($0.35b$)	建筑物的轮廓线

四、电工设备文字符号

电工设备文字符号是用来标明系统图和原理图中设备、装置、元件及线路的名称、性能、作用、位置和安装方式的。

文字符号除电阻"R"、电感"L"、电容"C"采用国际惯用的基本符号外，其余是国际惯用符号与我国汉字拼音字母混合使用。

文字符号的组合格式有以下两种。

（1）第一种组合格式主要是用于电力工程图纸，以及电信工程图纸上的装置和设备，组合格式如下：

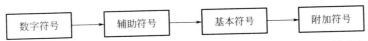

例如：当有变压器数台时，为安装方便给它编号为1号变压器、2号变压器、3号变压器等，用组合符号表示就是1B、2B、3B等，1、2、3是数字符号，B是基本符号。又如，第五个联锁继电器的释放线圈，用组合格式表示为5LSJsf，其中：5代表第五个，为数字符号；LS代表联锁，为辅助符号；J代表继电器，为基本符号；sf代表释放线圈，为附加符号。

（2）第二种组合格式，主要用于电信工程图上的元件。格式颠倒过来，即附加符号、基本符号、辅助符号、数字符号。

五、电力平面图中标注文字符号的规定

（1）在配电线路上的标号格式。现举例如下：

$$a-b(c\times d+c\times d)e-f$$

式中　a——回路编号；

b——导线型号；

c——导线根数；

d——导线截面；

e——敷设方式及穿管管径；

f——敷设部位。

表达线路敷设方式的代号见表1-27。

表 1-27　线路敷设形式符号

表达内容	新旧代号对照	
	英文代号（新）	汉语拼音代号（旧）
用PVC塑料管敷设	PVC	PVC
用塑制线槽敷设	PR	XC
用硬塑制管敷设	PC	VG
用焊接钢管敷设	C	G
用薄电线管敷设	TC	DG
用水煤气钢管敷设	SC	G
用金属线槽敷设	SR	GCR
桥架内敷设	CT	
用蛇皮管敷设	CP	
套接紧定式钢导管	JDG	

表达线路明、暗敷设部位的代号见表 1-28。

表 1-28 线路敷设部位符号

表达内容	新旧代号对照	
	英文代号(新)	汉语拼音代号(旧)
明敷	E	M
暗敷	C	A
沿钢索敷设	SR	S
沿屋架或屋架下弦敷设	BE	LM
沿柱敷设	CLE	ZM
沿墙敷设	WE	QM
沿天棚敷设	CE	PM
在能进入的吊顶内敷设	ACE	PNM
暗敷在梁内	BC	LA
暗敷在柱内	CLC	ZA
暗敷在屋面内或顶板内	CC	PA
暗敷在地面或地板内	FC	DA
暗敷在不能进入人的吊顶内	AC	PNA
暗敷在墙内	WC	QA

例如,在施工图中,某配电线路上标有这样的写法:2-BV(3×16+1×4)DG32-CC。2 标明第二回路;BV 代表铜芯导线,3 根 16mm² 加上 1 根 4mm² 截面的导线;DG 代表薄电线管,4 根导线穿管径为 32mm 薄电线管;CC 代表暗设在屋面内或顶板内。

(2)对照明灯具的表达方式。现举例如下。

$$a-b\frac{c\times d}{e}f$$

式中　　a——灯具数;

　　　　b——型号;

　　　　c——每盏灯的灯泡数或灯管数;

　　　　d——灯泡容量;

　　　　e——安装高度;

　　　　f——安装方式。

表示灯具安装方式的代号见表 1-29。

表 1-29 灯具安装方式

表达代号	新旧代号对照	
	英文代号(新)	汉语拼音代号(旧)
线吊式	CP	
自在器线吊式	CP	X

续表

表达代号	新旧代号对照	
	英文代号（新）	汉语拼音代号（旧）
固定线吊式	CP1	X1
防水线吊式	CP2	X2
吊线器式	CP3	X3
链吊式	Ch	L
管吊式	P	G
吸顶式	S	D
嵌入式（不可进入的顶棚）	R	R
嵌入式（可进入的顶棚）	CR	DR
壁装式	W	B
台上安装	T	T
支架上安装	SP	J
墙壁内安装	WR	BR
柱上安装	CL	Z
座装	HM	ZH

一般灯具标注，常不写型号，如 $6\dfrac{40}{2.8}$Ch，表示 6 个灯具，每盏灯为一个灯泡或一个灯管，容量为 40W，安装高度为 2.8m，链吊式。吊灯的安装高度是指灯具底部与地面的距离。

六、电气设备符号的标注规定

（1）用电设备的文字标注为：

$$\frac{a}{b} \text{或} \frac{a}{b}-\frac{c}{d}$$

式中　a——设备编号；

　　　b——额定功率，kW；

　　　c——线路首端熔断器体或断路器整定电流，A；

　　　d——安装标高，m。

（2）配电箱的文字标注为：ab/c 或 $a-b-c$。当需要标注引入线的规格时，则标注为：

$$a\frac{b-c}{d(e\times f)-g}$$

例如：AP4（XL-3-2）/40 表示 4 号动力配电箱，其型号为 XL-3-2，功率为 40kW。

又如：AL4-2（XRM-302-20）/10.5 则表示第四层的 2 号配电箱，其型号为 XRM-302-20，功率为 10.5kW。

（3）常用物理量和单位符号及电工设备和文字符号，见表 1-30、表 1-31。

表 1-30　常用电工物理量和单位符号

物理量符号	物理量名称	单位名称	单位符号	物理量符号	物理量名称	单位名称	单位符号
I	电流	安培	A	U	电压	伏特	V
R	电阻	欧姆	Ω	L	电感	亨利	H
C	电容	法拉	F	X	电抗	欧姆	Ω
Z	阻抗	欧姆	Ω	P	有功功率	瓦特	W
S	视在功率	伏安	VA	Q	无功功率	乏	var

表 1-31　常用电工设备和文字符号新旧对照表

设备名称	新符号	旧符号	设备名称	新符号	旧符号
发电机	G	F	变压器	T	B
电动机	M	D	电压互感器	TV	YH
电流互感器	TA	LH	接触器	KM	C
开关	Q	K	断路器	QF	DL
负荷开关	QL	FK	隔离开关	QS	GK
自动开关	ZK	ZK	控制开关	SA	KK
切换开关	SA	QK	熔断器	FU	RD
按钮	S	AN	电流继电器	KA	LJ
电压继电器	KV	YJ	信号继电器	KS	XJ
绿色信号灯	HG	LD	红色信号灯	HR	HD
黄色信号灯	HY	UD	闪光信号灯	SH	SD
信号灯	H	XD	整流器	U	ZL
避雷器	F	BL			

七、建筑电气系统的种类

从电能的供应、分配、输送和消耗使用的观点来看，全部建筑电气系统可分为供配电系统和用电系统两大类。而根据用电设备的特点和系统中所传送能量的类型，又可将用电系统分为建筑照明系统、建筑动力系统和建筑弱电系统三种。

1. 建筑供配电系统

接受电源输入电能，并进行检测、计量、变压等，然后向用户和用电设备分配电能的系统，称为供配电系统。

（1）电能的生产、输送和分配

① 电能的生产、输送和分配过程，全部在动力系统中完成。

② 动力系统的组成：动力系统由发电厂、电力网和用电户三大环节组成。

（2）供配电系统

① 供配电系统中的主要设备。除根据供电电压与用电电压是否一致而确定是否需要选用变压器外，根据供配电过程中输送电能、操作控制、检查计量、故障保护等不同要求，在变配电系统中一般有如下设备。

a.输送电能设备。如母线、导线和绝缘子，三者是输送电能必不可少的设备，统称电气装置。

b. 通断电路设备。高电压、大功率采用断路器。低电压、中小功率采用自动空气开关等。

c. 检修指示设备。如高压隔离开关。

d. 计量用设备。如电压互感器和电流互感器。

e. 保护设备。如熔断器、避雷器等。

f. 功率因数改善设备。如电容器等。

g. 限制短路电流设备。如电抗器等。

② 配电柜。配电柜是用于成套安装供配电系统中受配电设备的定型柜，有统一的外形尺寸，分高压、低压配电柜两大类。按照供配电过程中功能要求的不同，选用不同标准接线方案。

2. 建筑电气照明系统

用电能转换为光能的电光源进行采光，以保证人们在建筑物内正常从事生产和生活活动，以及满足其他特殊需要的照明设施，称为建筑电气照明系统。

根据照明所起的作用，建筑电气照明系统又分为视觉照明和气氛照明两大类。

（1）视觉照明

视觉照明是为保证生活和生产活动的正常进行，在人眼中形成对周围事物的足够视觉，满足人们视觉需要的一类照明。按照人们的活动条件和范围，视觉照明可分为正常照明、应急照明、障碍照明、警卫值班照明四种。

① 正常照明。它是指在正常情况下需要照明的全部建筑区间所采用的照明，如卧室、办公室等照明。它一般可单独使用，也可与应急照明和值班照明同时使用，但控制线路必须分开。

② 应急照明。它是指正常照明因事故熄灭后，供事故情况下继续工作、人员安全或顺利疏散的照明。它包括备用照明、安全照明和疏散照明三种。

③ 障碍照明。它是指装于高大建筑物的顶端，防止飞机在航行中与建筑物或构筑物相撞的标志灯。

④ 警卫值班照明。它是在重要场所，如警卫室、值班室、门房，以及本部门管辖的警卫范围内装设的照明系统，电源宜利用正常照明中单独控制的一部分，或利用应急照明的一部分或全部。

（2）气氛照明

气氛照明是指在特定的环境和场所，用于创造和渲染某种与人们当时所从事活动相适应的气氛，以满足人们心理和生理上的要求的一类照明。这类照明又可分为建筑彩灯、专用彩灯和装饰照明等。

① 建筑彩灯。它是节假日夜晚用于装饰整幢建筑物的照明系统，又分节日彩灯和泛光照明。节日彩灯一般是以 250V、15W 防水彩灯，等距成串布置在建筑物正面轮廓线上来显示建筑物的艺术造型，以增添节日之夜的欢乐气氛。建筑物上安装霓虹灯取代成串的建筑彩灯，装饰效果也不错，同时可以节省电能。但需配备灯用变压器，建设费用高，维护管理也较为复杂。

泛光照明是一种在邻近的房屋或装置上安装高强度灯，从不同角度照射主建筑，使整个建筑立面被均匀照亮，形成某种色彩，达到对建筑物的装饰效果，比采用节日彩灯艺术效果好、维护管理方便，又可节省电能。

② 专用彩灯。它是满足各种专门需要的气氛照明。如声控喷泉照明、音乐舞池照明等。配合环境的特点和节日的内容，不断变换灯光色彩的图案的组合，能加强人们艺术欣赏的

效果。

③ 装饰照明。它是在礼堂、剧院等不同功能的大厅中，配合吊顶的色彩、图案，布置适当的装饰花灯，起到增强这些建筑物功能的效果。

3. 建筑动力系统

应用可以将电能转换为机械能的电动机、拖动水泵、风机等机械设备运转，为整个建筑提供舒适、方便的生产、生活条件而设置的各种系统，统称动力系统。如供暖、通风、供水、排水、热水供应、运输系统等。维持这些系统工作的机械设备，如鼓风机、引风机、除渣机、上煤机、给水泵、排水泵、电梯等，全部是靠电动机拖动的。因此可以说，建筑动力系统实质上就是向电动机配电，以及对电动机进行控制的系统。

4. 建筑弱电系统

建筑电气中将电子技术用电系统（如：火灾自动报警系统、电话通信、闭路监控电视、共用天线电视与卫星电视接收、扩声与同声传译、公用建筑计算机经营管理、楼宇自动化系统、综合布线等）称为弱电系统。下面介绍几种主要的弱电系统。

（1）火灾自动报警系统

① 火灾自动报警系统由火灾探测报警系统、消防末端设备联动控制系统、灭火控制系统、消防用电设备的双电源配电系统、应急照明与疏散照明系统、紧急广播与通信系统等组成，用于火灾初起时探测并发出警报，以便及时疏散人员，启动灭火系统，操作防火卷帘、防火门、防排烟系统，向消防队报警等，如图1-71所示。

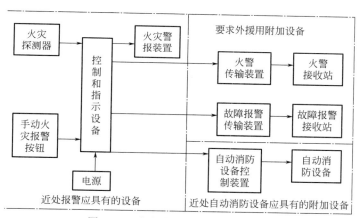

图 1-71　火灾自动报警系统的组成

② 目前的火灾报警系统一般为总线制，以前用的多线制已被淘汰。总线制一般又分为二、三、四线制，其中二总线制最为普遍。在二总线制系统中，报警控制器到探测器的传输线路只有2条线，每一个部位的探测器都有自己的编码，即一个部位为一个编码地址单元，报警控制器不断地向各个部位发编码信号，编码地址单元收到信号后与其自身编码比较，如果二者相同，则编码地址单元响应。报警控制器根据响应，判断是否将要发生火灾或出现故障，若是正常情况，则继续向下巡检。

③ 二总线制系统是用2根总线，将众多探测器、控制模块等并联在总线上，建筑物布线极其简单，布线路径及方式任意，不分先后次序，便于系统工程设计、施工以及线路维护。尤其是大型系统优势更加明显，可使工程造价大大降低。一般二总线制系统还有多种抗干扰措施及误报转化措施，从各方面降低误报的概率，提高了可靠性。

（2）电话通信系统

电话是电气通信的一种形式。电气通信按信号传输的媒介可分为有线通信和无线通信两大类。本书主要介绍有线通信系统。

有线电话系统是实现两地之间电话通信的最基本和最重要的方式。城市有线电话系统由市话发送系统、中继电路和市话接收系统三部分组成。

① 市话发送系统包括电话机的送话器、电话机发送电路、用户线和馈电桥。送话器将说话人的话音转换成相应电信号，完成声与电转换，并通过发送线路和二线线路的用户线，将此相应电信号送到馈电桥，然后输入中继电路。

② 市话接收系统包括受话器、电话机接收电路、用户线和馈电桥。由中继电路送到馈电桥的电信号，经二线线路的用户线和电话机接收电路，输入电话机受话器，受话器将电信号还原成相应话音，完成电与声的转换。

③ 中继电路是市话发送系统和市话接收系统之间的话音信号通路，该通路根据实际通话的需求，在电信局内实现人工或自动切换。由于通话的情况比较复杂，在不同情况下中继电路不仅在长度上，而且在传输手段和方式上均有较大差别。

（3）有线电视系统

① 我国有线电视系统分为共用天线电视系统（CATV 系统）和有线电视邻频系统。共用天线电视系统是以接收开路信号为主的小型系统，功能较少，其传输距离一般在 1km 以内，适用于一栋或几栋楼宇；有线电视邻频系统由于采用了自动电平控制技术，干线放大器的输出电平是稳定的，传输距离可达 15km 以上，适用于大、中、小各种系统。习惯上，人们称有线电视系统为共用天线电视系统。

② 有线电视系统的组成，与接收地区的场强、楼房密集程度和分布、配接电视机的多少、接收和传送电视频道的数目等因素有关。其基本组成有天线及前端设备、信号传输分配网络和用户终端三部分。

（4）有线广播系统

① 根据各类公共建筑功能要求、建筑规模大小和标准的高低，有线广播分为服务性、业务性和火灾事故广播系统。服务性广播系统多以播欣赏音乐为主，多设于大型公共场所、一～三级旅馆中；业务性广播系统用以满足业务及行政管理需要，以语音广播为主，多设于办公楼、商业楼、学校、车站、客运码头、航空港等场所；火灾事故广播系统则设于建筑中火灾控制中心的系统中，在有集中报警系统的建筑中也宜设置火灾事故广播。

② 各类广播系统组成的主要部分为设备控制室。如果规模较大或录、播音质量要求高，可设置机房、录播室、办公室、仓库等用房。

（5）楼宇自动化系统（BAS）

① 现代高层建筑的机电设备种类繁多、布置分散、技术复杂，依靠人力管理很难兼顾，往往不能及时发现故障，因而造成严重损失。采用电脑技术进行管理，不但能及时发现和清除故障，而且能使所有系统运行于最佳工况，实现遥测、遥控、遥信，达到节省人力、节约能源、提高经济效益的目的。现代高层建筑的电脑管理，多数是把业务管理和设备控制分成两个独立系统进行设计的；也有用一套大型电脑进行综合管理。

② 目前应用比较广泛的是楼宇机电设备监控系统，包括空调通风、给水排水、供配电系统、照明与动力系统、电梯系统等。设备控制电脑系统，一般由探测元件、数据收集箱、传输网络和电脑中心四部分组成。

（6）综合布线系统

① 综合布线系统是智能建筑的中枢神经系统，是建筑智能化必备的基础设施。从分散式布线到集中式综合布线，解决了过去建筑物各种布线互不兼容的问题。综合布线是布线技术领域的巨大变革和飞跃。

② 综合布线系统是建筑物内部以及建筑群内部之间的信息传输网络。它能使建筑物内

部以及建筑群内部的语音、数据通信设备，信息交换设备，建筑物物业管理设备和建筑物自动化管理设备等与各自系统之间相连，也能使建筑物内的信息传输设备与外部的信息传输网络相连。

③ 综合布线系统是专门设计的一套布线系统，它采用了一系列高质量的标准材料，以模块化的组合方式，把语音、数据、图像系统和部分控制信号系统用统一的传输媒介进行综合，方便地在建筑物中组成一套标准、灵活、开放的传输系统。因此，它一产生，就得到了大力推广和广泛应用。

第二章

施工图构成与识读

第一节　施工图的产生、分类及图示特点

一、施工图的产生

建筑是建筑物和构筑物的总称。建筑物是供人们在其内进行生产、生活或其他活动的房屋（或场所）；构筑物是只为满足某一特定的功能建造的，人们一般不直接在其内进行活动的场所。不同的功能要求产生了不同的建筑类型，如：工厂为了生产，住宅为了居住、生活和休息，学校为了学习，影剧院为了文化娱乐，商店为了买卖交易，等等。

每一项工程从拟定计划到建成使用都要通过编制工程设计任务书、选择建设用地、场地勘测、设计、施工、工程验收及交付使用等几个阶段。施工图设计工作是其中的重要环节，具有较强的政策性和综合性。

建筑工程设计是指设计一个建筑物或建筑群所要做的全部工作，一般包括建筑设计、结构设计、设备设计等几个方面的内容。

建筑设计是在总体规划的前提下，根据设计任务书的要求，综合考虑基地环境、使用功能、结构施工、材料设备、建筑经济及建筑艺术等问题，着重解决建筑物内部各种使用功能和使用空间的合理安排，建筑物与周围环境、与各种外部条件的协调配合，内部和外表的艺术效果，各个细部的构造方式等，创造出既符合科学性又具有艺术性的生产和生活环境。建筑设计包括总体设计和个体设计两个方面，一般是由建筑师来完成。

📚 知识拓展

建筑设计应该满足的要求：满足建筑功能的需求；符合所在地规划发展的要求并有良好的视觉效果；采用合理的技术措施；提供在投资计划所允许的经济范畴之内运作的可能性。

1. 设计的准备工作

建筑设计是一项复杂且细致的工作，涉及的学科较多，同时要受到各种客观条件的制约。为了保证设计质量，设计前必须做好充分准备，包括熟悉设计任务书，广泛深入地进行调查研究，收集必要的设计基础资料等几方面的工作。

（1）落实设计任务。建设单位必须具有上级主管部门对建设项目的批准文件、城市建设部门同意设计手续。

（2）熟悉设计任务书。设计任务书是经上级主管部门批准提供给设计单位进行设计的依据性文件，设计任务书的内容包括以下几点。

① 建设项目总的要求、用途、规模及一般说明。

② 建设项目的组成，单项工程的面积，房间组成，面积分配及使用要求。

③ 建设项目的投资及单方造价，土建设备及室外工程的投资分配。

④ 建设基地大小、形状、地形，原有建筑及道路现状，并附地形测量图。

⑤ 供电、供水、采暖、空调通风、电信、消防等设备方面的要求，并附有水源、电源的接用许可文件。

⑥ 设计期限及项目建设进度计划安排要求。

在熟悉设计任务书的过程中，设计人员应认真对照有关定额指标，校核任务书的使用面积和单方造价等内容。同时，设计人员在深入调查和分析设计任务书以后，从全面解决使用功能、满足技术要求、节约投资等方面考虑，从基地的具体条件出发，也可以对任务书中某些内容提出补充和修改，但必须征得建设单位的同意。

（3）调查研究，收集必要的设计原始数据

除设计任务书提供的资料外，还应当收集有关的原始数据和必要的设计资料，如：建设地区的气象、水文地质资料；水电等设备管线资料；基地环境及城市规划要求；施工技术条件及建筑材料供应情况；与设计项目有关的定额指标及已建成的同类型建筑的资料；等等。

以上资料除有些由建设单位提供和向技术部门收集外，还可采用调查研究的方法，其主要内容如下。

① 访问使用单位对建筑物的使用要求，调查同类建筑在使用中出现的情况，通过分析和总结，全面掌握所设计建筑物的特点和要求。

② 了解建筑材料供应和结构施工等技术条件，如地方材料的种类、规格、价格，施工单位的技术力量、构件预制能力，起重运输设备等条件。

③ 现场勘察，对照地形测量图深入了解现场的地形、地貌、周围环境，考虑拟建房屋的位置和总平面布局的可能性。

④ 了解当地传统经验、文化传统、生活习惯及风土人情等。考虑房屋的位置和总平面布局的可能性。

2. 设计阶段的划分

建筑设计过程根据工程复杂程度、规模大小及审批要求，划分为不同的设计阶段。设计过程一般划分为两个阶段，即初步设计（或扩大初步设计）和施工图设计。对重大项目和技术复杂项目，可根据其特点和需要按三阶段设计，即初步设计、技术设计、施工图设计。除此之外，大型民用建筑工程设计，在初步设计之前应当提出方案设计供建设单位和城建部门审查。对于一般工程，这一阶段可以省略，把有关工作并入初步设计阶段。

（1）初步设计阶段

① 任务与要求。初步设计是对批准的设计任务书提出的内容进行概略的计划，作出初步的规定。它的任务是在指定的地点、控制的投资额和规定的限期内，保证拟建工程在技术上的可靠性和经济上的合理性，对建设项目作出基本的技术方案，同时编制出项目的设计总概算。根据设计任务书的要求和收集到的必要基础资料，结合基地环境，综合考虑技术经济条件和建筑艺术的要求，对建筑总体布置、空间组合进行可能与合理的安排，提出两个或多个方案供建设单位选择。在已确定方案基础上，进一步充实完善，综合成较理想的方案并绘制成初步设计供主管部门审批。

② 初步设计的图纸和文件。初步设计一般包括设计说明书、设计图纸、主要设备材料表和工程概算等四部分，具体的图纸和文件见表 2-1。

表 2-1　图纸和文件的主要内容

名称	主要内容
设计总说明	设计指导思想及主要依据,设计意图及方案特点,建筑结构方案及构造特点,建筑材料及装修标准,主要技术经济指标以及结构、设备等系统的说明
建筑总平面图	比例 1:500、1:1000,应表示用地范围,建筑物位置、大小、层数及设计标高,道路及绿化布置,技术经济指标、地形复杂时应表示粗略的竖向设计意图
各层平面图、剖面图、立面图	比例 1:100、1:200,应表示建筑物各主要控制尺寸,如总尺寸、开间、进深、层高等,同时应表示标高、门窗位置、室内固定设备及有特殊要求的厅、室的具体布置、立面处理、结构方案及材料选用等
工程概算书	建筑物投资估算,主要材料用量及单位消耗量
大型民用建筑及其他重要工程	必要时可绘制透视图、效果图或制作模型

③ 初步设计经建设单位同意和主管部门批准后,就可以进行技术设计。技术设计是初步设计具体化的阶段,也是各种技术问题的定案阶段。主要任务是在初步设计的基础上进一步解决各种技术问题,协调各工种之间技术上的矛盾。经批准的技术图纸和说明书即为编制施工图、主要材料设备订货及工程拨款的依据文件。

(2) 技术设计阶段。技术设计的图纸和文件与初步设计大致相同,但更详细些。具体内容包括整个建筑物和各个局部的具体做法,各部分确切的尺寸关系,内外装修的设计,结构方案的计算和具体内容、各种构造和用料的确定,各种设备系统的设计和计算,各技术工种之间种种矛盾的合理解决,设计预算的编制,等等。这些工作都是在有关各技术工种共同商议之下进行的,并应相互认可。对于不太复杂的工程,技术设计阶段可以省略,把这个阶段的一部分工作纳入初步设计阶段(承担技术设计部分任务的初步设计称为扩大初步设计),另一部分工作留待施工图设计阶段进行。

(3) 施工图设计阶段

① 任务与要求。

施工图设计是建筑设计的最后阶段,是提交施工单位进行施工的设计文件,必须根据上级主管部门审批同意的初步设计(或技术设计)进行施工图设计。

施工图设计的主要任务是满足施工要求,即在初步设计或技术设计的基础上,综合建筑、结构、设备各工种,相互交底、核实核对,深入了解材料供应、施工技术、设备等条件,把满足工程施工的各项具体要求反映在图纸中,做到整套图纸齐全统一,明确无误。

② 施工图设计的图纸和文件。

施工图设计的内容包括建筑、结构、水电、电信、采暖、空调通风、消防等工种的设计图纸及设备计算书和预算书。具体图纸和文件包括以下几类。

a.建筑总平面图:比例 1:500、1:1000、1:2000;应表明建筑用地范围,建筑物及室外工程(道路、围墙、大门、挡土墙等)位置,尺寸、标高、建筑小品,绿化美化设施的布置,并附必要的说明及详图,技术经济指标、地形及工程复杂时应绘制竖向设计图。

b.建筑物各层平面图、立面图、剖面图:比例 1:50、1:100、1:200;除表达初步设计或技术设计内容以外,还应详细标出门窗洞口及必要的细部尺寸、详图索引。

c.建筑构造详图:建筑构造详图包括平面节点、檐口、墙身、阳台、楼梯、门窗、室内装修、立面装修等详图;应详细表示各部分构件关系、材料尺寸及做法、必要的文字说明。根据节点需要,比例可分别选用 1:20、1:10、1:5、1:2、1:1 等。

d.各工种相应配套的施工图纸,如基础平面图、结构布置图、钢筋混凝土构件详图、建筑防雷接地平面图等。

e.设计说明书：包括施工图设计依据。

f.结构和设备计算书。

g.工程预算书。

h.面积、标高定位、用料说明等。

二、施工图的分类

一套完整的施工图，一般包括表 2-2 所示的几个部分。

表 2-2　施工图的组成内容

名称	主要内容
图纸目录	图纸目录是施工图的明细和索引，它应排在施工图纸的最前面，且不应编入图纸的序号内。目录中先列新绘的图纸，后列所选用的标准图纸或重复利用的图纸，如表 2-3 所示
设计总说明	主要介绍：工程概况；施工图的设计依据；本项目的设计规模和建筑面积；本项目的相对标高与绝对标高的对应关系；室内室外的用料说明；门窗表；施工及制作应注意的事项等。建筑设计总说明实例如表 2-4 所示
建筑施工图	包括总平面图、平面图、立面图、剖面图和构造详图
结构施工图	包括结构平面布置图和各构件的结构详图
设备施工图	包括给水排水、采暖通风、电气等设备的布置平面图和详图

施工图设计主要是将已批准的初步设计图，从满足施工的要求出发予以具体化。

表 2-3　图纸目录实例

序号	图号	图纸名称	图纸尺寸	序号	图号	图纸名称	图纸尺寸
1	S-01	施工图说明	A3	12		D 户型客厅立面图	A3
2		材料表	A3	13		D 户型餐厅立面图	A3
3		D 户型原建筑图	A3	14		D 户型走廊立面图	A3
4		D 户型拆/增墙定位图	A3	15		D 户型卧室立面图	A3
5		D 户型平面布置图	A3	16		D 户型书房立面图	A3
6		D 户型灯位开关面线图	A3	17		D 户型主卧立面图	A3
7		D 户型天花设计及灯位布线图	A3	18		D 户型厨房立面图	A3
8		D 户型强电、弱电定位图	A3	19		D 户型公共卫生间立面图	A3
9		D 户型地面设计图	A3	20		D 户型主卧卫生间立面图	A3
10		D 户型平面索引图	A3	21		D 户型相关大样图（一）	A3
11		D 户型玄关立面图	A3	22		D 户型相关大样图（二）	A3

表 2-4　建筑设计总说明实例

一、设计依据	
1.建设单位设计委托书及有关要求	2.房屋建筑制图统一标准（GB/T 50001—2010）
3.《建筑工程设计文件编制深度规定》（2008 年版）	4.民用建筑设计通则（GB 50352—2005）
5.建筑制图标准（GB/T 50104—2010）	6.建筑楼梯模数协调标准（GBJ 101—87）
7.建筑设计防火规范（GB 50016—2014）	8.住宅设计规范（GB 50096—2011）
9.民用建筑工程室内环境污染控制规范（GB 50325—2010）	10.山东省住宅建筑设计标准（DBJ 14-S1—2000）

11. 建设用地规划许可证编号:2008-5-06-25	12. 建设项目选址意见书编号:2008-5-06-28

二、工程概述

工程名称:	建设单位:
建设地点:	建筑类别:住宅楼
主要结构形式:砖混	建筑高度:13.050m
基础形式:钢筋混凝土条形基础	耐火等级:二级
工程等级:三级多层	抗震设防烈度:七度
层数:三层+储藏室	耐久年限:三类(50年)
总建筑面积:1070m²(包括阳台)	层高:储藏室2.198m,标准层2.8m

三、设计说明

1. 墙体:煤矸石多孔砖,图中墙体厚度除注明外,外墙340mm,内墙190mm。墙体防潮层在-0.150m处,做法:1:2水泥砂浆20mm厚,掺3%防水剂

2. 所有外墙活动扇均外设纱窗

3. 本工程室内设计标高±0.000,相对的绝对标高及平面位置见总平面图。储藏室地面标高±0.000,相当于绝对高程71.4m

4. 室内墙阳角做水泥护角50mm宽,做法详见LJ203第三页第一图,凡大于等于300mm、小于600mm的洞槽,均做钢筋砖过梁,预埋木砖、铁件均涂沥青或防锈漆

5. 本工程楼梯栏杆高度除注明外均为1000mm,水平部分长度超过500mm时增加为1100mm,楼梯栏杆间距改为100mm

6. 屋面、卫生间等用水部位需严格按施工规范施工,杜绝渗漏;穿越室内、外顶板及梁、柱的管道,必须在混凝土中预埋套管,做法参见相应的专业规范

7. 窗下设大理石窗台板、窗暖气槽,选用L96J901第55页第2图,窗台设晾衣架

8. 雨篷做法:1:2水泥砂浆掺3%防水剂找坡1%排向泄水管处,板底刷白色外墙涂料两道

9. 电气、水暖专业预留洞槽及热工计算书见相关图纸,凡留洞槽>300mm且<600mm者均应做钢筋砖过梁

10. 外墙窗宜采用塑料双层玻璃密封窗,且与墙体部位用密封胶封严,以减少窗散风及冷风渗透

四、室内环境污染控制

1. 应用材料及施工后各项指标均应满足民用建筑工程室内环境污染控制规范规定

2. 无机非金属材料(包括砂、石、砖、水泥、混凝土、预制构件等)放射性指标限量:Ira≤1.0,Ir≤1.0

3. 无机非金属材料(包括石材、卫生陶瓷、石膏板、吊顶材料等)放射性指标限量:Ira≤1.0,Ir≤1.3

4. 人造木板及饰面人造木板环境监测测定游离甲醛限量E1≤0.12mg/m²

5. 室内用水性涂料中总挥发有机化合物(TVDC)和游离甲醛限量:TVDC≤200g/L,游离甲醛≤0.1g/kg

6. 室内用水性胶黏剂:TVDC≤50g/L,游离甲醛≤1g/kg

7. 室内用水性处理剂:TVDC≤200g/L,游离甲醛≤0.5g/kg

8. 其他未尽事宜按规范《民用建筑工程室内环境污染控制规范》(GB 50325—2010)执行

五、防火设计说明专项

本工程标准层建筑面积为358m²,根据建筑设计防火规范,在每层划分一个防火区,每单元设置一部楼梯,能满足防火疏散要求;本工程所有墙体、柱、梁、板耐火极限分别为6h、4h、2h、1.5h,符合规范要求

六、住宅节能设计说明

1. 采暖期有关参数及耗热量、耗煤量指标

续表

计算采暖期			耗热量指标	耗煤量指标	计算耗热量指标	计算耗煤量指标
天数/d	室外平均温度/℃	平均室内计算温度/℃	q_h/(W/m^2)	q_c/(kg/m^2)	q_h/(W/m^2)	q_c/(kg/m^2)
111	−0.5	16.0	20.4	10.9	17.89	9.52

2.建筑物有关参数

(1)建筑面积:1070m^2

(2)建筑体积:3135m^3

(3)外表面积:1097m^2

(4)体型系数 $S=0.35>0.30$

(5)换气体积:1881m^3

(6)窗墙比

	窗面积/m^2	墙面积/m^2	窗墙比
南向	295.11	101.88	0.36>0.35
北向	248.31	79.38	0.32>0.25
东西向	323.82	0	0<0.30

七、门窗统计表

编号	名称	标准图集	型号	洞宽/mm	洞高/mm	樘数	备注
M—1	分户防盗门			1000	2100	12	甲方自定
M—2	木门	L92J601	M2-63	900	2100	36	
M—3	木门	L92J601	M2-40	800	2100	12	
M—4	铝合金推拉门	L03J602	TLM88-09	2210	2500	12	
M—5	铝合金推拉门	L03J602	TLM88-09	1510	2700	12	磨砂玻璃
M—6	实腹钢门			900	1800	23	
M—7	卷帘门			2700	1800	4	甲方自定
M—8	对讲防盗门			1800	2100	2	
M—9	防火门	L92J606	1227	1145	2900	2	甲方自定
M—10	卷帘门			3060	1800	4	
CM	连窗门	L99J605	CM-102	2400	2100	12	
C—1	塑钢推拉窗	L99J605	TC-24	1800	1500	36	
C—2	塑钢推拉窗	L99J605	TC-79	1460	2500	12	
C—3	塑钢推拉窗	L99J605	TC-01	810	900	12	
C—4	塑钢推拉窗	L99J605	TC-23	1500	1500	6	
C—5	塑钢推拉窗	L99J605	TC-01	1200	900	16	
C—6	塑钢推拉窗	L99J605	TC-01	810	900	4	
C—7	塑钢推拉窗	L99J605	TC-63	2810+1310	1500	12	采用双层玻璃

八、采用图集索引

(1)室外配件:L03J004

(2)建筑做法说明:L96J002

(3)木门:LJ92J601

(4)楼梯配件:L96J401

(5)墙身配件:L02J101

(6)住宅烟气集中排放系统:L00J106

(7)屋面:L01J202

(8)阳台晒衣架:LJZ2

(9)防火门:L92J606

(10)住宅厨房与卫生间:L02J002-003

| (11)铝合金门窗:L03J602 | | | (12)PVC 塑料门窗:L99J605 | | |

九、建筑做法说明

编号	名称	做法名称	图集编号	适用范围	备注
1	散水	混凝土水泥散水	散1	建筑物周边	宽800mm
2	坡道	混凝土坡道	坡1	储藏室前坡道	
3	地面	混凝土防潮地面	地7	储藏室地面	
4	楼面	水泥楼面	楼1	楼梯间	
5	楼面	陶瓷锦砖防水楼面	楼27	卫生间、厨房楼面	
6	楼面	铺地砖楼面	楼16	除以上部分	
7	内墙	防水瓷砖墙面	内墙31	卫生间厨房	瓷砖到顶
8	内墙	混合砂浆抹面	内墙6	除以上部分	白色仿瓷涂料
9	顶棚	水泥砂浆顶棚	棚5	顶棚	
10	外墙	刷乳胶漆墙面	外墙29	见立面图	
11	踢脚	水泥砂浆踢脚	踢2	楼梯间走廊	高度150mm
12	屋面	卷材防水膨胀珍珠岩保温屋面	屋27	平屋面	
13	屋面	平瓦保温屋面	屋8	坡屋面	
14	油漆	木材面油漆	油2	木质构件	甲方自定
15	油漆	金属面油漆	油38	铁质栏杆扶手	甲方自定
16	台阶	花岗岩饰面	L03J004		甲方自定
17	落水管、口		LJ002		
18	楼梯栏杆		L96J401		
19	檐口做法	①现浇混凝土楼板;②1:8 水泥膨胀珍珠岩找坡1%;③20mm 厚1:2.5 水泥砂浆找平;④SBS 防水卷材两层带粒砂保护层			

十、技术经济指标

各功能空间使用面积	卧室书房	28.28m²	套型建筑面积	89.62m²
	起居室	22.47m²	套型阳台面积	3.68m²
	厨房	7.20m²	总建筑面积	1070m²
	卫生间	5.92m²	建筑高度	13.05m
套内使用面积		67.55m²	室内外高差	0.15m
住宅标准层使用面积		298.20m²	层高	2.198m+2.8m
住宅标准层总建筑面积		358.46m²	建筑层数	三层+储藏室
住宅标准层使用面积系数		83.18%	耐火等级	二级
使用年限等级		三级,50年	抗震设防	七度

十一、新技术、新材料设计说明

1.砌体采用煤矸石多孔砖砌体,代替传统黏土砖砌体,节约土地及能源

2.生活给水管材采用PPR复合管,排水管材采用芯层发泡UPVC管

3.灯具采用节能灯,宽带入户

续表

十二、备注
1.工程施工过程中应严格遵守相应规范要求,有未尽事宜请及时通知设计人,协商解决
2.图中所注标高除屋面外均为施工完成后的面层标高
3.土建施工应与其他有关安装专业密切配合

三、施工图的图示特点

施工图的图示特点如下。

（1）施工图中的各图样，主要是用正投影法绘制的。通常，在 H 面上作平面图，在 V 面上作正、背立面图，在 W 面上作剖面图或侧立面图。在图幅大小允许时，可将平、立、剖面三个图样，按投影关系画在同一张图纸上，以便于阅读。如果图幅过小，平、立、剖面图可分别单独画出。

（2）房屋形体较大，所以施工图一般都用较小比例绘制。由于房屋内各部分构造较复杂，在小比例的平、立、剖面图中无法表达清楚，所以还要配以大量较大比例的详图。

（3）由于房屋的构、配件和材料种类很多，为作图简便起见，国家标准规定了一系列的图形符号来代表建筑构配件、卫生设备、建筑材料等，这种图形符号称为"图例"。为读图方便，国家标准还规定了许多标注符号。

第二节　施工图识读基本步骤

一、阅读施工图的方法和步骤

在识读整套图纸时，应遵循"总体了解、顺序识读、前后对照、重点细读"的读图方法。

 知识拓展

识读整套图纸的步骤。阅读时，应以先整体后局部，先文字说明后图样，先图形后尺寸等顺序依次仔细阅读。阅读时还应特别注意各类图纸之间的联系，以避免发生矛盾而造成质量事故和经济损失。

1. 总体了解

一般是先看目录、总平面图和施工总说明，以大体了解工程概况，如工程设计单位、建设单位、新建房屋的位置、周围环境、施工技术要求等。对照目录检查图纸是否齐全，采用了哪些标准图并准备齐全这些标准图。然后看建筑平、立面图和剖视图，大体上想象一下建筑物的立体形象及内部布置。

2. 顺序识读

在总体了解了建筑物的情况以后，看建筑施工图时，根据施工的先后顺序，应先看总平面图和平面图，并且要和立面图、剖面图结合起来看，然后再看详图。按基础、墙体（或柱）结构平面布置、建筑构造及装修的顺序，仔细阅读有关图纸。

3. 前后对照

读图时，要注意平面图、剖视图对照着读，建筑施工图和结构施工图对照着读，土建施工图与设备施工图对照着读，做到对整个工程施工情况及技术要求心中有数。

4. 重点细读

根据工种的不同，将有关专业施工图再有重点地仔细读一遍，并将遇到的问题记录下来，及时向设计部门反映。

识读一张图纸时，应按由外向里看、由大到小、由粗到细、图样与说明交替、有关图纸对照看的方法，重点看轴线及各种尺寸关系。

5. 仔细阅读说明或附注

凡是图样上无法表示而又直接与工程质量有关的一些要求，往往在图纸上用文字说明表达出来。这些都是非看不可的，它会告诉我们很多情况。表 2-4 为某建筑物的建筑设计说明，设计说明表明工程的结构形式为砖混结构，内外墙均做保温，采用分户计量管道，等等。说明中，有些内容在图样上无法表示，但又是施工人员必须掌握的。因此，必须认真阅读文字说明。

要想熟练地识读施工图，除了要掌握投影原理、熟悉国家制图标准外，还必须掌握各专业施工图的用途、图示内容和方法。此外，还要经常深入到施工现场，对照图纸，观察实物，这也是提高识图能力的一个重要方法。

施工技术人员要加强专业技术学习，要重视贯彻执行设计思想，将设计图纸上的内容准确无误地传达给施工操作人员，并随时在施工过程中检查核对，确保工程施工的顺利进行。

一套房屋施工图纸，简单的有几张，复杂的有十几张、几十张甚至几百张。阅读时应首先根据图纸目录，检查和了解这套图纸有多少类别，每类有几张。如有缺损或需用标准图和重复利用旧图纸时，要及时配齐。再按目录顺序［按"建施"（建筑施工图）、"结施"（结构施工图）、"设施"（设备施工图）的顺序］通读一遍，对工程对象的建设地点、周围环境、建筑物的大小及形状、结构形式和建筑关键部位等情况先有一个概括的了解。然后，负责不同专业（或工种）的技术人员，根据不同要求，重点深入地看不同类别的图纸。

二、常用专业名词

在阅读建筑图纸时，往往会遇到很多的专业名词，只有很好地理解和掌握了这些专业名词才能够更好地读取图纸中的信息。专业名词的解释见表 2-5。

表 2-5　专业名词解释

名称	主要内容
横向	指建筑物的宽度方向
纵向	指建筑物的长度方向
横向轴线	平行于建筑物宽度方向设置的轴线，用以确定横向墙体、柱、梁、基础的位置
纵向轴线	平行于建筑物长度方向设置的轴线，用以确定纵向墙体、柱、梁、基础的位置
开间	两相邻横向定位轴线之间的距离
进深	两相邻纵向定位轴线之间的距离
层高	指层间高度，即地面至楼面或楼面至楼面的高度
净高	指房间的净空高度，即地面至顶棚下皮的高度。它等于层高减去楼地面厚度、楼板厚度和顶棚高度
建筑高度	指室外地坪至檐口顶部的总高度

续表

名称	主要内容
建筑模数	建筑设计中选定的标准尺寸单位。它是建筑物、建筑构配件、建筑制品以及有关设备尺寸相互间协调的基础
基本模数	建筑模数协调统一标准中的基本尺度单位，用符号 M 表示
标志尺寸	用以标注建筑物定位轴线之间的距离（跨度、柱距、层高等）以及建筑制品、建筑构配件、组合件、有关设备位置界限之间的尺寸
构造尺寸	是生产、制造建筑构配件、建筑组合件、建筑制品等的设计尺寸。一般情况下，构造尺寸为标志尺寸减去缝隙或加上支承尺寸
实际尺寸	是建筑构配件、建筑组合件、建筑制品等生产制作后的实有尺寸，实际尺寸与构造尺寸之间的差数应符合建筑公差的规定
定位轴线	用来确定建筑物主要结构构件位置及其标志尺寸的基准线，同时也是施工放线的基线。用于平面时称平面定位轴线；用于竖向时称为竖向定位轴线
建筑朝向	建筑的最长立面及主要开口部位的朝向
建筑面积	指建筑物外包尺寸的乘积再乘以层数，由使用面积、交通面积和结构面积组成
使用面积	指主要使用房间和辅助使用房间的净面积
结构面积	指墙体、柱子等所占的面积

第三章

建筑图快速识读

第一节　建筑总平面图快速识读

一、总平面图的形成与作用

总平面图是假设在建设区的上空向下投影所得的水平投影图。将新建工程四周一定范围内的新建、拟建、原有和拆除的建筑物、构筑物连同其周围的地形、地物状况用水平投影方法和相应的图例所画出的图样，即为总平面图。总平面图主要表示新建房屋的位置、朝向、与原有建筑物的关系，以及周围道路、绿化和给水、排水、供电条件等方面的情况，作为新建房屋施工定位、土方施工、设备管网平面布置，安排在施工时进入现场的材料和构件、配件堆放场地、构件预制的场地以及运输道路的依据。

知识拓展

总平面图的识读要点：必须阅读文字说明，熟悉图例和了解图的比例；了解总体布置、地形、地貌、道路、地上构筑物、地下各种管网布置；新建房屋确定位置和标高的依据；有时总平面图合并在建筑专业图内编号。

二、总平面图的基本内容

总平面图的基本内容见表 3-1。

表 3-1　总平面图的基本内容

	主要内容
图名、比例	总平面图因包括的地方范围较大，所以绘制时一般都用较小的比例，如 1：2000、1：1000、1：500 等
新建建筑所处的地形	若建筑物建在起伏不平的地面上，应画上等高线并标注标高
新建建筑的具体位置	在总平面图中应详细地表达出新建建筑的定位方式。总平面图确定新建或扩建工程的具体位置，用定位尺寸或坐标确定。定位尺寸一般根据原有房屋或道路中心线来确定；当新建成片的建筑物和构筑物或较大的公共建筑或厂房时，往往用坐标来确定每一建筑物及道路转折点等的位置。施工坐标的坐标代号宜用"A、B"表示，若测量坐标则坐标代号用"X、Y"表示。总平面图上标注的尺寸一律以 m 为单位，并且标注到小数点后两位
注明标高和层数	注明新建房屋底层室内地面和室外整平地面的绝对标高。总平面图会注明新建房屋室内(底层)地面和室外整平地面的标高。总平面图中标高的数值以 m 为单位，一般注到小数点后两位。图中所注数值，均为绝对标高 总平面图表明建筑物的层数，在单体建筑平面图角上，画有几个小黑点表示建筑物的层数。对于高层建筑可以用数字表示层数

续表

	主要内容
相邻建筑	相邻有关建筑、拆除建筑的大小、位置或范围
附近的地形、地物等	如道路、河流、水沟、池塘、土坡等
指北针或风向频率玫瑰图	总平面图会画上风向频率玫瑰图(图3-1)或指北针,表示该地区的常年风向频率和建筑物、构筑物等的朝向。风向频率玫瑰图是根据当地多年统计的各个方向吹风频率按一定比例绘制的。风吹方向是指从外面吹向中心。实线是全年风向频率,虚线是夏季风向频率。有的总平面图上也有只画上指北针而不画风向频率玫瑰图的
其他内容	绿化规划和给排水、采暖管道和电线布置

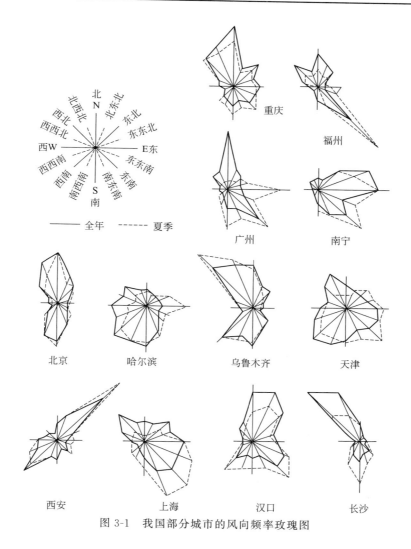

图 3-1　我国部分城市的风向频率玫瑰图

三、建筑物与基地红线的关系

建筑基地也可以称为建筑用地。它是有关土地管理部门批准划定为建筑使用的土地。建筑基地应给定四周范围尺寸或坐标。基地应与道路红线相连接,否则应设通路与道路红线相连接。基地与道路红线相连接时，一般以道路红线为建筑控制线。如果城市规划需要，主管部门可在道路红线以外另定建筑控制线。建筑基地地面宜高出城市道路的路面，否则应有排除地面水的措施。基地如果有滑坡、洪水淹没或海潮侵袭可能，应有安全防护措施。车流量较多的基地（包括出租汽车站、车场等），其通路连接城市道路的位置应符合有关规定。人员密集建筑的基地（电影院、剧场、会堂、博览建筑、商业中心等），应考虑人员疏散的安全和不影响城市正常交通，符合当地规划部门的规定和有关专项建筑设计规范。

基地红线是工程项目立项时，规划部门在下发的基地蓝图上所圈定的建筑用地范围。如果基地与城市道路接壤，其相邻处的红线即为城市道路红线，而其余部分的红线即为基地与相邻的其他基地的分界线。在规划部门下发的基地蓝图上，基地红线往往在转折处的拐点上用坐标标明位置。注意该坐标系统是以南北方向为 X 轴，以东西方向为 Y 轴的，数值向北、向东递进。建筑物与基地红线之间存在着如下关系。

（1）建筑物应该根据城市规划的要求，将其基底范围，包括基础和除去与城市管线相连接的部分以外的埋地管线，都控制在红线的范围之内。如果城市规划主管部门对建筑物退界距离还有其他要求，也应一并遵守。

（2）建筑物与相邻基地之间，应在边界红线范围以内留出防火通道或空地。建筑物只有在前后都留有空地或道路，并符合消防规范的要求时，才能与相邻基地的建筑毗邻建造。

（3）建筑物的高度不应影响相邻基地邻近的建筑物的最低日照要求。

（4）建筑物的台阶、平台不得凸出于城市道路红线之外。其上部的凸出物也应在规范规定的高度以上和范围之内，才准许凸出于城市道路红线之外。

（5）紧接基地红线的建筑物，除非相邻地界为城市规划规定的永久性空地，否则不得朝向邻地开设门窗洞口，不得设阳台、挑檐，不得向邻地排泄雨水或废气。

四、总平面图的识读方法

下面以某厂区总平面图（图 3-2）为例说明建筑总平面图的识读方法。具体识图步骤如下。

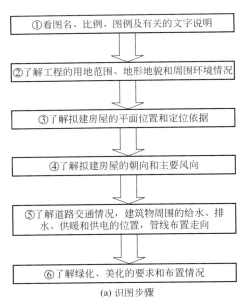

①看图名、比例、图例及有关的文字说明

②了解工程的用地范围、地形地貌和周围环境情况

③了解拟建房屋的平面位置和定位依据

④了解拟建房屋的朝向和主要风向

⑤了解道路交通情况，建筑物周围的给水、排水、供暖和供电的位置，管线布置走向

⑥了解绿化、美化的要求和布置情况

(a) 识图步骤

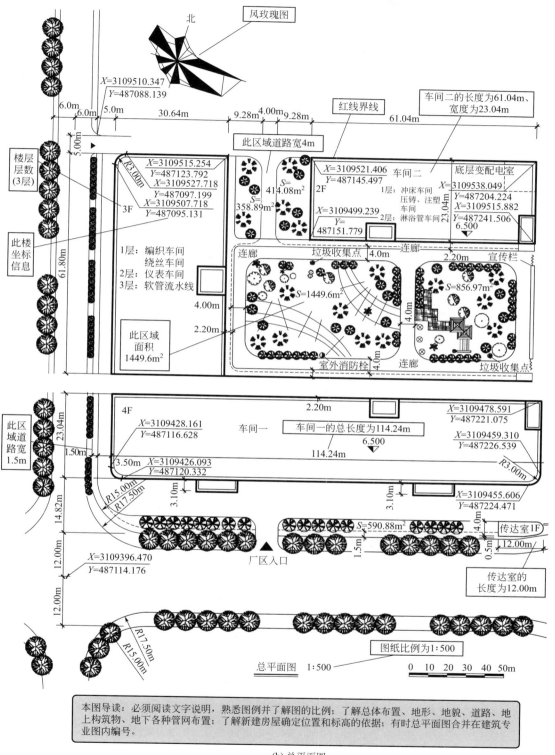

(b) 总平面图

图 3-2 总平面图的识读

第二节　建筑平面图快速识读

一、平面图的概念

建筑平面图是表示建筑物在水平方向房屋各部分的组合关系。假想用一个水平剖切面，将建筑物在某层门窗洞口处剖开，移去剖切面以上的部分后，对剖切面以下部分所作的水平剖面图，即为建筑平面图，简称为平面图。建筑平面图用来表明建筑物的平面形状，各种房间的布置及相互关系，门、窗、入口、走道、楼梯的位置，建筑物的尺寸、标高，房间的名称或编号，是该层施工放线、砌砖、混凝土浇筑、门窗定位和室内装修的依据。平面图上还包括所引用的剖面图、详图的位置及其编号，文字说明等。建筑平面图的形成如图 3-3 所示。

一般房屋有几层，就应有几个平面图。一般房屋有首层平面图、标准层平面图、顶层平面图即可，在平面图下方应注明相应的图名及采用的比例。平面图是剖面图，因此应按剖面图的图示方法绘制，即被剖切平面剖切到的墙、柱等轮廓用粗实线表示，未被剖切到的部分如室外台阶、散水、楼梯以及尺寸线等用细实线表示，门的开启线用中粗实线表示。

建筑平面图常用的比例是 1：50、1：100 或 1：200，其中 1：100 使用最多。建筑平面图的方向宜与总平面图的方向一致，平面图的长边宜与横式幅面图纸的长边一致。

建筑平面图反映建筑物的平面形状和大小、内部布置、墙的位置、厚度和材料、门窗的位置和类型以及交通等情况，可作为建筑施工定位、放线、砌墙、安装门窗、室内装修、编制预算的依据。

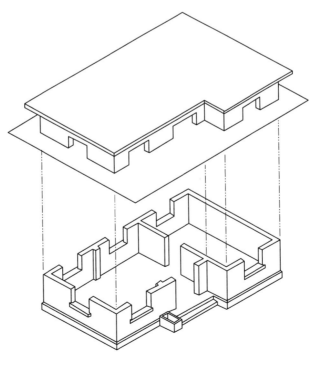

(a)

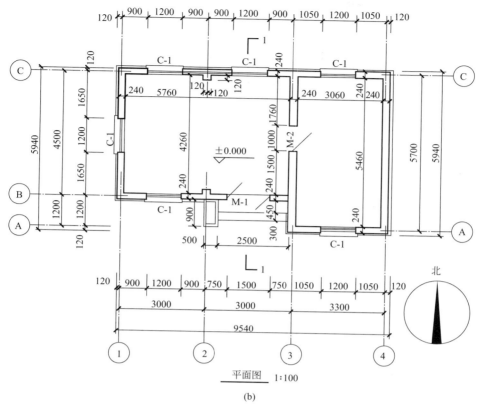

平面图　1:100

(b)

图 3-3　平面图的形成

知识拓展

建筑平面图

建筑平面图实质上是房屋各层的水平剖面图。平面图虽然是房屋的水平剖面图，但按习惯不标注其剖切位置，也不称为剖面图。

二、平面图的基本内容

（1）建筑物平面的形状及总长、总宽等尺寸，房间的位置、形状、大小、用途及相互关系。从平面图的形状与总长、总宽尺寸，可计算出房屋的用地面积。

（2）承重墙和柱的位置、尺寸、材料、形状、墙的厚度、门窗的宽度等，以及走廊、楼梯（电梯）、出入口的位置、形式、走向等。

（3）门、窗的编号、位置、数量及尺寸。门窗均按比例画出。门的开启线为45°和90°，开启弧线应在平面图中表示出来。一般图纸上还有门窗数量表。门用 M 表示，窗用 C 表示，高窗用 GC 表示，并采用阿拉伯数字编号，如 M1、M2、M3……，C1、C2、C3……，同一编号代表同一类型的门或窗。当门窗采用标准图时，用标准图集编号及图号表示。从门窗编号中可知门窗共有多少种，一般情况下，在本页图纸上或前面图纸上附有一个门窗表，列出门窗的编号、名称、洞口尺寸及数量。

扫码看视频

二层平面图

（4）室内空间以及顶棚、地面、各个墙面和构件细部做法。

（5）标注出建筑物及其各部分的平面尺寸和标高。在平面图中，一般标注三道外部尺寸。最外面的一道尺寸标出建筑物的总长和总宽，表示外轮廓的总尺寸，又称外包尺寸；中间的一道尺寸标出房间的开间及进深尺寸，表示轴线间的距离，称为轴线尺寸；里面的一道尺寸标出门窗洞口、墙厚等尺寸，表示各细部的位置及大小，称为细部尺寸，如图 3-4 所示。另外，还应标注出某些部位的局部尺寸，如门窗洞口定位尺寸及宽度，以及一些构配件的定位尺寸及形状，如楼梯、搁板、各种卫生设备等。

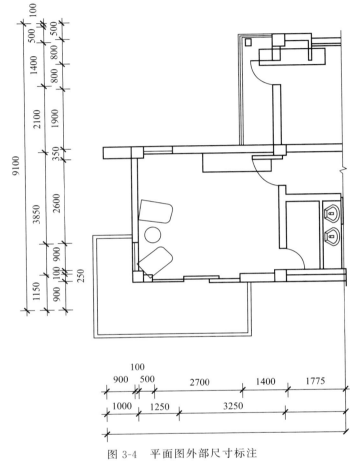

图 3-4　平面图外部尺寸标注

（6）对于底层平面图，还应标注室外台阶、花池、散水等局部尺寸。

（7）室外台阶、花池、散水和雨水管的大小与位置。

（8）在底层平面图上画有指北针符号，以确定建筑物的朝向，另外还要画上剖面图的剖切位置，以便与剖面图对照查阅，在需要引出详图的细部处，应画出索引符号。对于用文字说明能表达更清楚的情况，可以在图纸上用文字来进行说明。

（9）屋顶平面图上一般应表示出屋顶形状及构配件，包括女儿墙、檐沟、屋面坡度、分水线与雨水口、变形缝、楼梯间、水箱间、天窗、上人孔、消防梯及其他构筑物、索引符号等。

三、建筑平面图识读步骤及实例

下面以某住宅楼一层平面图（图 3-5）为例说明建筑平面图的识读方法。

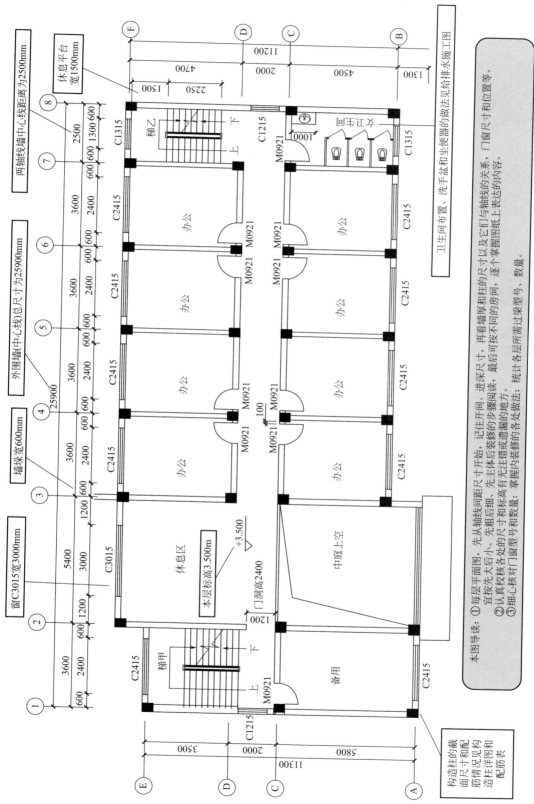

图 3-5 一层平面图

1. 一层平面图的识读

一层平面图的识读步骤如下。

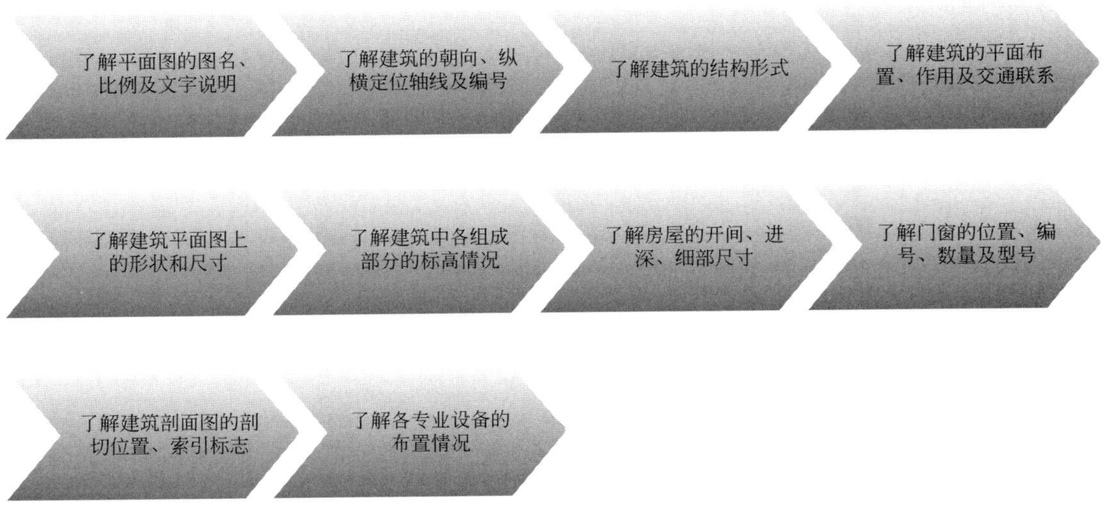

| 了解平面图的图名、比例及文字说明 | 了解建筑的朝向、纵横定位轴线及编号 | 了解建筑的结构形式 | 了解建筑的平面布置、作用及交通联系 |

| 了解建筑平面图上的形状和尺寸 | 了解建筑中各组成部分的标高情况 | 了解房屋的开间、进深、细部尺寸 | 了解门窗的位置、编号、数量及型号 |

| 了解建筑剖面图的剖切位置、索引标志 | 了解各专业设备的布置情况 |

2. 其他楼层平面图的识读

其他楼层平面图包括标准层平面图（图 3-6）和顶层平面图，其形成与首层平面图的形成相同。在标准层平面图上，为了简化作图，已在首层平面图上表示过的内容不再表示。识读标准层平面图时，重点应与首层平面图对照异同。

3. 屋顶平面图的识读

屋顶平面图（图 3-7）主要反映屋面上天窗、水箱、铁爬梯、通风道、女儿墙、变形缝等的位置以及采用标准图集的代号，屋面排水分区、排水方向、坡度，雨水口的位置、尺寸等内容。在屋顶平面图上，各种构件只用图例画出，用索引符号表示出详图的位置，用尺寸具体表示构件在屋顶上的位置。

四、建筑平面图识读要点

建筑平面图的识读要点如下。

（1）多层房屋的各层平面图，原则上从最下层平面图开始（有地下室时，从地下室平面图开始；无地下室时，从首层平面图开始）逐层读到顶层平面图，且不能忽视全部文字说明。

（2）每层平面图，先从轴线间距尺寸开始，记住开间、进深尺寸，再看墙厚和柱的尺寸以及它们与轴线的关系，门窗尺寸和位置等。宜按先大后小、先粗后细、先主体后装修的步骤阅读，最后可按不同的房间，逐个掌握图纸上表达的内容。

（3）认真校核各处的尺寸和标高有无注错或遗漏的地方。

（4）细心核对门窗型号和数量，掌握内装修的各处做法，统计各层所需过梁型号、数量。

（5）将各层的做法综合起来考虑，了解上、下各层之间有无矛盾，以便从各层平面图中逐步树立起建筑物的整体概念，并为进一步阅读建筑专业的立面图、剖面图和详图，以及结构专业图打下基础。

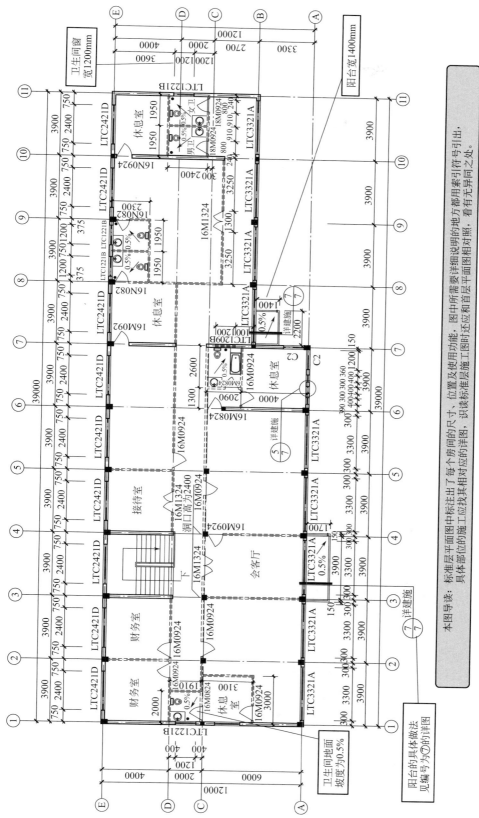

图 3-6 某建筑标准层平面图

本图导读：标准层平面图中标注出了每个房间的尺寸、位置及使用功能，图中所需要详细说明的地方都用索引符号引出，具体部位的施工应找其相对应的详图，识读标准层时应和首层平面图相对照，看有无异同之处。

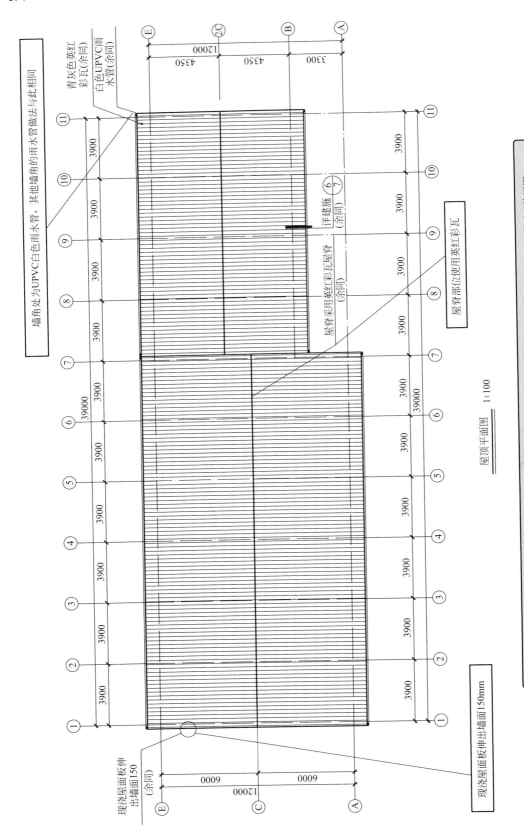

屋顶平面图 1:100

图 3-7 某建筑屋顶平面图

本图导读：从本图中可以得出屋顶、屋脊所使用的材料和雨水管的型号及布置的位置，屋顶施工见其所对应的详图。

扫码看视频

轴立面图

第三节 建筑立面图快速识读

一、立面图的形成和作用

在与建筑立面平行的铅直投影面上所作的正投影图称为建筑立面图，简称立面图，如图 3-8 所示。立面图的命名方式有以下三种，见表 3-2。

表 3-2 立面图的命名方式

名称	主要内容
用朝向命名	建筑物的某个立面面向哪个方向，就称为哪个方向的立面图
按外貌特征命名	将建筑物反映主要出入口或显著地反映外貌特征的那一面图称为正立面图，其余立面图依次为背立面图、左立面图和右立面图
用建筑平面图中的首尾轴线命名	按照观察者面向建筑物从左到右的轴线顺序命名

图 3-8 中标出了建筑立面图的投影方向和名称。

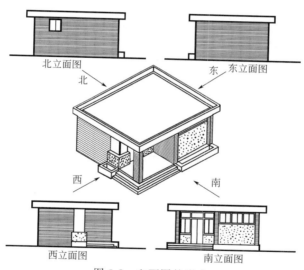

图 3-8 立面图的形成

建筑立面图主要反映房屋的形体和外貌、门窗的形式和位置、墙面的材料和装修做法等，是施工的重要依据。

二、立面图的基本内容

1. 图名及比例

图名可按立面的主次、朝向、轴线来命名。比例一般为 1：100、1：200。

2. 定位轴线

在立面图中一般只画出两端的定位轴线并注出其编号，以便与建筑平面图中的轴线编号对应。

3. 图线

为了加强图面效果，使外形清晰、重点突出、层次分明，通常借助线型的粗细层次，帮助读者清楚地了解房屋外形、立面上的凸出构件以及房屋前后的层次。

立面图（图 3-9）上的图线分为四种，见表 3-3。

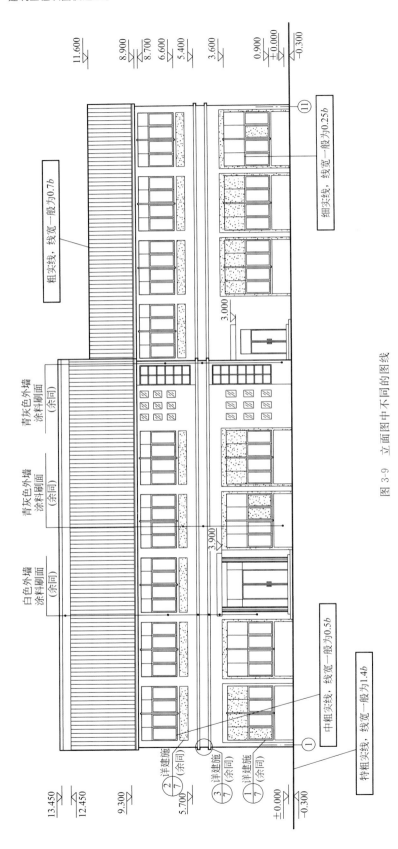

图 3-9　立面图中不同的图线

表 3-3　立面图中图线的种类

名称	主要内容
特粗实线（或加粗实线）	室外地面线，线宽为 1.4b
粗实线	建筑立面的外轮廓线通常画成粗实线，线宽为 b
中粗实线	门窗洞、台阶、花台等凹进或凸出墙面的轮廓线、门窗洞以及较大的建筑物构配件轮廓线画成中粗线（0.5b）。（凸出的雨篷、阳台和立面上其他凸出的线脚等轮廓线可以和门窗洞的轮廓线同等粗度，有时也可画成比门窗洞的轮廓线略粗一些）
细实线	较为细小的建筑构配件或装修线、门窗扇及其分格线、花饰、雨水管、墙面分格线（包括引条线）、外墙勒脚线以及用料注释引出线和标高符号等都画细实线（0.25b）

4.门窗的形状、位置以及开启方向

对于大小型号相同的窗，只要详细地画出一两个即可，其他可简单画出。另外，窗框尺寸本来很小，再用比较小的比例绘制，实际尺寸是画不出来的，所以门、窗也按规定图例绘制。门窗的形状、门窗扇的分隔与开启情况，也用图例按照实际情况绘制。

立面图中的窗画有斜向细线，是开启方向符号。细实线表示向外开，细虚线表示向内开。一般无需把所有窗都画上开启符号，凡是窗的型号相同的，只画其中一、二个即可。除了门连窗外，一般在立面图中可不表示门的开启方向，因为门的开启方式和方向已经在平面图中表示得很清楚了。

5.标高以及其他需要标注的尺寸

立面图上的高度尺寸主要用标高的形式来标注。关于标高要注意建筑标高和结构标高的区分。建筑标高是指楼地面、屋面等装修完成后构件的上表面的建筑标高。如楼面、台阶顶面等标高。结构标高是指结构构件未经装修的下底面的标高。如圈梁底面、雨篷底面等标高。

建筑立面图中标注标高的部位在一般情况下有：室内外地面；出入口平台面；门窗洞的上下口表面；女儿墙压顶面；水箱顶面；雨篷底面；阳台底面或阳台栏杆顶面等。除了标注标高之外，有时还注出一些并无详图的局部尺寸。立面图中的长宽尺寸应该与平面图中的长宽尺寸对应。

6.详图索引符号和文字说明

在立面图中凡需绘制详图的部位，画上详图索引符号，而对于立面面层装饰的主要做法，也可以在立面图中注写简要的文字说明。

三、立面图的识读方法

立面图的识读步骤如下：

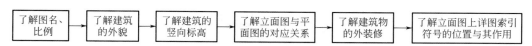

首先要根据图名及轴线对照平面图，明确各立面图所表示的内容是否正确。

在明确各立面表明的做法基础上，进一步校核各立面图之间有无不交圈的地方，从而通过阅读立面图建立起房屋外形和外装修的全貌。

四、立面图识读实例

下面以图 3-10 和图 3-11 为例说明立面图的识读方法。

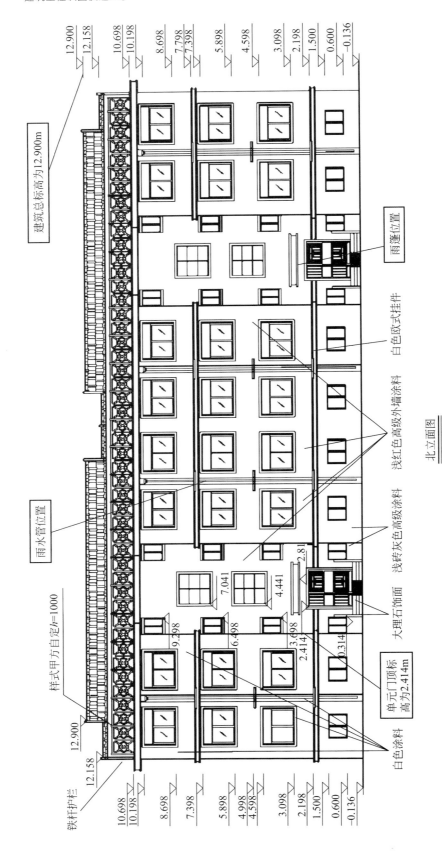

北立面图

图 3-10 某建筑物北立面图

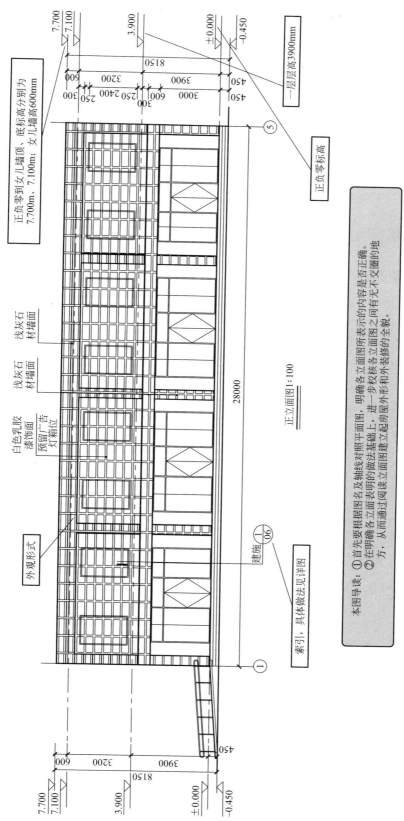

正立面图1:100

图 3-11 某商业楼正立面图

本图导读：①首先要根据图名及轴线对照平面图，明确各立面图所表示的内容是否正确。②在明确各立面表明的做法基础上，进一步校核各立面图之间有无不交圈的地方，从而通过阅读立面图建立起房屋外形和外墙修的全貌。

知识拓展

建筑立面图的识读

首先，建筑立面图是为满足施工要求而按正投影绘制的，分别为正立面、背立面和侧立面。而一般人看到的是两个面。因此，在推敲建筑立面时不能孤立地处理每个面，必须注意几个面的协调统一；其次，建筑造型是一种空间艺术，研究立面造型不能只局限于立面的尺寸大小和形状，还应结合平面和剖面进行研究；再次，立面是在符合功能和结构要求的基础上，对建筑空间造型的进一步深化。

扫码看视频

剖面图

第四节　建筑剖面图快速识读

一、剖面图的形成与用途

假想用一个或多个垂直于外墙轴线的铅垂剖切面，将房屋剖开，所得的投影图称为建筑剖面图，简称剖面图。剖面图表示房屋内部的结构或构造形式、分层情况和各部位的联系、材料及其高度等，是与平、立面图相互配合的重要图样。剖切面一般横向，即平行于侧面，必要时也可纵向，即平行于正面。其位置应选择能反映出房屋内部构造比较复杂与典型的部位。剖面图的名称应与平面图上所标注的一致，如图 3-12 所示的剖面图。

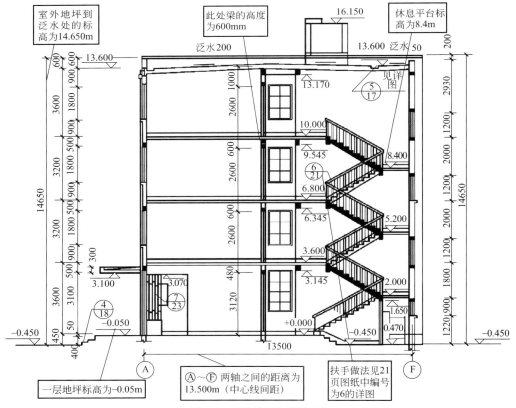

图 3-12　某建筑物剖面图

建筑剖面图用来表达建筑物内部垂直方向尺寸、楼层分层情况与层高、门窗洞口与窗台高度及简要的结构形式和构造方式等情况。它与建筑平面图、立面图相配合，是建筑施工图中不可缺少的重要图样之一。因此，剖面图的剖切位置，应选择能反映房屋全貌、构造特征以及有代表性的部位，并在底层平面图中标明。

剖面图的剖切位置应选择在楼梯间、门窗洞口及构造比较复杂的典型部位或有代表性的部位，其数量应根据房屋的复杂程度和施工实际需要而定，在一般规模不大的工程中，房屋的剖面图通常只有一个。当工程规模较大或平面形状较复杂时，则要根据实际需要确定剖面图的数量，也可能是两个或几个。两层以上的楼房一般至少要有一个楼梯间的剖面图。剖面图的剖切位置和剖视方向，可以从底层平面图中找到。剖面图的名称必须与底层平面图上所标的剖切位置和剖视方向一致。

二、剖面图的主要内容

剖面图的主要内容可概括如下。

（1）图名、比例：剖面图的图名、比例应与平面图、立面图一致，一般采用 1：50、1：100、1：200，视房屋的复杂程度而定。

（2）定位轴线及其尺寸：应注出被剖切到的各承重墙的定位轴线的轴线编号和尺寸，分别应与底层平面图中标明的剖切位置编号、轴线编号一一对应。

（3）剖切到的构配件及构造：剖切到的屋面（包括隔热层及吊顶）、楼面、室内外地面（包括台阶、明沟及散水等），剖切到的内外墙身及其门、窗（包括过梁、圈梁、防潮层、女儿墙及压顶），剖切到的各种承重梁和联系梁、楼梯梯段及楼梯平台、雨篷及雨篷梁、阳台、走廊等的位置和形状、尺寸；除了有地下室的以外，一般不画出地面以下的基础。

（4）未剖切到的可见构配件：可见的楼梯梯段、栏杆扶手、走廊端头的窗；可见的墙面、梁、柱，可见的阳台、雨篷、门窗、水斗和雨水管，可见的踢脚和室内的各种装饰，等等。

（5）垂直方向的尺寸及标高。外墙的竖向尺寸，通常标注三道：门窗洞及洞间墙等细部的高度尺寸、层高尺寸、室外地面以上的总高尺寸。此外还有局部尺寸，注明细部构配件的高度、形状、位置。标高宜标注室外地坪，以及楼地面、地下室地面、阳台、平台、台阶等处的完成面。

（6）详图索引符号与某些用料、做法的文字注释：由于建筑剖面图的图样比例限制了房屋构造与配件的详细表达，是否用详图索引符号，或者用文字进行注释，应根据审计深度和图纸用途确定。例如用多种材料构筑成的楼地面、屋面等，其构造层次和做法一般可以用索引符号给以索引，另有详图详细标明，也可由施工说明来统一表达，或者直接用多层构造的共用引出线顺序说明。

（7）图线室内外地坪线可画线宽为 1.4b 的加粗线；剖切到的墙体和空心板可用线宽为 b 的粗实线表达；可见的轮廓线用线宽为 0.5b 的中实线表达；用线宽为 0.25b 的细实线画细小的建筑构配件与装修面层线。

🔢 知识拓展

剖面图的图名和比例

比例小于 1：50 的剖面图，可不画出抹灰层，但宜画出楼地面、屋面的面层线；比例大于 1：50 的剖面图，应画出抹灰层、楼地面、屋面的面层线，并宜画出材料图例；比例等于 1：50 的剖面图，宜画出楼地面、屋面的面层线，抹灰层的面层线应根据需要而定。

三、剖面图的识读步骤

剖面图的识读步骤如下。

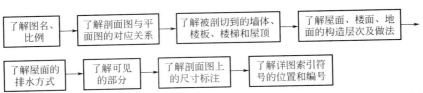

按照平面图中标明的剖切位置和剖视方向，检核剖面图所标明的轴线号、剖切部位和内容与平面图是否一致。

校对尺寸、标高是否与平面图、立面图相一致；校对剖面图中内装修做法与材料做法是否一致。在校对尺寸、标高和材料做法过程中，加深对房屋内部各处做法的整体概念的理解。

四、剖面图识读实例

对于建筑剖面图的识读，以图 3-13 和图 3-14 为例进行解读。

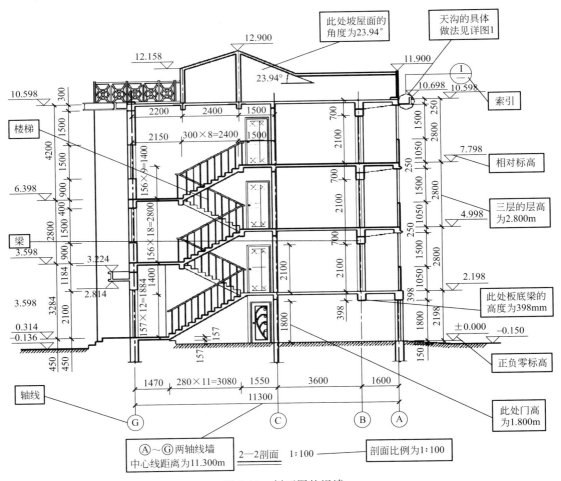

图 3-13　剖面图的识读

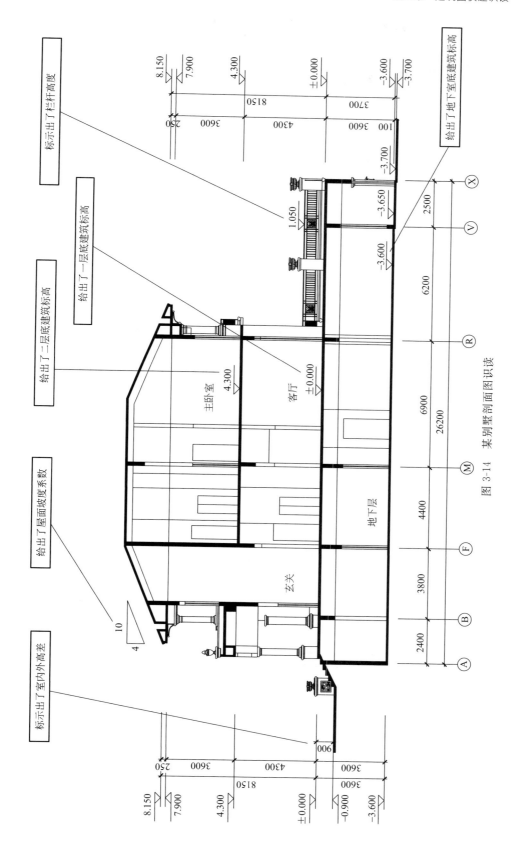

图 3-14　某别墅剖面图识读

标示出了栏杆高度

给出了一层底建筑标高

给出了二层底建筑标高

给出了屋面坡度系数

标示出了室内外高差

给出了地下室底建筑标高

主卧室　4.300

客厅　±0.000

地下层

玄关

第五节　建筑外墙详图识读

一、外墙详图的作用

外墙详图也叫外墙大样图，是建筑剖面图上外墙体的放大图样，表达外墙与地面、楼面、屋面的构造连接情况以及檐口、门窗顶、窗台、勒脚、防潮层、散水、明沟的尺寸、材料、做法等构造情况，是砌墙、室内外装修、门窗安装、编制施工预算以及材料估算等的重要依据。

在多层房屋中，各层构造情况基本相同，可只画墙脚、檐口和中间部分三个节点。门窗一般采用标准图集，为了简化作图，通常采用省略方法画，即门窗在洞口处断开。

 知识拓展

外墙详图的识读

由于外墙详图能较明确、较清楚地表明每项工程绝大部分的主体与装修的做法，所以除读懂图面所表达的全部内容外，还应较认真、较仔细地与其他图纸联系阅读，如勒脚以下伸出墙做法要与结构专业的基础平面图和剖面图联系阅读，这样才能加深理解并发现图纸相互间出现的问题，同时还应反复校核各图中尺寸、标高是否一致，并应与本专业其他图纸或结构专业的图纸反复校核。

二、外墙详图的内容

外墙详图的具体内容见表 3-4。

表 3-4　外墙详图的主要内容

名称	主要内容
墙与轴线的关系	表明外墙厚度、外墙与轴线的关系，在墙厚或墙与轴线关系有变化处，都应分别标注清楚
室内、外地面处的节点	表明基础厚度、室外地坪的位置、明沟、散水、台阶或坡道的做法，墙身防潮层的做法，首层地面与暖气槽、罩和暖气管件的做法，勒脚、踢脚板或墙裙的做法，以及首层室内外窗台的做法等
楼层处的节点	包括从下层窗穿过梁至本层窗台范围里的全部内容。常包括门窗过梁、雨罩或遮阳板、楼板、圈梁、阳台和阳台栏板或栏杆等。当若干层节点相同时，可用一个图样表示，但应标出若干层的楼面标高
屋顶檐口处的节点	表明自顶层窗过梁到檐口、女儿墙上皮范围里的全部内容。常包括门窗过梁、雨罩或遮阳板、顶层屋顶板或屋架等
各处尺寸与标高的标注	原则上应与立、剖面图一致并标注于相同处，挑出构件应加注挑出长度的尺寸、挑出构件结构下皮的标高。尺寸与标高的标注总原则通常是：除层高线的标高为建筑面层以外（且平屋顶顶层层高常以结构顶板为准），都宜标注结构面的尺寸标高
各构造部位的详细做法	应清楚表达室内、外装修各构造部位的详细做法，某些部位图面比例小不易表达出更详细的细部做法时，应标注文字说明或给出图索引

三、外墙详图的识读步骤

外墙详图的识读步骤如下。

四、外墙详图识读实例

对于建筑外墙详图的识读，以图 3-15 和图 3-16 为例进行解读。

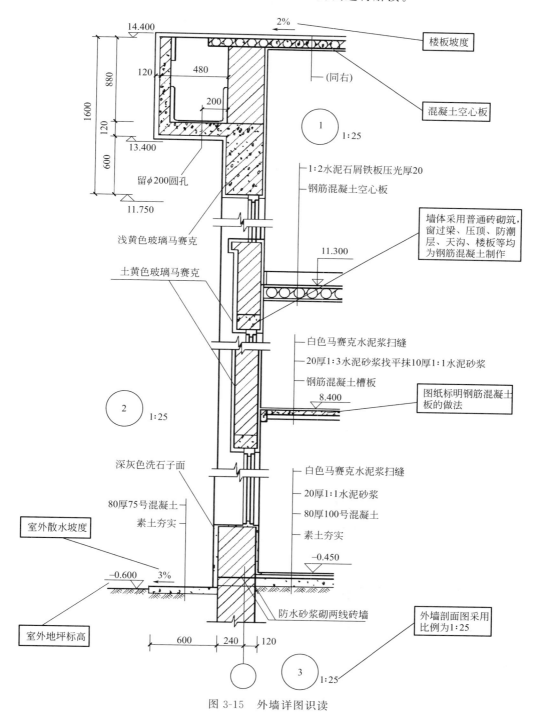

图 3-15　外墙详图识读

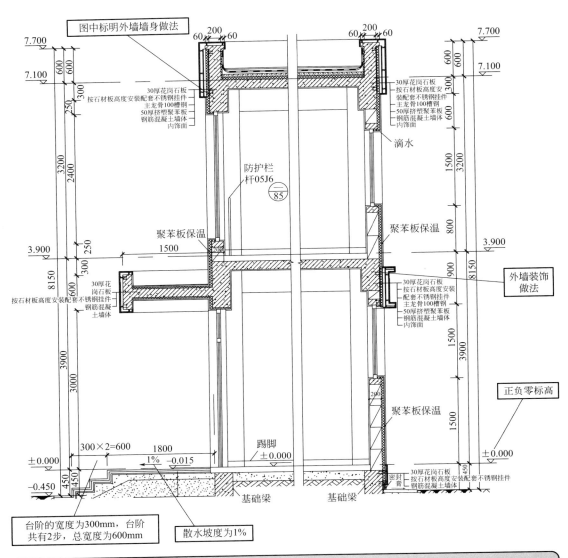

图 3-16　某商业楼外墙详图

本图导读： 由于外墙详图能较明确、较清楚地表明每项工程绝大部分的主体与装修的做法，所以除读懂图面所表达的全部内容外，还应较认真、较仔细地与其他图纸联系阅读，如勒脚以下基础墙做法要与结构专业的基础平面图和剖面图联系阅读，这样才能加深理解。在结合平面图和剖面图审图的同时，找出图纸存在的问题，同时还应反复校核各图中尺寸、标高是否一致，并应与本专业其他图纸或结构专业的图纸反复校核。

第六节　建筑楼梯详图识读

一、楼梯详图的作用

楼梯由梯段（包括踏步和斜梁）、平台（包括平台板和平台梁）和栏板（或栏杆）等部分组成。楼梯的构造比较复杂，一般需另画详图，以表示楼梯的类型、结构形式、各部位尺寸及装修做法，是楼梯施工放样的主要依据。

二、楼梯详图的基本内容

楼梯建筑详图由楼梯间平面图（除首层和顶层平面图外，三层以上的房屋，如中间隔层楼梯做法完全相同，可画标准层平面图）、剖面图（三层以上的房屋，如中间隔层楼梯做法完全相同，也可用一标准层的剖面表明多层。土面应加水平的折断线）、踏步、栏板（或栏杆）、扶手等详图组成。

1. 楼梯平面图

楼梯平面图包含如下内容。

（1）各层平面图所表达的内容，习惯上都以本层地面以上到休息板之间所作的水平剖切面为界。如以三层楼房的两跑楼梯为例，将楼梯与休息板自上而下编号时，首层平面图应表示出楼梯第一跑的下半部和第一跑下的隔墙、门、外门和室内、外台阶等。二层平面图应表示出第一跑的上半部、第一个休息板、第二跑、二层楼面和第三跑的下半部。三层平面图应表示出第三跑的上半部、第二个休息板、第四跑和三层楼面。

（2）各层平面图，除应注明楼梯间的轴线和标号外，必须注明楼梯跑宽度，两跑间的水平距离，休息板和楼层平台板的宽度，及楼梯跑的水平投影长度。还应注有楼梯间墙厚、门和窗等位置尺寸。

（3）各层平面图以各楼层、地面为起点，标明有"上"或"下"的箭头，以反映出楼梯的走向。图中一般都标有地面、各楼面和休息板面的标高。首层剖面图应注有楼梯剖面图的索引。

2. 楼梯剖面图

它表明各楼层和休息板的标高、各楼梯跑的踏步数和楼梯跑数、各构架的搭接做法、楼梯栏杆的样式和扶手的高度、楼梯间门窗洞口的位置和尺寸等。

3. 楼梯栏杆（栏板）、扶手和踏步大样图

它表明栏杆（栏板）的样式、高度、尺寸、材料，及其与踏步、墙面的搭接方法，踏步及休息板的材料、做法及详细尺寸等。

4. 其他

当建筑结构两专业楼梯详图绘制在一起时，除表明以上建筑方面的内容外，还应表明选用的预制钢筋混凝土各构件的型号和各构件搭接处的节点构造，以及标准构件图集的索引号。

三、楼梯详图的识读步骤

1. 楼梯平面图的识读

楼梯平面图的识读步骤如下：

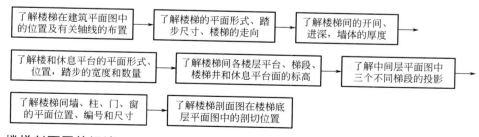

2. 楼梯剖面图的识读

楼梯剖面图的识读步骤如下：

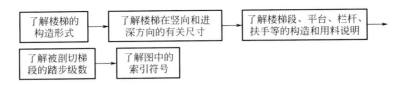

楼梯剖面图

楼梯剖面图的形成与建筑剖面图相同，是用假想的铅垂剖切平面，通过各层的一个梯段和门窗洞口，将楼梯垂直剖切，向另一侧未剖到的梯段方向作投影，所得到的剖面图。它应该能完整地表达出楼梯间内各层楼地面、梯段、平台、栏杆与扶手的构造、结构形式以及它们之间的相互关系。楼梯剖面图绘制的比例与楼梯平面图相同或者更大一些。表示楼梯剖面图剖切位置的剖切符号应在底层楼梯平面图或底层建筑平面图中画出。

3. 楼梯节点详图的识读

楼梯节点详图主要表达楼梯栏杆、踏步、扶手的做法。如采用标准图集，则直接引注标准图集代号；如采用的形式特殊，则用 1∶10、1∶5、1∶2 或 1∶1 的比例详细表示其形状、大小、所采用材料以及具体做法。

四、楼梯详图识读实例

1. 楼梯平面图的识读

对于楼梯平面图的识读，以图 3-17 为例进行解读。

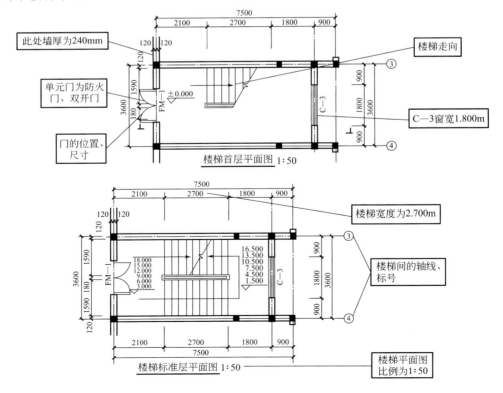

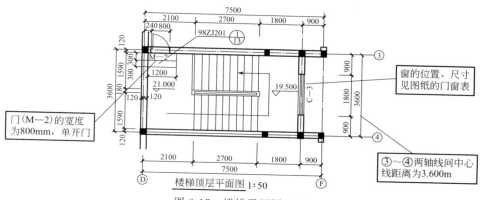

图 3-17 楼梯平面图识读

2. 楼梯剖面图的识读

对于楼梯剖面图的识读，以图 3-18 为例进行解读。

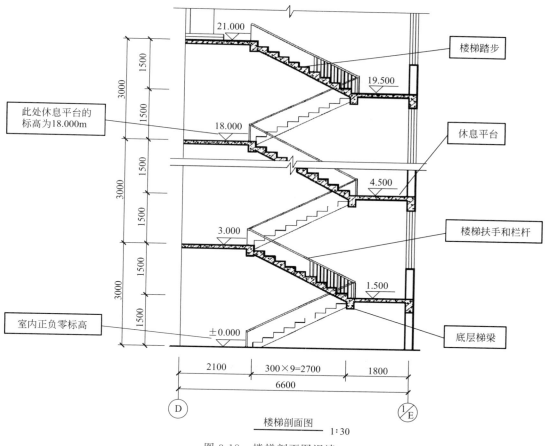

图 3-18 楼梯剖面图识读

3. 楼梯构件详图的识读

对于楼梯构件详图的识读，以图 3-19 为例进行解读。

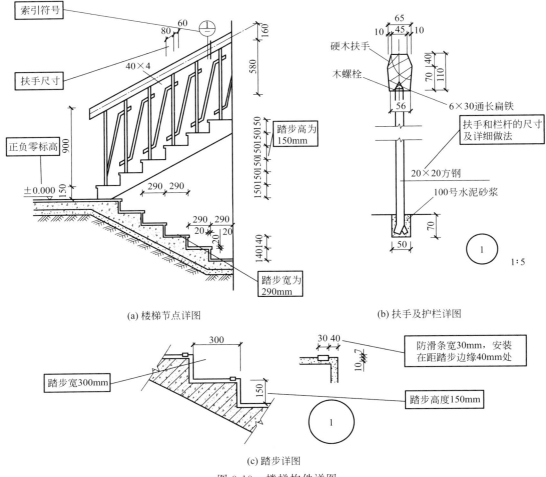

(a) 楼梯节点详图

(b) 扶手及护栏详图

(c) 踏步详图

图 3-19　楼梯构件详图

第四章

建筑结构施工图快速识读

第一节　结构施工图基本知识

一、结构施工图的作用和内容

房屋的结构施工图是按照结构设计要求绘制的指导施工的图纸，是表达建筑物承重构件的布置、形状、大小、材料、构造及其相互关系的图样。

结构施工图主要用来作为施工放线、开挖基槽、支模板、绑扎钢筋、设置预埋件、浇捣混凝土和安装梁、板、柱等构件及编制预算与施工组织计划等的依据。钢筋混凝土结构示意图如图 4-1 所示。

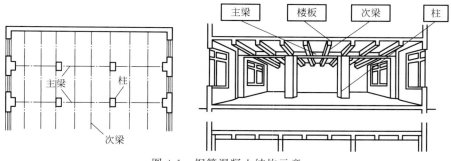

图 4-1　钢筋混凝土结构示意

🔁 知识拓展

<hr>

建筑结构的类型

建筑结构体系的类型，基本可分为：木结构建筑、砖混结构建筑和骨架结构建筑（以上为传统结构体系建筑），装配式建筑和工具式模板建筑（以上为现代工业化施工的结构体系建筑），筒体结构建筑、悬挂结构建筑、薄膜建筑和大跨度结构建筑（以上为特种结构体系建筑）等。

结构施工图的内容见表 4-1。

表 4-1　结构施工图的内容

名称	主要内容
结构设计说明	结构设计说明是其全局性的文字说明，内容包括：抗震设计与防火要求，材料的选型、规格、强度等级，地基情况，施工注意事项，选用标准图集等

续表

名称	主要内容
结构平面布置图	结构平面布置图包括基础平面图、楼层结构平面布置图、屋面结构平面图等
构件详图	构件详图内容包括梁、板、柱及基础结构详图、楼梯结构详图、屋架结构详图和其他详图（天窗、雨篷、过梁等）

二、识读结构施工图的基本要领

为了能够快速地读懂施工图，往往要懂得识读图纸的基本要领。下面介绍识读施工图的基本要领，见表4-2。

表 4-2　识读图纸的基本要领

识读要点	主要内容
由大到小，由粗到细	在识读建筑施工图时，应先识读总平面图和平面图，然后结合立面图和剖面图的识读来识读详图；在识读结构施工图时，首先应识读结构平面布置图，然后识读构件图，最后才能识读构件详图或断面图
仔细识读设计说明或附注	在建筑工程施工图中，对于拟建建筑物中一些无法直接用图形表示，而又直接关系到工程的做法及工程质量的内容，往往以文字要求的形式在施工图中适当的页次或某一张图纸中适当的位置表达出来。显然，这些说明或附注同样是图纸中的主要内容之一，不但必须看，而且必须看懂并且认真、正确地理解。例如建施中墙体所用的砌块，正常情况下均不会以图形的形式表示其大小和种类，更不可能表示出其强度等级，只好在设计说明中以文字形式来表述
牢记常用图例和符号	在建筑工程施工图中，为了表达的方便和简捷，也让识读人员一目了然，在图样绘制中有很多的内容采用符号或图例来表示。因此，识读人员务必牢记常用的图例和符号，这样才能顺利地识读图纸，避免识读过程中出现"语言"障碍。施工图中常用的图例和符号是工程技术人员的共同语言或组成这种语言的字符
注意尺寸及其单位	在图纸中的图形或图例均有其尺寸，尺寸的单位为"米（m）"和"毫米（mm）"两种，除了图纸中的标高和总平面图中的尺寸用米为单位外，其余的尺寸均以毫米为单位，且对于以毫米为单位的尺寸，在图纸中尺寸数字的后面一律不加注单位，共同形成一种默认
不得随意变更或修改图纸	在识读施工图过程中，若发现图纸设计或表达不全甚至错误，应及时准确地作记录，但不得随意地变更设计，或轻易地加以修改，尤其是对有疑问的地方或内容，可以保留意见。在适当的时间，将设计图纸中存在的问题或合理性的建议，向有关人员提出，并及时与设计人员协商解决

三、结构施工图中常用构件代号

常用构件代号用各构件名称的汉语拼音的第一个字母表示，详见表4-3。

表 4-3　常见构件代号

序号	名称	代号	序号	名称	代号	序号	名称	代号
1	板	B	8	盖板或沟盖板	GB	15	悬挑梁	XL
2	屋面板	WB	9	挡雨板或檐口板	YB	16	井字梁	JZL
3	空心板	KB	10	吊车安全走道板	DB	17	檩条	LT
4	槽形板	CB	11	墙板	QB	18	屋架	WJ
5	折板	ZB	12	屋面框架梁	WKL	19	托架	TJ
6	密肋板	MB	13	暗梁	AL	20	天窗架	CJ
7	楼梯板	TB	14	边框梁	BKL	21	框架	KJ

续表

序号	名称	代号	序号	名称	代号	序号	名称	代号
22	刚架	GJ	26	约束边缘翼墙柱	YYZ	30	桩	ZH
23	构造边缘转角墙柱	GJZ	27	约束边缘转角墙柱	YJZ	31	承台	CT
24	约束边缘端柱	YDZ	28	剪力墙墙身	Q	32	基础	J
25	约束边缘暗柱	YAZ	29	挡土墙	DQ	33	设备基础	SJ

四、常用建筑材料图例

常用建筑材料图例见表 1-12。

五、常用钢筋表示法

1. 钢筋的一般表示法

钢筋的一般表示方法见表 4-4。

表 4-4　钢筋的一般表示法

序号	名称	图例	说明
1	钢筋横断面	●	—
2	无弯钩的钢筋端部	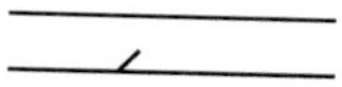	下图表示长、短钢筋投影重叠时，短钢筋的端部用 45°斜线表示
3	带半圆形弯钩的钢筋端部		—
4	带直钩的钢筋端部		—
5	带螺纹的钢筋端部		—
6	无弯钩的钢筋搭接		—
7	带半圆弯钩的钢筋搭接		—
8	带直钩的钢筋搭接		—
9	花篮螺丝钢筋接头		—
10	机械连接的钢筋接头		用文字说明机械连接的方式

2. 普通钢筋种类、符号和强度标准值

普通钢筋种类、符号和强度标准值见表 4-5。

表 4-5　普通钢筋种类、符号和强度标准值

种　类		符号	直径/mm	强度标准值/(N/mm²)
热轧钢筋	HPB300	Φ	6～22	300
	HRB335	Φ	6～50	335
	HRB400	Φ	6～50	400
	HRB500	Φ	6～50	500

3. 钢筋的标注

钢筋的直径、根数及相邻钢筋中心距在图样上一般采用引出线方式标注，其标注形式有下面两种。

（1）标注钢筋的根数和直径

钢筋直径(16mm)

HRB335级钢筋直径符号

钢筋根数(2根)

（2）标注钢筋的直径和相邻钢筋中心距

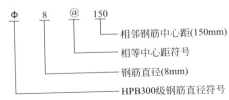

相邻钢筋中心距(150mm)

相等中心距符号

钢筋直径(8mm)

HPB300级钢筋直径符号

4. 钢筋的名称

配置在钢筋混凝土结构中的钢筋，如图 4-2 所示，按其作用可分为表 4-6 所示几种类型。

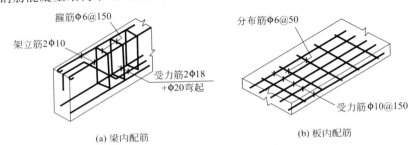

图 4-2　构件中钢筋的名称

表 4-6　结构中钢筋的分类

名称	主要内容
受力筋	承受拉、压应力的钢筋。配置在受拉区的称受拉钢筋;配置在受压区的称受压钢筋。受力筋还分为直筋和弯起筋两种
箍筋	承受部分斜拉应力,并固定受力筋的位置
架立筋	用于固定梁内钢箍位置;与受力筋、钢箍一起构成钢筋骨架
分布筋	用于板内,与板的受力筋垂直布置,并固定受力筋的位置
构造筋	因构件构造要求或施工安装需要而配置的钢筋,如腰筋、预埋锚固筋、吊环等

六、钢筋配置方式表示法

钢筋配置方式表示法见表 4-7。

表 4-7　钢筋配置方式表示法

配制方法	图　例
在结构平面图中配置双层钢筋时,底层钢筋的弯钩应向上或向左,顶层钢筋的弯钩则向下或向右	(底层)　(顶层)

续表

配制方法	图　例
钢筋混凝土墙体配双层钢筋时，在配筋立面图中，远面钢筋的弯钩应向上或向左，而近面钢筋的弯钩应向下或向右(JM近面；YM远面)	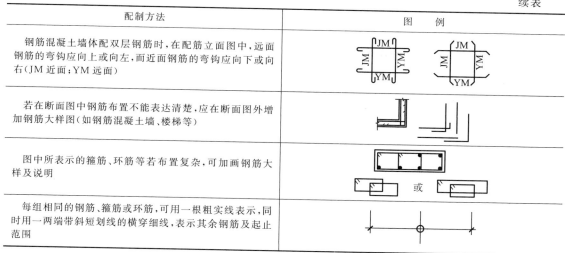
若在断面图中钢筋布置不能表达清楚，应在断面图外增加钢筋大样图(如钢筋混凝土墙、楼梯等)	
图中所表示的箍筋、环筋等若布置复杂，可加画钢筋大样及说明	
每组相同的钢筋、箍筋或环筋，可用一根粗实线表示，同时用一两端带斜短划线的横穿细线，表示其余钢筋及起止范围	

第二节　建筑结构施工图平法识读

一、平法设计的意义

平法的表达形式，概括来讲，是把结构构件的尺寸和配筋等，按照平面整体表示方法制图规则，整体直接表达在各类构件的结构平面布置图上，再与标准构造详图相配合，即构成一套新型完整的结构设计。

 知识拓展

平法施工图

平法设计改变了传统的那种将构件从结构平面布置图中索引出来，再逐个绘制配筋详图的繁琐方法。按此方法绘制的施工图，一般由各类结构构件的平法施工图和标准构造详图两大部分构成；对于复杂的工业与民用建筑，还需增加模板、开洞和预埋件等平面图。

二、平法设计的注写方式

按平法设计绘制的结构施工图，必须根据具体工程设计，按照各类构件的平法制图规则，在按结构层绘制的平面布置图上直接表示各构件的尺寸、配筋和所选用的标准构造详图。

在平面布置图上表示各构件尺寸和配筋的方式，分平面注写方式、列表注写方式和截面注写方式三种。

按平法设计绘制结构施工图时，应将所有柱、墙、梁构件进行编号，并用表格或其他方式注明各结构层楼（地）面标高、结构层高及相应的结构层号。其结构层楼面标高和结构层高在单项工程中必须统一，以保证基础、柱与墙、梁、板等用同一标准竖向定位。为了施工方便，应将统一的结构标高和结构层高分别放在柱、墙、梁等各类构件的平法施工图中，如表4-8表示某教学楼结构层楼面标高及结构层高。

表 4-8 结构层楼面标高及结构层高

层号	标高/m	层高/m
−1	−0.030	3.90
1	3.870	3.60
2	7.470	3.60
3	11.070	3.60
4	14.670	3.60
5	18.270	3.60
屋面1	21.870	3.60
屋面2	25.470	3.60

三、柱平法施工图的制图规则

扫码看视频

柱平法施工图系在柱平面布置图上采用列表方式或截面注写方式表达，并按规定注明各结构层的楼面标高、结构层高及相应的结构层号。

顶梁柱配筋图

1. 列表注写方式

列表注写方式就是在柱平面布置图上，分别在同一编号的柱中选择一个（有时需要选择几个）截面标注几何参数代号：在柱表中注写柱号、柱段起止标高、几何尺寸（含柱截面对轴线的偏心情况与配筋的具体数值），并配以各种柱截面形状及箍筋类型图的方式，来表达柱平法施工图。图 4-3 为柱平面布置图，表 4-9 为柱平法施工图中的柱表。

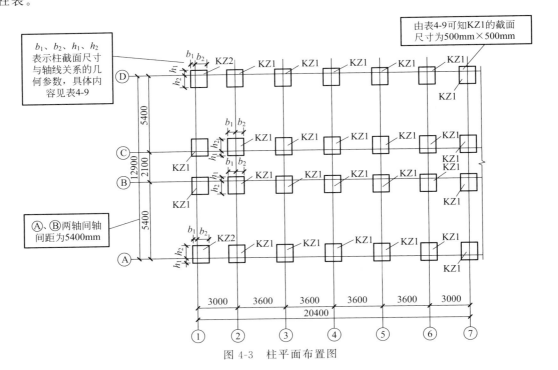

图 4-3 柱平面布置图

表 4-9　柱表

柱号	标高/m	$b \times h$/(mm×mm)	b_1/mm	b_2/mm	h_1/mm	h_2/mm	全部纵筋	角筋	b边一侧中部筋	h边一侧中部筋	箍筋类型号	箍筋	备注
KZ1	−0.030~3.870	500×500	250	250	120	380	12Φ25				1(4×4)	Φ10@100/200	
	3.870~11.070	500×500	250	250	120	380		4Φ25	2Φ22	2Φ22	1(4×4)	Φ10@100/200	
	11.070~18.270	500×500	250	250	120	380		4Φ22	2Φ20	2Φ20	1(4×4)	Φ10@100/200	
	18.270 以上	500×500	250	250	120	380	12Φ20				1(4×4)	Φ8@100/200	
KZ2	−0.030~3.870	500×500	120	380	120	380		4Φ25	4Φ25	2Φ25	1(4×4)	Φ10@100/200	
	3.870~11.070	500×500	120	380	120	380	12Φ25				1(4×4)	Φ10@100/200	
	11.070~18.270	500×500	120	380	120	380		4Φ25	2Φ22	2Φ22	1(4×4)	Φ10@100/200	
	18.270 以上	500×500	120	380	120	380		4Φ22	2Φ20	2Φ20	1(4×4)	Φ8@100/200	

注：箍筋类型图为 ，箍筋类型 1（4×4）。

对柱表注写方式有如下规定。

（1）注写柱编号。柱编号由类型代号和序号组成，应符合表 4-10 的规定。

表 4-10　柱表编号

柱类型	代号	序号
框架柱	KZ	××
框支柱	KZZ	××
芯柱	XZ	××
梁上柱	LZ	××
剪力墙上柱	QZ	××

（2）注写各段柱的起止标高，自柱根部往上以变截面位置或截面未变但配筋改变处为界分段注写。框架柱和框支柱的根部标高系指基础顶面标高；芯柱的标高系指根据结构实际需要而定的起始位置标高；梁上柱的根部标高系指梁顶面标高；剪力墙上柱的根部标高分两种：当柱纵筋锚固在墙顶部时，其根部标高为墙顶面标高；当柱与剪力墙重叠一层时，其根部标高为墙顶面入下一层结构层楼面标高。

（3）对于矩形柱，注写柱截面尺寸 $b \times h$ 及与轴线相关的几何参数代号 b_1、b_2 和 h_1、h_2 的具体数值，须对应于各段柱分别注写，其中 $b = b_1 + b_2$，$h = h_1 + h_2$。对于圆柱，则是在直径数字前加 d 表示。

（4）注写柱纵筋。当柱纵筋直径相同，各边根数也相同时（包括矩形柱、圆柱和芯柱），将纵筋写在"全部纵筋"一栏中；除此之外，柱纵筋分角筋、截面 b 边中部筋和 h 边中部筋三项分别注写（对于采用对称配筋的矩形截面柱，可仅注写一侧中部筋，对称边省略不注）。

（5）注写箍筋类型号及箍筋肢数，在箍筋类型栏内注写柱截面形状及其箍筋类型号。

（6）注写箍筋，包括钢筋级别、直径与间距。

当为抗震设计时，用斜线"/"区分柱端箍筋加密区与柱身非加密区长度范围内箍筋的不同间距，如：ϕ10@100/250，表示箍筋为Ⅰ级钢筋，直径ϕ10，加密区间距为100mm，非加密区间距为250mm；当箍筋沿柱全高为一种间距时，则不使用"/"，如ϕ10@100；当圆柱采用螺旋箍筋时，需在箍筋前加"L"，如Lϕ10@100/200。

2. 截面注写方式

截面注写方式系在分标准层绘制的柱平面布置图的柱截面上，分别在同一编号的柱中选择一个截面，并将此截面在原位放大，以直接注写截面尺寸和配筋具体数值的方式来表达柱平法施工图。即首先按列表注写方式的规定进行柱编号，然后从相同编号的柱中选择一个截面，按另一种比例原位放大绘制柱截面配筋图，并在各配筋图上继其编号后再注写截面尺寸、纵筋、箍筋的具体数值，如图4-4所示。

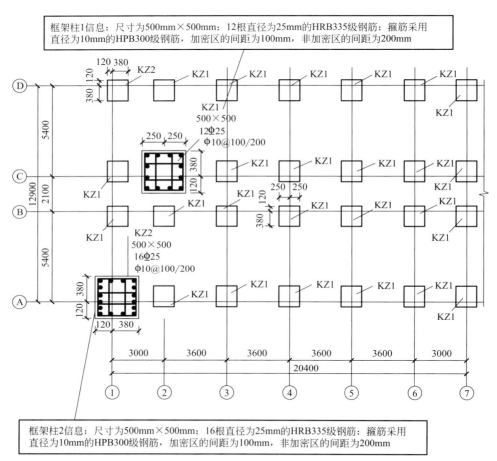

图4-4 −0.030～3.870m柱平法施工图（截面注写方式）

四、剪力墙平法施工图制图规则

剪力墙平法施工图系在剪力墙平面布置图上采用列表注写方式或截面注写方式表达，按规定注明各结构层的楼面标高、结构层高及相应原结构层号。剪力墙平面布置图可采用适当比例单独绘制，也可与柱或梁平面布置图合并绘制。

1. 列表注写方式

在工程上，通常将剪力墙视为由剪力墙柱、剪力墙身和剪力墙梁三类构件构成，列表注写方式系分别在剪力墙柱表、剪力墙身表和剪力墙梁表中，对应于剪力墙平面布置图上的编号，用绘制截面配筋图并注写几何尺寸与配筋具体数值的方式，来表达剪力墙平法施工图，如图 4-5 所示为列表注写剪力墙平法施工图。

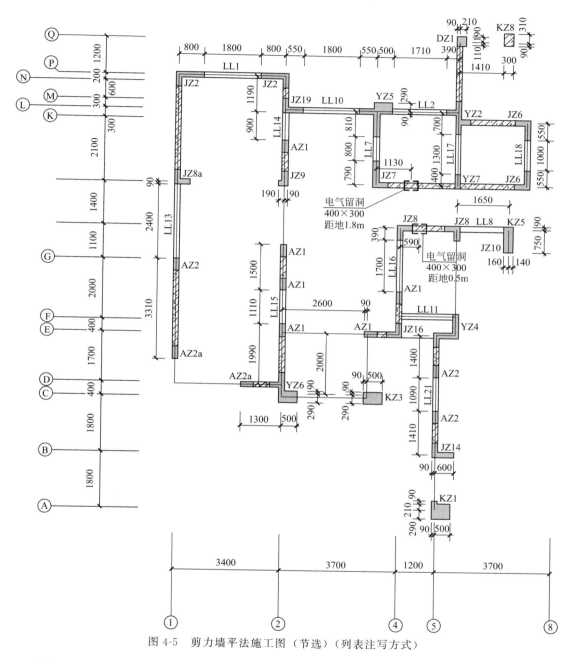

图 4-5 剪力墙平法施工图（节选）（列表注写方式）

剪力墙平法施工图列表注写方式有如下规定。

（1）编号规定

将剪力墙分剪力墙柱、剪力墙身和剪力墙梁三类构件进行编号，具体编号有如下规定。

① 剪力墙柱编号，由墙柱类型和序号组成，表达形式如表 4-11 所示。

表 4-11　墙柱编号

墙柱类型	代号	序号
约束边缘暗柱	YAZ	××
约束边缘端柱	YDZ	××
约束边缘翼墙（柱）	YYZ	××
约束边缘转角墙（柱）	YJZ	××
构造边缘端柱	GDZ	××
构造边缘暗柱	GAZ	××
构造边缘翼墙（柱）	GYZ	××
构造边缘转角墙（柱）	GJZ	××
非边缘暗柱	AZ	××
扶壁柱	FBZ	××

　　② 剪力墙身编号，由墙身代号、序列号及墙身所配置的水平与竖向分布钢筋排数组成，其中，排数注写在括号内。表达形式为：Q××（×排）。

　　③ 墙梁编号，由墙梁类型代号和序号组成，表达形式如表 4-12 所示。

表 4-12　墙梁编号

墙梁类型	代号	序号
连梁（无交叉暗撑及无交叉钢筋）	LL	××
连梁（有交叉暗撑）	LL(JC)	××
连梁（有交叉钢筋）	LL(JG)	××
暗梁	AL	××
边框梁	BKL	××

　　（2）剪力墙柱表中表达的内容

　　剪力墙柱表中表达的内容如表 4-13 所示。

表 4-13　剪力墙柱表（节选）

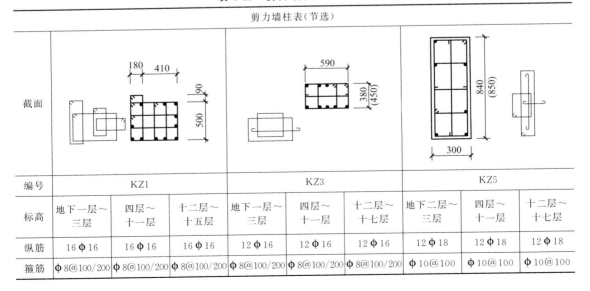

剪力墙柱表（节选）								
截面								
编号	KZ1			KZ3			KZ5		
标高	地下一层～三层	四层～十一层	十二层～十五层	地下一层～三层	四层～十一层	十二层～十七层	地下二层～三层	四层～十一层	十二层～十七层
纵筋	16φ16	16φ16	16φ16	12φ16	12φ16	12φ16	12φ18	12φ18	12φ18
箍筋	φ8@100/200	φ8@100/200	φ8@100/200	φ8@100/200	φ8@100/200	φ8@100/200	φ10@100	φ10@100	φ10@100

① 注写柱编号和绘制该墙柱的截面配筋图。

② 注写各段墙柱的起止标高，自墙柱根部往上以变截面位置或截面未变但配筋改变处为界分段注写。墙柱根部标高系指基础顶面标高（对框支剪力墙结构则为框架支梁顶面标高）。

③ 注写各段墙的纵向配筋和箍筋，注写方式与柱平法施工图相同，注写值应与在表中绘制的截面配筋图对应一致。

（3）剪力墙身表中表达的内容

剪力墙身表中表达的内容如表 4-14 所示。

表 4-14　剪力墙身表

编号	标高/m	墙厚/mm	垂直分布筋	水平分布筋	排数	拉筋	备注
DTQ1	−2.820～−0.080	250	Φ12@100	Φ12@150	2	φ6@450	外侧保护层 50
DTQ2	−2.820～−0.080	250	Φ12@150	Φ12@150	2	φ6@450	外侧保护层 50
Q2	基础顶～−2.820	180	Φ8@200	φ8@200	2	φ6@400	
	8.620～屋顶	180	Φ8@200	φ8@200	2	φ6@600	
Q3	53.300～屋顶	160	Φ10@200	φ8@200	2	φ6@600	
Q4	52.200～屋顶	180	Φ10@150	Φ10@200	2	φ6@600	

① 注写墙身编号。

② 注写各段墙身起止标高，自墙身根部往上以变截面位置或截面未变但配筋改变处为界分段注写。墙身根部标高系指基础顶面标高（对框支剪力墙结构则为框支梁顶面标高）。

③ 注写水平分布钢筋、竖向分布钢筋和拉筋的具体数值。注写数值为一排水平分布钢筋、竖向分布钢筋和拉筋的规格与间距，具体排数在墙身编号中表达。

（4）剪力墙梁表中表达的内容

剪力墙梁表中表达的内容如表 4-15 所示。

表 4-15　剪力墙洞口上连梁明细表

编号	类型	跨度/mm	所在楼	相对标高高差/m	梁截面尺寸 $b×h$/(mm×mm)	梁主筋	梁箍筋	侧面纵筋（单侧）
LL1	1	1800	1～14	0.000	180×520	2Φ16	φ8@100(2)	
	1	2000	15～16	0.000	180×520	2Φ16	φ8@100(2)	
	2	3400	17	梁底同板底	180×400	2Φ16	φ8@100(2)	
LL1a	1	1800	1～16	0.000	180×520	2Φ16	φ8@100(2)	
	2	2900	17	梁底同板底	180×400	2Φ16	φ8@100(2)	
LL2	1	1710	1～16	0.000	180×520	2Φ16	φ8@100(2)	
	2	2010	17	0.000	180×600	2Φ16	φ8@100(2)	
LL7	1	800	−1～16	0.000	200×400	2Φ16	φ8@100(2)	3Φ10
	2	800	17	0.000	200×400	2Φ16	φ8@100(2)	2Φ10
LL8	1	1400	−2～16	0.000	180×400	2Φ16	φ8@100(2)	
	2	1400	17	0.000	180×400	2Φ16	φ8@100(2)	
LL11	1	1620	−1～16	0.000	180×520	2Φ16	φ8@100(2)	
	2	1620	17	0.000	180×600	2Φ16	φ8@100(2)	

编号	类型	跨度/mm	所在楼	相对标高高差/m	梁截面尺寸 $b \times h$/（mm×mm）	梁主筋	梁箍筋	侧面纵筋（单侧）
LL13	1	2400	1～16	0.000	180×520	2Φ16	Φ8@100(2)	
	2	2400	17	0.000	180×600	2Φ16	Φ8@100(2)	
LL15	1	1110	−2～16	0.000	180×400	2Φ16	Φ8@100(2)	
	2	1110	17	0.000	180×400	2Φ16	Φ8@100(2)	
LL16	1	1700	−1～16	0.000	180×400	2Φ16	Φ8@100(2)	
	2	1700	17	0.000	180×400	2Φ16	Φ8@100(2)	
LL18	1	1000	−2～16	0.000	180×620	2Φ16	Φ8@100(2)	3Φ10
	2	1000	17	0.000	180×620	2Φ16	Φ8@100(2)	2Φ10
LL21	1	1090	1～16	0.000	180×520	2Φ16	Φ8@100(2)	3Φ10
	2	1090	17	0.000	180×600	2Φ16	Φ8@100(2)	3Φ10

① 注写墙梁编号。

② 注写墙梁所在楼层号。

③ 注写墙梁顶面标高高差，即相对于墙梁所在结构层楼面标高的高差值，高于者为正值，低于者为负值，无高差时不注。

④ 注写墙梁截面尺寸 $b \times h$，上部纵筋、下部纵筋和箍筋的具体数值。

⑤ 当连梁设有斜向交叉暗撑时［代号为 LL(JC) 且连梁截面宽度不小于 400］，注写一根暗撑的全部纵筋并标注×2表明有两根暗撑相互交叉，以及箍筋的具体数值。

⑥ 当连梁设有斜向交叉钢筋时［代号为 LL(JG) 且连梁截面宽度小于 400 但不小于 200］，注写一道斜向钢筋的配筋值，并标注×2表明有两道斜向钢筋相互交叉。

2. 截面注写方式

截面注写方式又名原位注写方式，系在分标准层绘制的剪力墙平面布置图上，以直接在墙柱、墙身、墙梁上注写截面尺寸和配筋具体数值的方式来表达剪力墙平法施工图，如图 4-6 所示。具体注写规则如下。

（1）选用适当比例原位放大绘制剪力墙平面布置图，对所有墙柱、墙身和墙梁进行编号。

（2）从相同编号的墙柱中选择一个截面，标注全部纵筋及箍筋的具体数值。

（3）从相同编号的墙身中选择一道墙身，按顺序列引注的内容为：墙身编号、墙厚尺寸、水平分布钢筋、纵向分布钢筋和拉筋的具体数值。

（4）从相同编号的墙梁中选择一根墙梁，按顺序注写的内容为：当连梁无斜向交叉暗撑时，注写墙梁编号、墙梁截面尺寸 $b \times h$、墙梁箍筋、上部纵筋、下部纵筋和墙梁顶部标高差的具体数值；当连梁设有斜向交叉暗撑时，还要以 JC 打头附加注写一根暗撑的全部纵筋，并标注×2表明有两根暗撑相互交叉，以及箍筋的具体数值；当连梁设有斜向交叉钢筋时，还要以 JG 打头附加注写一道斜向钢筋的配筋数值，并标注×2表明有两道斜向钢筋相互交叉。

五、剪力墙洞口的表示方法

无论采用列表注写方式还是截面注写方式，剪力墙上的洞口均可在剪力墙平面布置图上原位表达，洞口的具体表达方法如下。

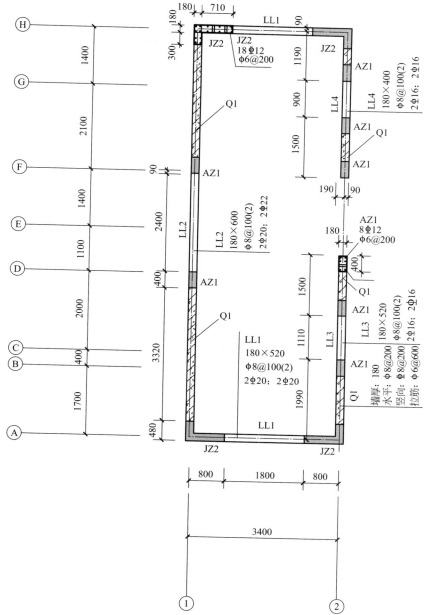

图 4-6　3～9 层剪力墙平法施工图（截面注写方式）

（1）在剪力墙平面布置图上绘制洞口示意，并表示洞口中心的平面定位尺寸。

（2）在洞口中心位置引注洞口编号、洞口几何尺寸、洞口中心相对标高、洞口每边补强钢筋四项内容，具体规定见表 4-16。

表 4-16　在洞口中心位置引注的规定

名称	主要内容
洞口编号	矩形洞口为:JD××(××为序号)。圆形洞口为:YD××(××为序号)
洞口几何尺寸	矩形洞口为洞宽×洞高($b×h$);圆形洞口为洞口直径 D

续表

名称	主要内容
洞口中心相对标高	是指相对于结构层楼(地)面标高的洞口中心高度,当高于结构层楼面时为正值,低于时为负值
洞口每边补强钢筋情况	洞口每边补强钢筋情况的规定及要求见表4-17

表 4-17 洞口每边补强钢筋情况

分类	具体要求
当矩形洞口的洞宽、洞高均不大于800mm 时	如果设置构造补强纵筋,即洞口每边加钢筋≥φ12,且不小于同向被切断钢筋总面积的50%,本项免注
	如果设置补强纵筋大于构造配筋,此项注写洞口每边补强钢筋的数值
当矩形洞口的洞宽大于 800mm 时	在洞口的上、下需设置补强暗梁,此项注写为洞口上、下每边暗梁的纵筋与箍筋的具体数值;当洞口上、下边为剪力墙连梁时,此项免注;洞口竖向两侧按边缘构件配筋,应亦不在此项表达
当圆形洞口设置在连梁中部 1/3 范围(且圆洞直径不应大于 1/3 梁高)时	需注写在圆洞上下水平设置的每边补强纵筋与箍筋
当圆形洞口设置在墙身或暗梁、边框梁位置,且洞口直径不大于 300mm 时	此项注写洞口上下左右每边布置的补强纵筋的数值
当圆形洞口直径大于 300mm,但不大于 800mm 时	其加强钢筋在标准构造详图中系按照圆外切正六边形的边长方向布置,设计仅需注写六边形中一边补强钢筋的具体数值

六、梁平法施工图制图规则

梁平法施工图系在梁平面布置图上采用平面注写方式或截面注写方式表达,按规定注明各结构层的顶面标高及相应的结构层号。

扫码看视频

一层顶梁平法施工图

1. 平面注写方式

平面注写方式系在梁平面布置图上,分别在不同编号的梁中各选一根梁,以在其上注写截面尺寸和配筋具体数值的方式来表达梁平法施工图;包括集中标注和原位标注两种方法,其中集中标注表达梁的通用数值,原位标注表达梁的特殊数值,在读施工图时,原位标注取值优先。图 4-7 所示为梁的平面注写方式示例,其中四个梁截面图系采用传统表示方法绘制,用于表达梁平面注写方式的内容,实际采用平法制图时不需绘制梁截面配筋图。

(1)梁集中标注的内容,有五项必注值及一项选注值,其具体规定如下。

① 梁编号,该项为必注值。它由梁类型代号、序列号、跨数及有无悬挑代号几项组成,如表 4-18 所示,例如:WKL6(4A)表示第 6 号屋面框架梁,4 跨,一端有悬挑。

表 4-18 梁编号

梁类型	代号	序号	跨数及有无悬挑
楼层框架梁	KL	××	(××)、(××A)或(××B)
屋面框架梁	WKL	××	(××)、(××A)或(××B)
框支梁	KZL	××	(××)、(××A)或(××B)
非框架梁	L	××	(××)、(××A)或(××B)

右上角：续表

梁类型	代号	序号	跨数及有无悬挑
悬挑梁	XL	××	（××）、（××A）或（××B）
井字梁	JZL	××	（××）、（××A）或（××B）

注：（××）仅表示跨数而无悬挑，（××A）表示一端有悬挑，（××B）表示两端有悬挑，悬挑不计入跨数。

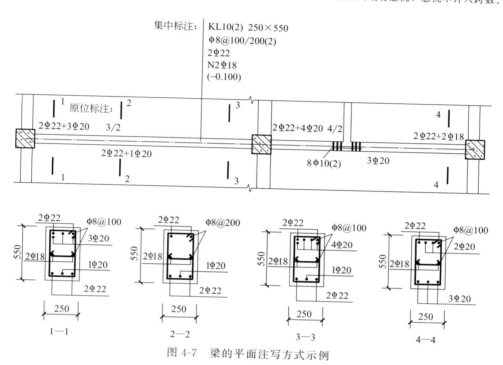

图 4-7　梁的平面注写方式示例

② 梁截面尺寸，该项为必注值。当为等截面梁时，用 $b \times h$ 表示；当为加腋梁时，用 $b \times h$　YC_1/C_2 表示，其中 C_1 表示腋长，C_2 表示腋高，如图 4-8 所示；当有悬挑梁且根部和端部的高度不同时，用斜线分隔根部与端部的高度值，即 $b \times h_1/h_2$，如图 4-9 所示。

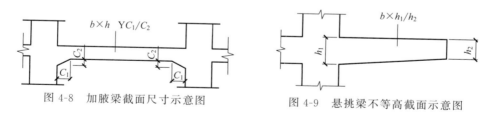

图 4-8　加腋梁截面尺寸示意图　　　　图 4-9　悬挑梁不等高截面示意图

③ 梁箍筋，此项为必注值，包括钢筋级别、直径、加密区与非加密区间距及肢数。箍筋加密区与非加密区的不同间距及肢数需用斜线 "/" 分隔；当梁箍筋为同一种间距及肢数时，则不必用斜线；当梁箍筋加密区与非加密区肢数相同时，则将肢数注写一次。如：

φ8@100/250(4)，表示箍筋为Ⅰ级钢筋，直径 $\phi 8$，加密区间距为 100mm，非加密区间距为 250mm，全为四肢箍；

φ8@100(4)/250(2)，表示箍筋为Ⅰ级钢筋，直径 $\phi 8$，加密区间距为 100mm，四肢箍，非加密区间距为 250mm，两肢箍；

18φ10@150(4)/250(2)，表示箍筋为Ⅰ级钢筋，直径 $\phi 10$，梁的两端各有 18 个四肢箍，间距为150mm，梁跨中部分间距为250mm，两肢箍。

④ 梁上部通长筋或架立筋配置，该项为必注值。所注规格与根数应根据结构受力要求及箍筋肢数等构造要求而定。当同排纵筋中既有通长筋又有架立筋时，应用"+"将通长筋与架立筋相连。注写时须将角部纵筋写在加号前，架立筋写在加号后面的括号内，以示不同直径及与通长筋的区别。当全部采用架立筋时，则将其写入括号内。

如：2Φ22用于双肢箍，为通长筋；2Φ22＋(4Φ20)用于六肢箍，其中2Φ22为通长筋，4Φ20为架立筋；(4Φ20)用于四肢箍，全为架立筋。

当梁的上部纵筋和下部纵筋为全跨相同，且多数跨配筋相同时，此项可加注下部纵筋配筋值，用"；"将上部纵筋与下部纵筋的配筋值分隔开来。

如："2Φ22；4Φ20"表示梁的上部配置2Φ22的通长筋，梁的下部配置4Φ20的通长筋。

⑤ 梁侧面纵向构造钢筋或受扭钢筋配置，该项为必注值。当梁腹板高度$h_w \geqslant 450mm$时，须配置纵向构造钢筋，此项注写值以大写字母G打头，且注写设置在梁两个侧面的总配筋值，且对称配值。如G4Φ14，表示梁的每侧各配置2Φ14的纵向构造钢筋。当梁侧面需配置受扭纵向钢筋时，此项注写值以大写字母N打头，且注写设置在梁两个侧面的总配筋值，且对称配值。如N4Φ20，表示梁的每侧各配置2Φ20的受扭纵向钢筋。

⑥ 梁顶面标高高差，该项为选注值。梁顶面标高高差，系指梁顶面标高相对于结构层楼面标高的高差值，对于位于结构夹层的梁，则指相对于结构夹层楼面标高的高差。有高差时将其写入括号内，无高差时不注。

（2）梁原位标注的内容规定

① 梁支座上部纵筋的标注。

a.当上部纵筋多于一排时，用斜线"/"将各排自上而下分开。如5Φ22 3/2，表示上排纵筋为3Φ22，下排纵筋为2Φ22。

b.当同排纵筋有两种直径时，用加号"+"将两种纵筋相连，注写时将角部纵筋写在前面。如2Φ22＋2Φ18，表示将2Φ22放在角部，2Φ18放在中间。

c.当梁支座两边的上部纵筋相同时，可仅在支座一边标注；当梁支座两边的上部纵筋不同时，须在支座两边分别标注。

② 梁下部纵筋的标注与梁上部纵筋标注相似，可以相互参考。

a.当下部纵筋多于一排时，用斜线"/"将各排自上而下分开。

b.当同排纵筋有两种直径时，用加号"+"将两种纵筋相连，注写时将角部纵筋写在前面。

③ 附加箍筋和吊筋宜直接画在平面图中的主梁上，用线引注总配筋值。当多数附加箍筋与吊筋相同时，可在梁平法施工图上统一注明，少数不同值再原位标注。附加箍筋和吊筋如图4-10所示。

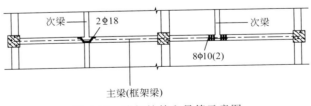

图4-10　附加箍筋和吊筋示意图

④ 当在梁上集中标注的内容不适应于某跨或某悬挑部分时，则可将其不同数值原位标

注在该部位。

2. 截面注写方式

截面注写方式系在标准层绘制的梁平面布置图上，分别在不同编号的梁中各选择一根梁，用剖面号引出配筋图，并在其上注写截面尺寸和配筋具体数值来表达梁平法施工图，如图 4-11 所示。其具体注写规则如下。

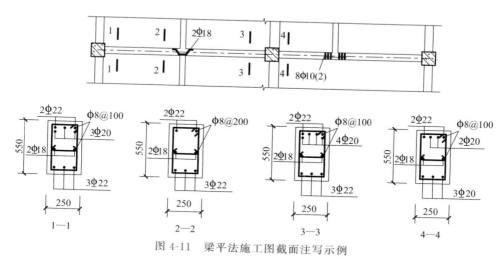

图 4-11　梁平法施工图截面注写示例

（1）对所有梁进行编号，从相同编号的梁中选一根梁，先将"单边截面号"画在该梁上，再将截面配筋详图画在本图上。

（2）在截面配筋详图上注写截面尺寸 $b×h$、上部筋、下部筋、侧面构造筋或受扭筋以及箍筋的具体数值，其表达形式与平面注写方式相同。

（3）截面注写方式既可以单独使用，也可以与平面注写方式结合使用。

第三节　建筑基础图快速识读

一、概述

1. 基础图的内容

在基础平面图中应表示出墙体轮廓线、基础轮廓线、基础的宽度和基础剖面图的位置，标注定位轴线和定位轴线之间的距离。在基础剖面图中应包括全部不同基础的剖面图。图中应正向反映剖切位置处基础的类型、构造和钢筋混凝土基础的配筋情况，所用材料的强度，钢筋的种类、数量和分布方式等，应详尽标注出各部分尺寸。基础图应包含的主要内容如下。

① 图名和比例。

② 纵横向定位轴线及编号、轴线尺寸。

③ 基础墙、柱的平面布置，基础底面形状、大小及其与轴线的关系。

④ 基础梁的位置、代号。

⑤ 基础的编号、基础断面图的剖切位置线及其编号。

⑥ 施工说明，即所用材料的强度、防潮层做法、设计依据以及施工注意事项。

知识拓展

基础平面图

假想用一个水平面沿房屋底层室内地面附近将整幢建筑物剖开后，移去上层的房屋和基础周围的泥土向下投影所得到的水平剖面图，称为"基础平面图"，简称"基础图"。基础图主要是表示建筑物在相对标高±0.00以下基础结构的图纸。

2. 基础平面图的表示方法

（1）定位轴线：基础平面图应注出与建筑平面图相一致的定位轴线编号和轴线尺寸。

（2）图线的主要内容

① 在基础平面图中，只画基础墙、柱及基础底面的轮廓线，基础的细部轮廓线（如大放脚）一般省略不画。

② 凡被剖切到的墙、柱轮廓线，应画成中实线；基础底面的轮廓线应画成细实线。

③ 基础梁和地圈梁用粗点划线表示其中心线的位置。

④ 基础墙上的预留管洞，应用虚线表示其位置，具体做法及尺寸另用详图表示。

（3）尺寸标注

① 外部尺寸：基础平面图中的外部尺寸只标注两道，即定位轴线的间距和总尺寸。

② 内部尺寸：基础平面图中的内部尺寸应标注墙的厚度、柱的断面尺寸和基础底面的宽度。

3. 基础详图的形成及内容

（1）基础详图的形成：在基础平面图上的某一处用铅垂剖切面切开基础所得到的断面图称基础详图。它主要表明基础各部的详细尺寸和构造。

（2）基础详图的内容

① 图名、比例。

② 轴线及其编号。

③ 基础断面形状、大小、材料及配筋。

④ 基础断面的详细尺寸和室内外地面标高及基础底面的标高。

⑤ 防潮层的位置和做法。

⑥ 垫层、基础墙、基础梁的形状、大小、材料和标号。

⑦ 施工说明。

（3）基础详图的表示方法

① 图线：基础详图的轮廓线用中实线表示，钢筋符号用粗实线绘制。对于钢筋混凝土独立基础除画出基础的断面图外，有时还要画出基础的平面图，并在平面图中采用局部剖面表达底板配筋。

② 比例和图例：基础详图常用1：10、1：20、1：50的比例绘制。基础断面除钢筋混凝土材料外，其他材料宜画出材料图例符号。

二、基础的埋置深度

基础的埋置深度，简称基础埋深，是指室外地坪到基础底面的距离，如图4-12所示。一般基础的埋深应考虑建筑物上部荷载的大小、地基土质的好坏、地下水位的高低、土的冰冻的深度以及新旧建筑物的相邻交接关系等。从经济和施工角度考虑，基础的埋深在满足要求的情况下越浅越好，但不能小于0.5m。对于天然地基上的基础，一般把埋深在4m以内的叫浅基础。它的特点是：构造简单，施工方便，造价低廉且不需要特殊施工设备。只有在表层土质极弱或总荷载较大或其他特殊情况下，才选用深基础。但基础的埋置深度也不能过小，应大于500mm，因为地基受到建筑荷载作用后可能将四周土挤走，使基础失稳，或地面受到雨水冲刷及机械破坏而导致基础暴露，影响建筑的安全。

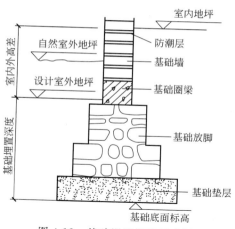

图 4-12　基础埋置深度示意图

三、基础的类型

基础构造形式的确定随建筑物上部结构形式、荷载大小及地基土质情况而定。在一般情况下，上部结构形式直接影响基础的形式，但当上部荷载增大，且地基承载能力有变化时，基础形式也随之变化。

1.按基础的构造形式分类

基础按构造形式可以分为条形基础、独立基础、联合基础（井格式基础、片筏式基础、板式基础、箱形基础）、桩基础。

条形基础为连续的带形，也叫带形基础。当地基条件较好、基础埋置深度较浅时，墙承式的建筑多采用条形基础，以便传递连续的条形荷载，如图 4-13 所示。

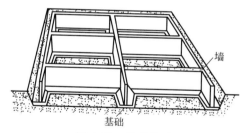

图 4-13　条形基础

当建筑物上部结构采用框架结构或单层排架及门架结构承重时，其基础常采用方形或矩形的单独基础，这种基础称独立基础或柱式基础。

独立基础呈独立的块状，形式有台阶形、锥形、杯形等。独立基础主要用于柱下。当柱采用预制构件时，则基础做成杯口形，然后将柱子插入，并嵌固在杯口内，故称杯形基础，如图 4-14 所示。

当房屋为骨架承重或内骨架承重，且地基条件较差时，为提高建筑物的整体性，避免各承重柱产生不均匀沉降，常将柱下基础沿纵横方向连接起来，形成柱下条形基础，如图 4-15 所示，或十字交叉的井格基础，如图 4-16 所示。

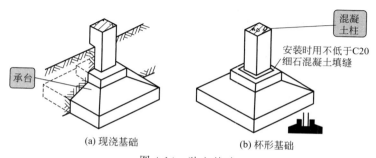

(a) 现浇基础　　　　(b) 杯形基础

图 4-14　独立基础

当建筑物上部荷载较大，所在地的地基承载能力比较弱，采用简单的条形基础或井格式基础不能适应地基变形的需要时，常将墙或柱下基础连成一片，使整个建筑物的荷载承受在一块整板上，这种满堂的板式基础称为筏形基础，如图 4-17 所示。

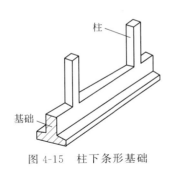

图 4-15　柱下条形基础

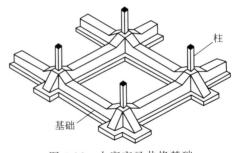

图 4-16　十字交叉井格基础

箱形基础是由钢筋混凝土的底板、顶板和若干纵横墙组成的，形成空心箱体整体结构，共同承受上部结构荷载。

箱形基础整体空间刚度较大，对抵抗地基的不均匀沉降有利，一般适用于高层建筑或在软弱地基上建造的重型建筑物。当基础的中空部分较大时，可用作地下室，如图 4-18 所示。

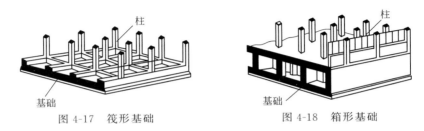

图 4-17　筏形基础　　　　　　　　　　　图 4-18　箱形基础

当建筑物的荷载较大，而地基的弱土层较厚，地基承载力不能满足要求，采取其他措施又不经济时，可采用桩基础。桩基础由承台和桩柱组成，如图 4-19 所示。

2. 按基础受力特点分类

按基础受力特点可以将基础分为刚性基础和柔性基础。

刚性基础常用于地基承载力较好，压缩性较小的中小型民用建筑。当建筑物荷载较大，或地基承载能力较差时，宜采用钢筋混凝土基础。

3. 按基础所使用的材料分类

按基础所使用的材料可以将基础分为砖基础、毛石基础、混凝土基础、灰土基础（图 4-20）、三合土基础、毛石混凝土基础、钢筋混凝土基础等。

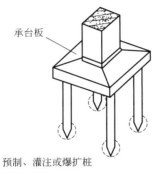

预制、灌注或爆扩桩

图 4-19　桩基础

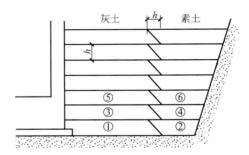

h—土层厚度；①、②、③、④、⑤、⑥—施工顺序

图 4-20　灰土地基示意图

第四节　结构平面图快速识读

一、结构平面图的内容

结构平面图包含以下主要内容。

① 图名、比例。

② 标注轴线网、编号和尺寸。

③ 标注墙、柱、梁、板等构件的位置及代号和编号。

④ 预制板的跨度方向、数量、型号或编号及预留洞的大小和位置。

⑤ 轴线尺寸及构件的定位尺寸。

⑥ 详图索引符号及剖切符号。

⑦ 文字说明。

 知识拓展

平面布置图

设想一个水平剖切面，使它沿着每层楼板结构面将建筑物切成上下两部分，移开上部分后往下看，所得到的水平投影图形，即为平面布置图。用它来表示各层的承重构件（如梁、板、柱、墙等）布置的图样，一般包括楼层结构平面图和屋面结构平面图。

二、结构平面图的表示方法

（1）定位轴线：结构平面图应注出与建筑平面图相一致的定位轴线编号和轴线尺寸。

（2）图线：楼层、屋顶结构平面图中一般用中实线表示剖切到或可见的构件轮廓线，图中虚线表示不可见构件的轮廓线（如被遮盖的墙体、柱子等），门窗洞口一般可不画。图中梁、板、柱等的表示方法见表4-19。

扫码看视频

一层顶板平法施工图

表 4-19　梁、板、柱的表示方法

构件名称	主要内容
预制板	可用细实线分块画板的铺设方向。如板的数量太多，可采用简化画法，即用一条对角线（细实线）表示楼板的布置范围，并在对角线上或下标注预制楼板的数量及型号。当若干房间布置楼板相同时，可只画出一间的实际铺板，其余用代号表示。预制板的标注方法各地区均有不同，图4-21为国家标准的标注说明。 　　如 Y-KB4212-5 表示预应力圆孔板的标志长度 4.2m（42dm），标志宽度 1.2m（12dm），板的荷载等级（能承担的荷载）为 5 级
现浇板	当现浇板配筋简单时，直接在结构平面图中表明钢筋的弯曲及配置情况，注明编号、规格、直径、间距。当配筋复杂或不便表示时，可用对角线表示现浇板的范围，注写代号如×B1、×B2 等，然后另画详图。对配筋相同的板，只需将其中一块的配筋画出，其余用代号表示
梁、屋架、支撑、过梁	一般用粗点划线表示其中心位置，并注写代号。如梁为 L1、L2、L3；过梁为 GL1、GL2 等；屋架为 WJ1、WJ2 等；支撑为 ZC1、ZC2 等
柱	被剖到的柱均涂黑，并标注代号，如 Z1、Z2、Z3 等

续表

构件名称	主要内容
圈梁	当圈梁（QL）在楼层结构平面图中没法表达清楚时,可单独画出其圈梁布置平面图。圈梁用粗实线表示,并在适当位置画出断面的剖切符号。圈梁平面图的比例可采用小比例如 1：200,图中要求注出定位轴线的距离和尺寸

图 4-21　预应力混凝土圆孔板的标注方法

（3）比例和图名：楼层和屋顶结构平面图的比例同建筑平面图，一般采用 1：100 或 1：200 的比例绘制。

（4）尺寸标注：结构平面布置图的尺寸，一般只注写开间、进深、总尺寸及个别地方容易弄错的尺寸。

三、结构平面图识读实例

对于结构平面图识读，以楼盖、屋盖结构平面图为例进行解读。

在砖混结构中，承重墙主要是煤矸石砖承重墙，因其结构形式比较单一，一般不需单独出详图，而是在另一承重构件楼盖、屋盖结构平面图中加以说明。楼盖、屋盖结构平面图所表示的内容基本相同，下面就以楼盖结构平面图为例加以说明。

楼盖结构平面图主要是表示楼盖各构件之间的平面关系的图样，它需与建筑平面图及墙身剖面图配合阅读。楼盖结构平面图主要分为结构平面图、剖面详图与文字说明三部分。结构平面图包括一层楼盖结构平面图、标准层楼盖结构平面图与屋盖结构平面图。读图时，应先看文字说明，再从一层结构平面图开始，由下向上依次识读二层、三层……，但在中间，会有几层结构图完全相同的情况，此时将其画在一张图中，在图名中加以注明，这就是所谓的标准层，如图 4-22 就是一张标准层楼盖结构平面图局部图样。下面①～⑥就是该标准层楼盖结构平面图的文字说明部分。

① 本层卫生间、洗衣房、阳台板顶标高为 5.600m、8.500m、11.400m。其他未注明的板顶标高为 5.730m、8.630m、11.530m。

② 本层未注明板厚均为 100mm。

③ 本层未注明的 370 墙上圈梁为 XQL1。

④ 本层未注明的 240 内墙上圈梁为 XQL2。

⑤ 本层Ⓑ轴墙上圈梁为 XQL3。

⑥ 所有上部钢筋尺寸均为距墙中或梁中长度。

楼盖结构一般分为预制楼盖结构和现浇楼盖结构两种，在现代建筑中，预制楼盖结构已经不常使用，我们主要介绍现浇楼盖结构的一些具体情况。

施工过程中，当拿到一张楼盖结构平面图时，首先要确定一下定位轴线与各结构构件，如墙、梁等的对应关系，然后利用定位轴线组成的轴线网来对各个构件进行现场定位。定位轴线①对应的承重墙，墙厚 200mm，对应的墙体圈梁是 XQL1，图 4-23 为其剖面详图。由图可以看出，此圈梁在标高为 2.830m、5.730m、8.630m、11.530m、14.430m 五层楼盖结构中均有设置，梁宽 370mm，梁高 120mm；圈梁上部纵筋与下部纵筋均为Ⅰ级钢盘三根 φ12，箍筋为 φ6@200，即箍筋为Ⅰ级圆钢 φ6，箍筋间距为 200mm。

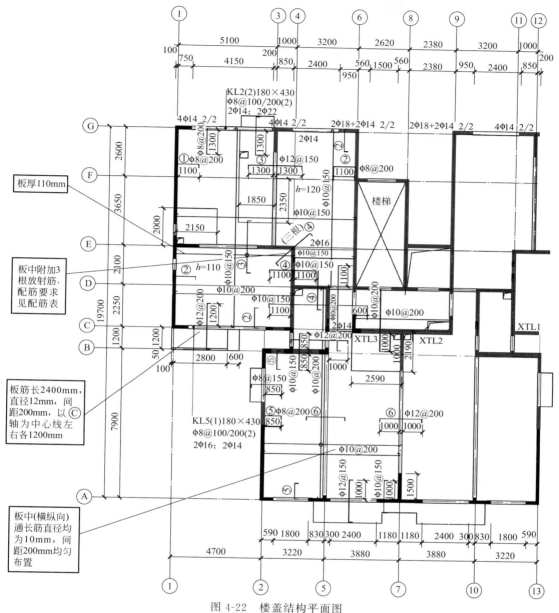

图 4-22 楼盖结构平面图

定位轴线⑥轴对应的是外墙，墙厚 240mm，墙上圈梁为 XQL2，图 4-24 为其剖面详图。由图可以看出，此圈梁在标高为 2.830m、5.730m、8.630m、11.530m、14.430m 五层楼盖结构中均有设置，梁宽 240mm，梁高 120mm；圈梁上部纵筋与下部纵筋均为 2 根 φ12 的 HPB300 级钢筋，箍筋为 φ6@200，即箍筋为Ⅰ级圆钢 φ6，箍筋间距为 200mm。

定位轴线④～⑦×Ⓔ位置是 XL2，其剖面详图如图 4-25 所示，由图可以看出，此圈梁在标高为 2.830m、5.730m、8.630m、11.530m、14.430m、17.330m 六层楼盖结构中均有设置。此梁宽度 240mm，梁高 330mm，梁两侧现浇板厚度分别为 120mm 与 110mm；梁上部纵筋为 3 φ14，下部纵筋为 3 φ20，箍筋为 φ8@150，即箍筋为Ⅰ级圆钢 φ8，箍筋间距为 150mm。

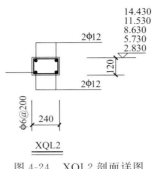

图 4-23 XQL1 剖面详图   图 4-24 XQL2 剖面详图   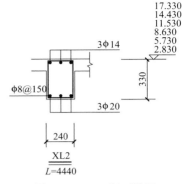图 4-25 XL2 剖面详图

楼盖结构的另一重要内容就是现浇混凝土板的配筋情况。在楼盖结构平面图上，可以看到这样两种图例：▬▬▬与◄▬▬▬►。其中▬▬▬表示盖筋，又叫板面负筋，主要承担四边约束形成的负弯矩，主要分布在现浇板的四边；◄▬▬▬►表示的是板底钢筋，主要承担跨中正弯矩，主要平行于板边双向配置。图 4-26（a）所示的是板底钢筋的表示方法，其中⏀10@150 表示的是用Ⅲ级螺纹钢，直径为 10mm，平行于板边铺设，钢筋间距为 150mm。图 4-26（b）所示为板面负筋的表示方法，□表示的是板面负筋所在的板边位置的梁或墙；⏀8@100 表示的是Ⅲ级

图 4-26 楼盖板配筋的表示方法

螺纹钢，直径为 8mm，垂直于图中所示的梁铺设，钢筋间距为 100mm；图中的 1070 与1170 分别表示其所在梁两边的长度。

第五节   构件结构详图快速识读

一、构件结构详图的基本内容

钢筋混凝土构件结构详图主要用于表明构件内部的形状、大小、材料、构造及连接关系等，它的图示特点是假定混凝土是透明体，构件内部的配筋则一目了然，因此，结构详图也叫配筋图。钢筋混凝土构件结构详图的主要内容如下。

① 构件名称或代号、绘制比例。
② 构件定位轴线及其编号。
③ 构件的形状、尺寸、配筋和预埋件。
④ 钢筋的直径、尺寸和构件底面的结构标高。
⑤ 施工说明等。

二、构件结构详图的识读方法

1. 柱（基础平面布置图）

图 4-27 为某住宅基础层柱的平面布置图。

2. 楼板配筋图

图 4-28 和图 4-29 为某住宅楼一层楼板配筋图和标准层楼板配筋图。

3. 梁配筋图

图 4-30 和图 4-31 为某住宅楼一层梁配筋图和标准层梁配筋图。

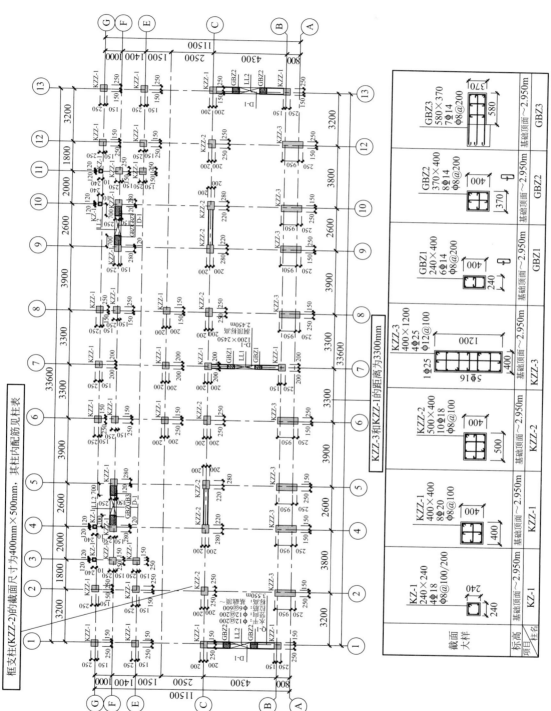

图 4-27 某住宅基础层柱平面图

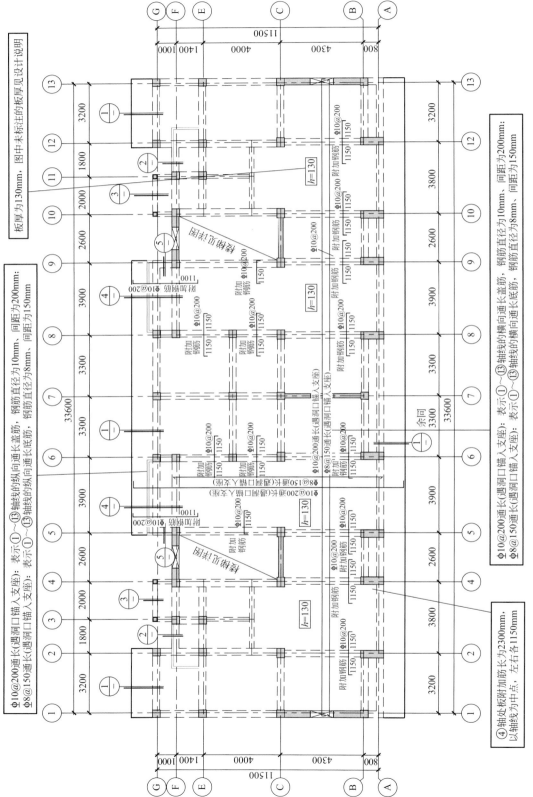

图 4-28 一层楼板配筋图

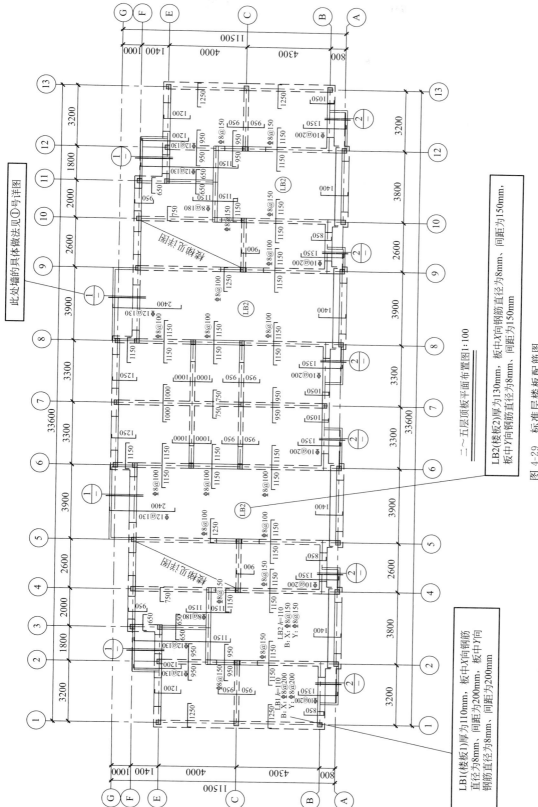

图 4-29 标准层楼板配筋图

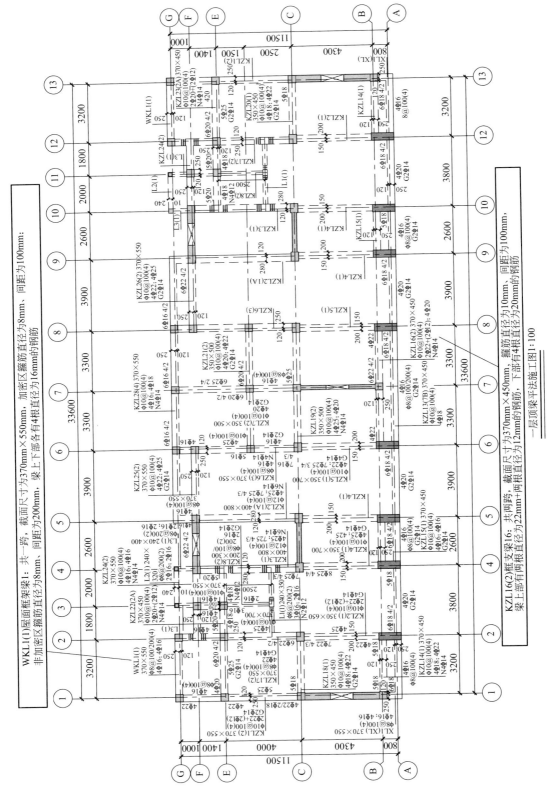

图 4-30 一层梁配筋图

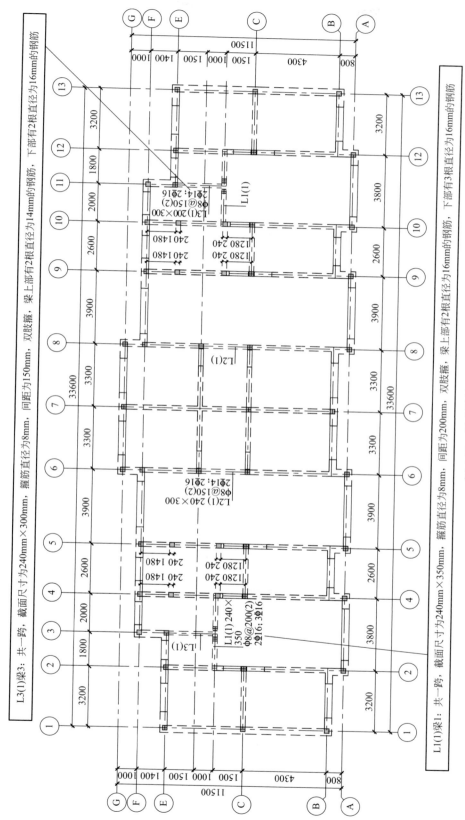

图 4-31 标准层梁配筋图

4. 楼梯结构平面图

楼梯结构平面图一般包括底层楼梯结构平面图、标准层楼梯结构平面图和顶层楼梯结构平面图。当底层或顶层楼梯结构平面图与标准层楼梯结构平面图一致时，可以只画标准层结构平面图。图4-32所示为底层楼梯结构平面图，图4-33所示为标准层楼梯结构平面图。

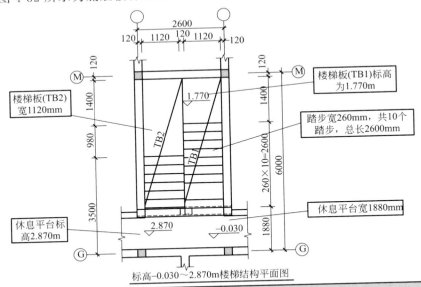

标高−0.030～2.870m楼梯结构平面图

本图导读： 底层楼梯位于该宿舍楼的第一层，即标高2.870m以下部分，承重构件分别为TL1、TB1和TB2。该楼二～五层和六层楼梯结构图完全相同，只画一个标准楼梯结构平面图即可。

图4-32　底层楼梯结构平面图

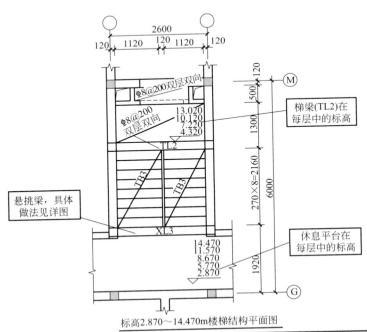

标高2.870～14.470m楼梯结构平面图

本图导读： 此结构中主要承重构件有TB3、TL2、XL3与休息平台，休息平台的配筋为Φ8@200双向双层配筋，TL2的标高分别为4.320m、7.220m、10.120m、13.020m；在此楼梯平面图中还有一个管道井，管道井宽度为500mm。

图4-33　标准层楼梯结构平面图

楼梯结构平面图的图示要求与楼盖结构平面图基本相同，都是用水平剖面的形式来表示。由图 4-32 可以看出，此楼梯为双跑楼梯，每跑宽度 1120mm，楼梯井宽度 120mm。

5. 楼梯结构剖面图

楼梯结构剖面图是表示楼梯间和各种构件的竖向布置和构造情况的图样。它分为楼梯结构总剖面图与楼梯构件剖面详图两部分。

图 4-34 就是楼梯总剖面图（图中运算式结果取整，故用等号），由图中可以很清楚地看到各休息平台与楼层结构层的标高；主要承重构件有 TL1、TL2、XL3、TB1、TB2、TB3

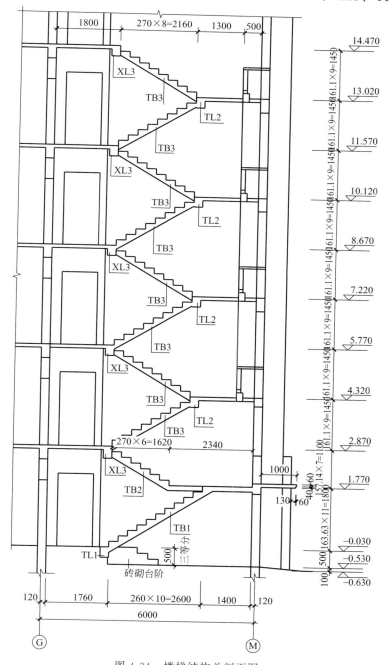

图 4-34　楼梯结构总剖面图

与楼梯休息平台。

TL1 位于底层，其结构详图如图 4-35（a）所示；TL2 位于二层以上的休息平台上，其结构剖面详图如图 4-35（b）所示；XL3 位于二层及以上的结构层上，其结构剖面详图如图 4-35（c）所示。

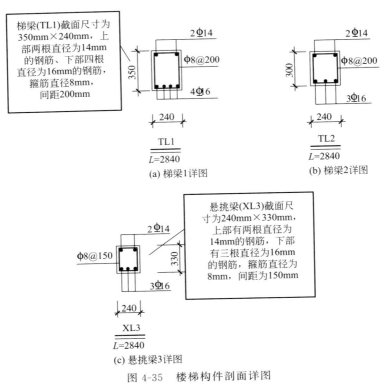

(a) 梯梁1详图

(b) 梯梁2详图

(c) 悬挑梁3详图

图 4-35　楼梯构件剖面详图

TB1 是第一跑楼梯，共有 10 个踏步，每个踏步宽 260mm，高 163.63mm（施工过程中一般四舍五入按 164mm 施工），其结构剖面详图如图 4-36 所示。

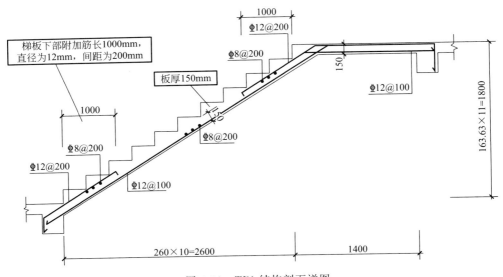

图 4-36　TB1 结构剖面详图

TB2 是第二跑楼梯，共有 6 步踏步，踏步宽 270mm，高为 157.14mm，其结构剖面详图如图 4-37 所示。

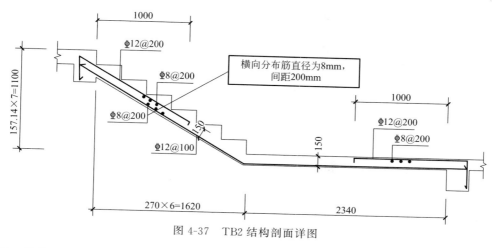

图 4-37　TB2 结构剖面详图

TB3 是第二跑以上的楼梯，共有 8 步踏步，踏步宽 270mm，高为 161.1mm，其结构剖面详图如图 4-38 所示。

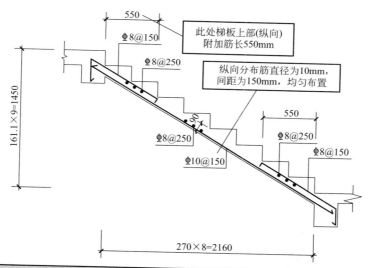

本图导读：①核实清楚构件编号，构件一般在剖面上有完整的表达；②弄清楚配筋种类和型号；③确认每一个详图细部尺寸；④弄清楚详图中标注的构造做法等；⑤确认不同楼梯的形式（有折板、平板及梁式），核实净高；⑥通过设计文字说明弄清楚混凝土等级及分布筋等。

图 4-38　TB3 结构剖面详图

第五章

建筑给排水施工图快速识读

第一节　建筑给水施工图快速识读

一、建筑给水系统的组成与划分

1.建筑给水系统的组成

给水系统的组成内容如下。

① 引入管（进户管）。

② 水表节点：如图 5-1 所示。

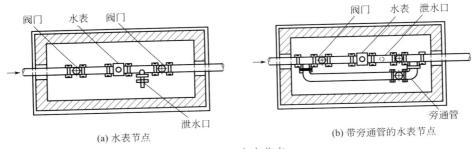

(a) 水表节点　　　　　　　　　(b) 带旁通管的水表节点

图 5-1　水表节点

③ 管道系统（水平干管、立管、横支管）。

④ 给水附件（控制附件和配水附件）。

⑤ 升压和贮水设备（水泵、水箱、气压给水设备、水池）。水箱的组成如图 5-2 所示。

⑥ 室内消防设备（消火栓和自动喷洒消防设备）。

2.建筑给水系统的划分

（1）给水系统应根据用户对水质、水压、水量和水温的要求，并结合外部给水系统的具体情况来划分。基本给水系统有：生活给水系统、生产给水系统和消防给水系统。

（2）根据对用途的不同要求，各种给水系统划分如下。

① 生活给水系统划分为：生活饮用水系统、杂用水系统、生活洁净水系统等。

② 生产给水系统划分为：直流给水系统、循环给水系统、复用水给水系统、软化水给水

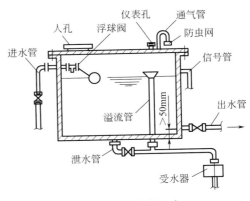

图 5-2　水箱的组成

系统、纯水给水系统等。

③ 消防给水系统划分为：消火栓给水系统、喷淋给水系统、泡沫灭火给水系统（低泡、中泡、高泡灭火系统）和蒸汽灭火系统等。

（3）根据具体情况，经过技术经济的综合比较，可采用合理的共用系统。如生活生产给水系统，生活消防给水系统，生产消防给水系统，生活、生产和消防给水系统。

二、建筑给水图示

1. 给水管网布置方式

给水系统按水平配水干管的敷设位置，可以布置成下行上给式、上行下给式和环状式三种管网方式。其主要优缺点见表 5-1。

表 5-1　管网布置方式

名称	特征及使用范围	优缺点
下行上给式	水平配水干管敷设在底层（明装、埋设或管沟敷设）或地下室天花板下 居住建筑、公共建筑和工业建筑，在利用外网水压直接供水时多采用这种方式	图示简单，明装时便于安装维修 最高层配水的流出水头较低，埋地管道检修不便
上行下给式	水平配水干管敷设在顶层天花板下或吊顶内，对于非冰冻地区，也有敷设在屋顶上的，对于高层建筑也可设在技术夹层内 设有高位水箱的居住、公共建筑，机械设备或地下管线较多的工业厂房多采用这种方式	最高层配水点流出水头较高 安装在吊顶内的配水干管可能因漏水、结露损坏吊顶和墙面，要求外网水压稍高一些，管材消耗稍多一些
环状式	水平配水干管或配水立管互相连接成环，组成水平干管环状或立管环状，在有两个引入管时，也可将两个引入管通过配水立管和水平配水干管相连通，组成贯穿环 高层建筑、大型公共建筑和工艺要求不间断供水的工业建筑常采用这种方式，消防管网有时也要求环状式	任何管段发生事故时，可用阀门关断事故管段而不中断供水，水流通畅、水头损失小、水不易滞留变质 管网造价较高

2. 给水图示

常用给水图示见表 5-2。现列出的给水图示为基本图示，实际情况复杂得多，应根据工程中具体因素和使用要求，依据规范而选择具体的供水方案，以达到经济、技术上合理的目的。

表 5-2　常用给水图示

名称	图示	供水方式说明	优缺点	使用范围	备注
直接供水方式		与外部给水管网直连，利用外网水压供水	供水较可靠，系统简单，投资省，安装、维护简单，可充分利用外网水压，节省能源 内部无贮备水量，外网停水时内部立即断水	下列情况下的单层和多层建筑：外网水压、水量能经常满足用水要求，室内给水无特殊要求	在外网压力超过允许值时，应设减压装置
单设水箱供水方式		与外网直连，利用外网压力供水，同时设高位水箱调节流量和压力	供水较可靠，系统较简单，投资较省，安装、维护较简单，可充分利用外网水压，节省能源 需设高位水箱，增加结构荷载，若水箱容积不足，图示 A 可能会造成上、下层同时停水	下列情况下的多层建筑：外网水压周期性不足，室内要求水压稳定，允许设置高位水箱的建筑。图示 A 还可用于外网压力过高，需要减压的情况	图示 B 的引入管上应安装止回阀。当外网水压有可能进一步降低时，宜在引入管上预留加压口

名称	图示	供水方式说明	优缺点	使用范围	备注
下层直接供水、上层设水箱供水方式	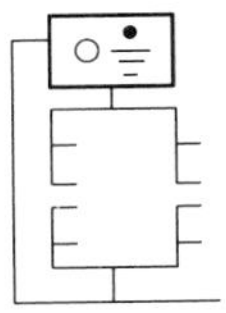	与外网直连,利用外网水压供水,上层设水箱调节水量和水压	供水较可靠,系统较简单,投资较省,安装、维护简单,可充分利用外网水压,节省能源 需设高位水箱,增加结构荷载,顶层和底层都要设横支管	外网水压周期性不足,允许设置高位水箱的多层建筑	水箱仅为上层服务,容积可小一些
设水池、水泵和水箱的供水方式	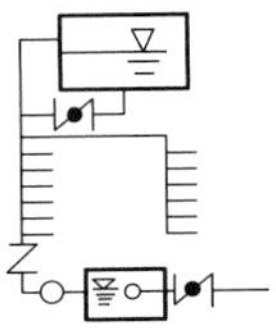	外网供水至水池,利用水泵提升和水箱调节流量	水池、水箱贮备一定水量,停水、停电时可延时供水,供水可靠,供水压力较稳定 不能利用外网水压,能源消耗较大,安装、维护较麻烦,投资较大。有水泵振动、噪声干扰	下列情况下的多层或高层建筑:外网水压经常不足,且不允许直接抽水,允许设置高位水箱	水泵出口应设止回阀,以防水箱贮水倒流
气压给水装置供水方式	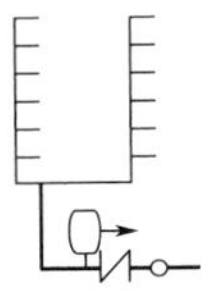	利用水泵自外网直接抽水加压,利用气压水罐调节流量和控制水泵运行	供水可靠且卫生,不需设高位水箱,可利用外网水压 变压式气压给水水压波动较大,水泵平均效率较低,能源消耗量大	下列情况下的多层建筑:外网水压经常不足,用水压力允许有一定的波动,不宜设置高位水箱	气压给水也可设计成恒压式水泵,也可设计成间接抽水式
分区并联单管供水方式	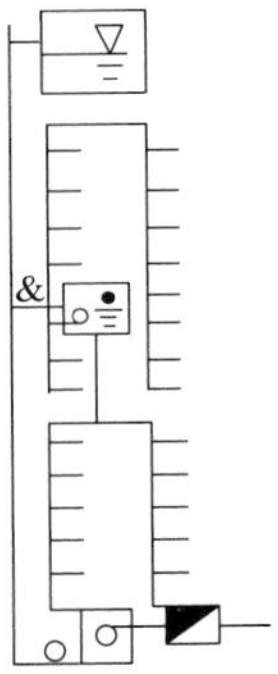	分区设置高位水箱,集中统一加压,单管输水至各区水箱,低区水箱进水管上装设减压阀	供水可靠,管道、设备数量较少,投资较省,维护、管理较简单 未利用外网水压,低区压力损耗过大,能源消耗量大,水箱占用建筑上层使用面积	下列情况下的高层建筑:允许分区设置高位水箱且分区不多,外网不允许直抽,地区电价较低	低区水箱进水管上宜设减压阀,以防浮球阀损坏和减缓水锤作用。在可能条件下,下层应利用外网水压直接供水

三、给水管道布置及附件

1. 布置

（1）引入管（供水安全）

① 单向供水：室内给水管网只由一条引入管给水的方式。

② 双向供水：从建筑物不同侧的室外给水管网中设两条或两条以上引入管，在室内连成环状或贯通枝状的给水方式。

（2）室内管道

① 布置原则：简短，经济，美观，便于维修。

② 敷设方式。明设：室内管道明露布置的方法。暗设：室内管道布置在墙体管槽、管道井或管沟内，或者由建筑装饰所隐蔽的敷设方法。

（3）给水管暗装时应符合的规定

① 横管：敷设在地下室、设备层、管沟及顶棚内。

② 立管：敷设在公用的管道井内、竖向管槽内，支管在墙槽内。在管道上的阀门处应留有检修井，并保证维修方便。管沟应设置更换管道的出入口装置。

③ 给水管道与其他管道同沟时，给水管应在排水管上面，热水管下面。给水管不得与易燃，可燃，有害液、气体管道同沟。

④ 给水管埋地敷设时，室内管道覆土深一般不小于 0.3m，地下室的地面下不得埋设给水管道，应设专门的管沟。室外埋地管管顶覆土厚度不宜小于 0.7m，并在冰冻线以下 0.2m。管道不得穿越设备基础，应避开可能重物压坏处。给水管与排水管平行或交叉埋设时，管外壁的最小净距分别为 0.5m 和 0.15m。给水横管宜有 0.002～0.005 的坡度坡向泄水装置。给水引入管应有不小于 0.003 的坡度坡向室外给水管网或阀门井。过地下室外墙或地下构筑物墙壁时，应加设防水套管。管道穿墙或楼板时，应预留孔洞；给水管不得穿过配电间。避免穿过沉降缝、伸缩缝，如必须穿过，应采用橡胶管、波纹管、补偿器等。穿承重墙或基础处应预留孔洞，管顶净空一般不小于 0.1m（不得小于建筑物的沉降量）。

（4）给水网布置应符合的有关规定

给水管道布置应符合如下规定。

① 给水管道的布置应考虑安全供水、水质不被污染、管道不被破坏、生产不受影响和设备便于维护检修等因素。

② 室内给水管网供水应根据建筑物供水安全要求设计成环状管网、枝状管网或贯通枝状管网，同时引入管应采取相应的措施。如环状管网和枝状管网应有两条或两条以上引入管，或采取贮水池或增设第二水源等。

③ 给水管道的布置，不妨碍生产操作、交通运输和建筑物的使用。不应布置在遇水会引起燃烧、爆炸或损坏的设备上方。如配电室、配电设备、仪器仪表上方。

④ 给水管道不得穿越设备基础、风道、烟道、橱窗、壁柜、木装修等。不得敷设在排水沟内，不得穿过伸缩缝、沉降缝。如必须穿过则应采取以下措施：预留钢套管、采用可曲挠配件、上方留有足够沉降量等。

⑤ 给水管道可明设或暗设。暗设时，给水管应敷设于吊顶、技术层、管沟和竖井内。卫生设备支管可敷设在墙内。安装时应考虑管道及附件的安装、检修可能性，如吊顶留活动检修口，竖井留检修门。

⑥ 给水管与其他管道共架或同沟敷设时，给水管应敷设在排水管、冷冻水管上面或热水管、蒸汽管下面。

⑦ 给水管穿过地下室外墙或构筑物墙壁时，应采用防水套管；穿过承重墙或基础时，应预留洞口并留足沉降量。

⑧ 给水管宜设计成 0.002～0.005 坡度，坡向泄水处。

⑨ 有结露可能的地方，如吊顶内、卫生间内和一些可能受水影响的设备上方等处应采取防结露措施，有可能冰冻的地方，应考虑采取防冻措施。

2. 附件的安装

附件的安装应符合如下规定及要求。

① 给水管网上应设置阀门。如：引入管、水表前后和立管；环状管网分干管、枝状管网的连通管；居住和公共建筑中，从立管接有 3 个或 3 个以上的配水管；工艺要求设阀门的生产设备配水管或配水支管。

② 阀门的选择。管径小于或等于 50mm 时，宜采用闸阀或球阀；管径大于 50mm 时，宜采用闸阀或蝶阀；在双向流动和经常启闭管段上，宜采用闸阀或蝶阀；不经常启闭但需快速启闭的阀门，应采用球阀。

③ 蝶阀。蝶阀是新发展起来的阀门，它具有体积小、重量轻、开启容易和少占空间等

优点，在工程中可广泛采用。其密封材质有软密封（如内衬橡胶、聚四氟乙烯等）、硬密封（如弹性钢圈等）。阀门材质有铸铁、碳钢和不锈钢等。阀门形式有手动、电动和气动等。应根据工程需要合理采用。

④ 止回阀设置。止回阀应装设在：相互连通的两条或两条以上的和室内连通的每条引入管上；利用室外管网压力进水的水箱，其进水管和出水管合并为一条的出水管道上；消防水泵接合器的引入管和水箱消防出水管上；生产设备可能生产的水压高于室内给水管网水压的配水支管上；水泵出水管和采用升压给水方式的水泵旁通管上。

⑤ 减压阀的设置。减压阀设置在要求阀后降低水压的部位。减压阀有减动压、静压之分，采用时应合理选择。用于给水分区的减压阀和用于消防系统的减压阀应采用同时减静压和动压的品种，如比例式减压阀。

⑥ 水表：水表是计量水量、节约用水的措施。应在有用水量计量要求的建筑物进水管上装设水表。有的地方已明文规定，对工厂或民用建筑物要实现二级或三级计量。设计时，应按当地有关部门的要求做好水量计量工作。

知识拓展

水表的装设

直接由市政管网供水的独立消防给水系统的引入管上，不可装设水表。住宅建筑应在配水管上和分户管上设置水表，水表宜集中设在公共部位，尽量不进户，分户水表宜设在户门外，如设于管道井，分层集中设于走道的壁龛内、水箱间。当分户水表必须设置在户内时，则其数字显示宜设在门外或有物业管理的部门处以便查表。

第二节　建筑消防施工图快速识读

一、建筑消防系统的分类

建筑消防系统的分类见表 5-3。

表 5-3　建筑消防系统的分类

分类标准	主要内容
灭火方式	按灭火方式一般可分为：消火栓给水系统、自动喷水灭火系统、水幕消防系统
建筑高度	可分为低层和高层。10 层及以上的住宅和高度超过 24m 的公共建筑为高层建筑，消防自救
给水压力	可分为低压（但不低于 0.1MPa）、高压和临时高压
供水范围	可分为独立和区域集中

二、低层建筑消火栓消防给水系统

1. 系统工作原理

火灾时在着火部位附近取出一支或几支水枪灭火，水箱中水供应，同时启动消防泵，泵供水不入箱，箱处有止回阀；消防队来后，消防车可从室外管网取水加压，通过水泵接合器打入室内灭火，也可在室外用车上水枪灭火。

2. 组成和类型

（1）组成：低层建筑消火栓消防给水系统通常由消防供水水源（市政给水管网、天然水源、消防水池），消防供水设备（消防水箱、消防水泵、水泵接合器），室内消防给水管网（进水管、水平干管、消防竖管等）以及室内消火栓（水枪、水带、消火栓、消火栓箱等）四部分组成，见图 5-3。其中消防水池、消防水箱和消防水泵的设置需根据建筑物的性质、高度以及市政给水的供水情况而定。

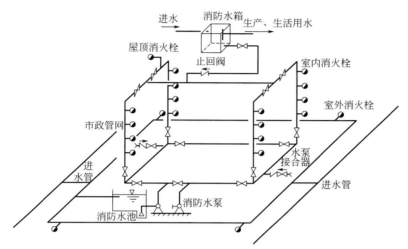

图 5-3　低层建筑消火栓消防给水系统组成

（2）类型

① 低压消火栓给水系统（见图 5-4）：在该系统中，市政管网供水量能满足消防室外用水要求，水压大于或等于 0.1MPa，但不能满足室内消防水压要求，故需借助消防车从室外消火栓取水灭火或利用室内消防水泵加压后灭火。在这种系统中，消防管网一般与生产、生活给水合并使用，适用于各类建筑。

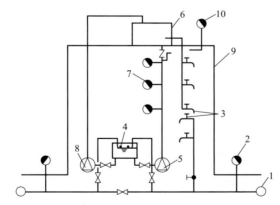

图 5-4　低压消火栓给水系统

1—市政给水管；2—室外消火栓；3—室内生活用水点；4—室内水池；5—消防水泵；
6—水箱；7—室内消火栓；8—生活水泵；9—建筑物；10—屋顶试验用消火栓

② 无加压泵和水箱的室内消火栓给水系统（见图 5-5）：当室外给水管网的水压和水量在任何时候都能满足室内最不利点消火栓的设计水压和水量时采用。特点是常高压，消火栓打开即可使用。

③ 设有水箱的室内消火栓给水系统（见图 5-6）：常用在水压变化较大的城市或居住区。当生活、生产用水量达到最大时，室外管网不能保证室内最不利点消火栓的压力和流量；而当生活、生产用水量较小时，室外管网的压力又较大，能向高位水箱补水。因此，常设水箱调节生活、生产用水量，同时储存 10min 的消防用水量，水箱应有确保消防用水不被动用的技术措施。

④ 设有消防水泵和消防水箱的室内消火栓给水系统（见图 5-7）：当室外给水管网的水压和水量经常不能满足室内消火栓给水系统的水压和水量要求，或室外采用消防水池作为消防水源时，室内应设置消防水泵加压，同时设置消防水箱，储存 10min 的消防用水量。

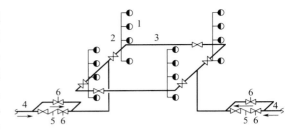

图 5-5　无加压泵和水箱的室内消火栓给水系统
1—室内消火栓；2—室内消防竖管；3—干管；
4—进户管；5—止回阀；6—旁通管及阀门

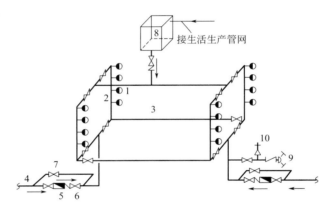

图 5-6　设有水箱的室内消火栓给水系统
1—室内消火栓；2—消防竖管；3—干管；4—进户管；5—水表；6—止回阀；
7—旁通管及阀门；8—水箱；9—水泵接合器；10—安全阀

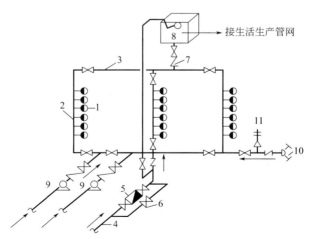

图 5-7　设有消防水泵和水箱的室内消火栓给水系统
1—室内消火栓；2—消防竖管；3—干管；4—进户管；5—水表；6—旁通管及阀门；
7—止回阀；8—水箱；9—消防水泵；10—水泵接合器；11—安全阀

■ **知识拓展**

室内消火栓给水系统

这种给水系统中，生活、生产给水和消防给水宜分开设置水泵。此时水泵应保证供应生活、生产、消防用水的最大秒流量，并应满足室内管网最不利点消火栓的水压和水量。

3. 组件与要求

（1）室外消火栓规格

室外消火栓规格，见表5-4。

表5-4　室外消火栓规格

类别	型号	公称压力/MPa	进水口DN/mm	进水口（栓口）口径DN/mm	进水口（栓口）个数/个	计算出水量/(L/s)
地上式	SS100-1.0	1.0	100	65	2	10～15
				100	1	
	SS100-1.6	1.6	100	65	2	10～15
				100	1	
	SS150-1.0	1.0	150	65	2	15
				150	1	
	SS150-1.6	1.6	150	65	2	15
				150	1	
地下式	SX100×65-1.0	1.0	100	65	1	10～15
				100	1	
	SX100×65-1.6	1.6	100	65	1	10～15
				100	1	

（2）室内消火栓

室内消火栓规格见表5-5。室内消火栓安装组件见表5-6。

表5-5　室内消火栓规格

每支水枪出水量/(L/S)	消火栓	水龙带	直流水枪	水龙带接口
≥5	SN65	DN65	DN65×19（QZ19）	KD65
<5	SN50	DN50	DN50×13（QZ13）或DN50×16（QZ16）	KD50

表5-6　室内消火栓安装组件

构件名称	材料	规格	单位	数量 单栓	数量 双栓	备注
消火栓箱	1.铝合金-钢 2.钢 3.木制	根据采用的安装方式和内部组件定	个	1	1	装饰标准高的建筑宜用钢或铝合金-钢
室内消火栓	铸铁	SN50或SN65型（PN=1.6MPa）	个	1	2	

续表

构件名称	材料	规格	单位	数量		备注
				单栓	双栓	
直流水枪	铝或铜	QZ16/ϕ13、ϕ16 QZ19/ϕ16、ϕ19	个	1	2	
水龙带	1.麻质衬胶 2.涤纶聚氨酯衬里	1.$DN50$ 或 $DN65$ 2.$L=15m$ 或 20m、25m	条	1	2	
水龙带接口	铝	KD50 或 KD65				
消防按钮		防水型				

（3）消防给水管的管材

当消防用水与生活用水合并时，应采用衬塑镀锌钢管；而当为消防专用时，一般采用无缝钢管、热镀锌钢管、焊接钢管。但最大工作压力超过 1.0MPa 时，应采用无缝钢管或镀锌无缝钢管。

（4）消防水箱的安装方法及要求

① 低层建筑物的室外消防给水系统为常高压给水系统，当能保证建筑物内最不利点处消火栓和自动喷水灭火系统等的水量和水压时，可不设消防水箱。设置临时高压给水系统的建筑物，应设消防水箱（或气压水罐）。

② 室内消防水箱包括气压水罐、水塔，分区给水系统的分区水箱的有效容积应储存 10min 的室内消防用水量。当室内消防用水量小于或等于 25L/s，经计算水箱储水量超过 $12m^3$ 时，仍采用 $12m^3$；当室内消防用水量大于 25L/s，经计算储水量超过 $18m^3$ 时，仍采用 $18m^3$。

③ 消防水箱应设在建筑物的最高部位，且应为重力自流的水箱。

④ 消防用水和其他用水合并的水箱，应有消防用水不作他用的技术措施。

⑤ 消防水箱应利用生产或生活给水管补水，严禁采用消防水泵补水。

（5）消防水泵

① 消防水泵泵组的吸水管不应少于两条，其中一条损坏时，其余的吸水管应仍能通过全部水量。两条吸水管的位置，见图 5-8。高压和临时高压消防给水系统，其每台工作消防水泵应有独立的吸水管。

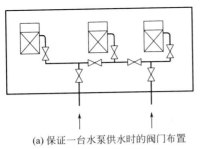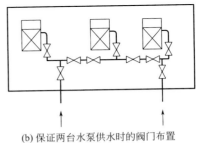

(a) 保证一台水泵供水时的阀门布置　　　　(b) 保证两台水泵供水时的阀门布置

图 5-8　泵站吸水管路阀门布置

② 消防水泵应采用自罐式引水，在自罐式引水的水泵吸水管上应装设阀门。

三、闭式自动喷水灭火系统

自动喷水灭火系统是一种在发生火灾时，能自动打开喷头喷水灭火并同时发出火警信号的消防灭火设施。自动喷水灭火系统特征：通过加压设备将水送入管网至带有热敏元件的喷头处，喷头在火灾的热环境中自动开启洒水灭火。通常喷头下方的覆盖面积大约为 $12m^2$。自动喷水灭火系统扑灭初期火灾的效率在 97% 以上。

1. 组成

闭式自动喷水灭火系统，一般由闭式喷头、管网、报警阀门系统、探测器、加压装置等组成，见图 5-9。发生火灾时，建筑物内温度上升，当室温升高到足以打开闭式喷头上的闭锁装置或玻璃球时，喷头即自动喷水灭火，同时报警阀门系统通过水力警铃和水流指示器发出报警信号，压力开关启动相应给水管路上阀或消防水泵组。

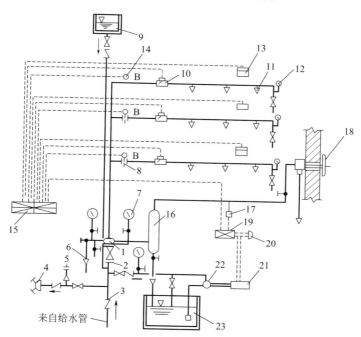

图 5-9　闭式自动喷水灭火系统示意（湿式）

1—湿式报警阀；2—信号阀；3—止回阀；4—水泵接合器；5—安全阀；6—排水漏斗；7—压力表；
8—节流孔板；9—高位水箱；10—水流指示器；11—闭式喷头；12—压力表；13—感烟探测器；
14—火灾报警装置；15—火灾报警控制器；16—延迟器；17—压力继电器；18—水力警铃；
19—电器自控箱；20—按钮；21—电动机；22—水泵；23—蓄水池

2. 分类

自动喷水灭火系统种类一般有湿式、干式、干湿兼用、预作用等。

（1）湿式喷水灭火系统

该系统在喷水管网中经常充满有一定压力的水。失火时，闭式喷头的闭锁装置或玻璃球熔化脱落，系统即自动喷水灭火，同时发出火警信号。湿式喷水灭火系统（见图 5-10）适用于常年温度不低于 4℃ 且不高于 70℃ 的建筑物和场所。湿式报警装置最大工作压力为 1.20MPa。

（2）干式喷水灭火系统

平时该系统喷水管网充满有一定压力的气体，只是在报警阀前的管道中经常充满有一定压力的水。干式喷水灭火系统（见图 5-11）适用于环境温度在 4℃ 以下或 70℃ 以上而不宜采用湿式喷水灭火系统的地方，其喷头应向上安装（干式悬吊型喷头除外）。干式报警装置最

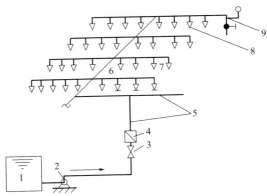

图 5-10　湿式喷水灭火系统示意

1—水池；2—水泵；3—总控制阀门；4—湿式报警阀；5—配水干管；6—配水管；

7—配水支管；8—闭式喷头；9—末端试水装置

大工作压力不超过 1.20MPa。干式喷水管网容积不宜超过 1500L，当设有排气装置时，不宜超过 3000L。阀后充气压力与管网供水压力关系见图 5-12。

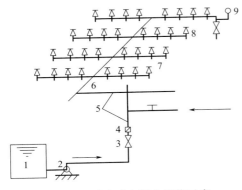

图 5-11　干式喷水灭火系统示意

1—水池；2—水泵；3—总控制阀；4—干式报警阀；

5—配水干管；6—配水管；7—配水支管；

8—闭式喷头；9—末端试水装置

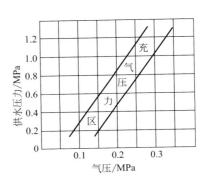

图 5-12　充气压力与管网供水压力关系

（3）干湿兼用式喷水灭火系统

该系统用于年采暖期少于 240d 的不采暖房间。冬季闭式喷水管网中充满有压气体，而在温暖季节则改为充水，其喷头应向上安装。干湿两用报警装置最大工作压力不超过 1.6MPa。喷水管网容积不宜超过 3000L，阀后充气压力与管网供水压力应相匹配（见表 5-7）。

表 5-7　充气压力与管网供水压力关系　　　　　　　　　　　　　单位：MPa

供水压力	充气压力	供水压力	充气压力
0.20	0.16	1.00	0.30
0.40	0.19	1.20	0.33
0.60	0.23	1.40	0.37
0.80	0.26	1.60	0.40

（4）预作用自动喷水灭火系统

预作用自动喷水灭火系统由闭式洒水喷头、水流指示器、预作用报警阀组以及管道和供水设施等组成，准工作状态时配水管道内不充水，由火灾自动报警系统自动开启雨淋报警阀后，转换成为湿式系统。

3. 主要组件及使用要求

（1）闭式喷头

闭式喷头是闭式自动喷水灭火系统的关键组件，系通过热敏释放机构的动作而喷水。喷头由喷水口、温感释放器和溅水盘组成。

喷头根据感温元件、感温级别、溅水盘形式等进行分类。

① 按感温元件分：目前我国生产的感温元件有两种作为闭式喷头的闭锁装置，一是易熔合金锁片，二是玻璃球。

② 按感温级别分：在不同环境温度场所内设置喷头时，喷头公称动作温度应比环境最高温度高30℃左右。各种喷头动作温度和色标，见表5-8。

表 5-8　各种喷头的动作温度和色标

类别	公称动作温度/℃	色标	接管直径 DN/mm	最高环境温度/℃	连接形式
易熔合金喷头	55～77	本色	15	42	螺纹
	79～107	白色	15	68	螺纹
	121～149	蓝色	15	112	螺纹
	163～191	红色	15	—	螺纹
玻璃球喷头	57	橙色	15	27	螺纹
	68	红色	15	38	螺纹
	79	黄色	15	49	螺纹
	93	绿色	15	63	螺纹
	141	蓝色	15	111	螺纹
	182	紫红色	15	152	螺纹

③ 目前国内外生产的各种主要喷头见表5-9。

表 5-9　目前国内外生产的各种主要喷头

系列	喷头名称	主要技术特征	安装方式	应用范围
玻璃球喷头	直立型喷头	喷头溅水盘呈环形向下，20%～40%的水喷向顶棚，60%～80%的水喷向地面	喷头直立安装在配水支管上方	上、下方均需保护的场所
	下垂型喷头	喷头溅水盘呈平板状，大部分水喷向地面，仅有极少部分喷向顶棚	喷头安装在配水管下方	天花板不需要喷水保护的场所
	上、下通用型喷头	喷头溅水盘呈伞状，40%～60%的水喷向地面，少量水喷向天花板	喷头既可朝上安装也可朝下安装	地面和天花板都需保护的场所
	边墙型喷头	溅水盘的形式很多，水流经溅水盘后向一侧喷洒，少量水润湿安装喷头的墙面	喷头安装在房间的侧边	层高小的走廊房间或不能在房间中央顶部布置喷头的地方
	装饰型喷头（包括平齐型和隐蔽型）	喷头开启，溅水盘可下降一定距离，喷头出流经溅水盘洒向地面	喷头与天棚平齐，隐蔽在天棚内	豪华宾馆、饭店、住宅、商店等美观要求极高的部位
	吊顶型喷头	带有装饰盘，装饰盘有聚热作用	安装于隐蔽在吊顶内的供水支管上	建筑美观要求较高的部位，如宾馆的客厅、餐厅、写字间及高级商场
	鹤嘴柱式喷头	溅水盘较小，不易被灰尘、纤维堵塞，喷头的保护面积较小		排气箱、输气管、风道等场所，或纤维、粉尘较多的车间

（2）报警阀

当发生火灾时，随着闭式喷头的开启喷水，报警阀也自动开启发出流水信号报警，其报警装置有水力警铃和电动报警器两种。前者用水力推动打响警铃，后者用水压启动压力继电器或水流指示器发出报警信号。

报警阀又分为湿式报警阀、干式报警阀、干湿式报警阀、预作用阀。

（3）管网检验装置

该装置一般是由管网末端的放水阀和压力表组成，用于检验报警阀、水流指示器等在某个喷头作用下是否能正常工作。

（4）信号蝶阀

该阀是专门为自动喷水灭火系统设计制造，一般放在各报警阀入水口下端以及水流指示器前面。该阀具有开启速度快、密封性能好（密封垫为防水橡胶）等特点，并特别设计和安装了信号控制盒，当阀门开启和关闭时均能发出报警信号。控制阀的电信号装置应连接到消防报警中心。

第三节　建筑热水供应系统施工图快速识读

一、热水供应系统分类

1. 按热水系统供应范围分类

按热水系统供应范围分类见表 5-10。

表 5-10　按热水系统供应范围分类

分类	优缺点/适用范围
局部热水供应系统	设备简单、热水管路短、热损失小、造价低、易于建造；热效率低、热水成本较高。适用于热水使用要求不高，用水点较少且分散的建筑
集中热水供应系统	适用于热水要求高，用水点多且相对集中的建筑，如宾馆、大型公共建筑、建筑标准较高的住宅等，如图 5-13 所示
区域热水供应系统	规模较大、热能利用率高、设备集中、对环境污染小，但一次性投资大、管网较长、设备系统复杂

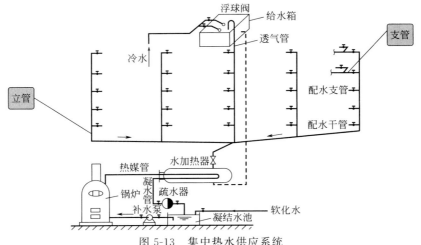

图 5-13　集中热水供应系统

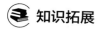
知识拓展

局部热水供应系统

热水是洗澡、洗漱和洗碗等用水，温度因使用器具不同而不同，在 30～50℃ 之间。热水供应系统是水的加热、贮存和分配整个过程的总称。热水供应系统的供水温度：在水加热出口的最高水温是 75℃。随着人民生活水平的不断提高，热水供应在建筑中的地位越来越显著。

2. 按热水管网循环方式分类

按热水管网循环方式分为：全循环管网；半循环管网；非循环管网。

3. 按热水管网运行方式分类

按热水管网运行方式分为：全天循环式、定时循环式。

4. 按热水管网循环动力分类

（1）自然循环式

（2）机械循环式：如图 5-14 所示。

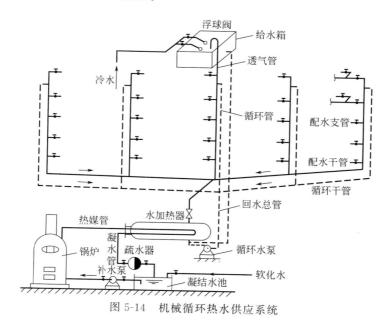

图 5-14　机械循环热水供应系统

5. 按热水供应系统是否敞开分类

（1）闭式热水供应系统

（2）开式热水供应系统

6. 按热水管网布置方式分类

（1）上行下给式

（2）下行上给式

（3）分区供水式

二、热水供应系统图示

热水供应系统的图示、适用条件及特点见表 5-11。

表 5-11　热水供应系统的图示、适用条件及特点

名称	图示	适用条件	优缺点	备注
开式上行下给全循环	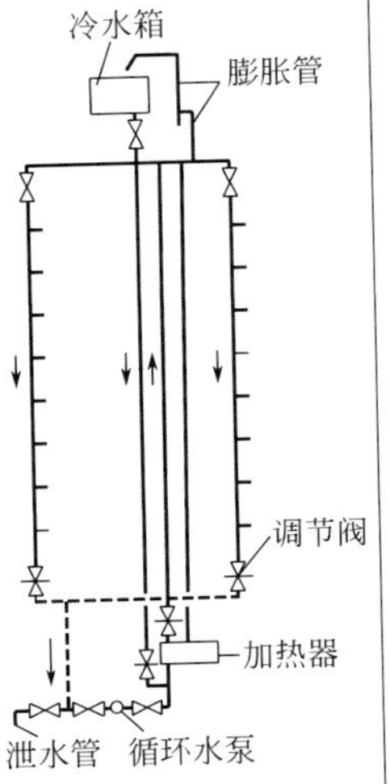	1. 配水干管可以敷设在顶层吊顶内或吊顶下时，或在顶层设有技术层时； 2. 加热和贮存设备等可以设在底层或地下室内时； 3. 对水温要求较严格的建筑物； 4. 一般用于五层及五层以上的多层建筑或高层、超高层建筑的某一分区	1. 管材用量较少； 2. 水头损失较小，有利于热水的自然循环； 3. 可保证各配水点的水温要求； 4. 供水横干管设在顶层，安装、检修不便； 5. 若供水横干管设在吊顶内，可能因漏水影响美观甚至损坏吊顶	1. 配水干管应有不小于 0.003 的坡度，坡向最好与水流方向相反，否则流速应小于 0.8m/s； 2. 在不能利用最低配水点泄水时，应在系统最低点设有泄水装置； 3. 为使各回路循环水头损失相平衡，距加热器较远的立管可以适当放大管径，或在每根立管末端设调节阀或节流孔板，或将回水干管逆向布置； 4. 在某配水立管设有大流量配水点时，为防止循环短路和逆向流动而影响其他回路，在其他回路末端宜设置止回阀； 5. 加热器出口水温宜采用自动调节
开式下行上给全循环	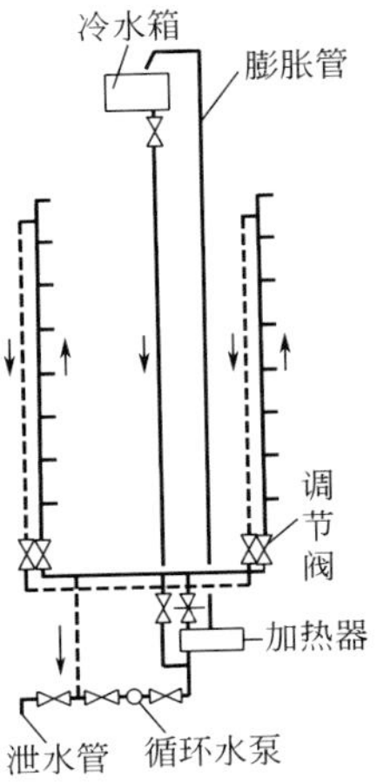	1. 供水干管不能设在顶层或设在顶层不能检修时； 2. 供回水干管有条件设在底层管沟内或地下室时； 3. 对水温要求较严格且有条件设置循环水泵时； 4. 一般用于五层及五层以上的多层建筑及高层、超高层建筑的底层区	1. 可保证各配水点的水温； 2. 管网安装、维修较方便； 3. 可利用最高配水龙头排气，不需另设排气装置； 4. 如水压较低，在下层大量用水时，可能影响上层出水量甚至形成负压吸入空气； 5. 耗用管材较多； 6. 循环水头损失较大，不利于自然循环	1. 在分支管不设循环管道时，一般回水立管是自最高分支点下约 0.5m 处与配水立管连接，以便集存空气； 2. 为使各回路循环水头损失相均衡，距加热器较远的各立管可以适当放大管径，或将回水干管逆向配管，或在每根回水立管上设调节阀或节流孔板； 3. 在不能利用最低配水点泄水时，应在系统最低点设有泄水装置
闭式下行上给半循环	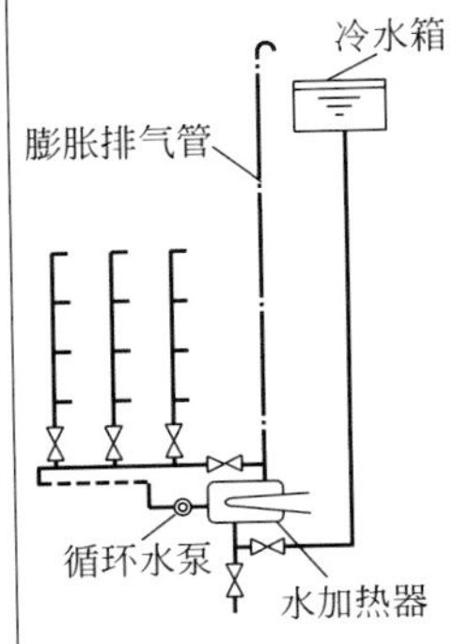	1. 供水和回水横干管有条件设在底层管沟或地下室内时； 2. 对水温要求不太严格时； 3. 一般用于低于五层且分支管长度不大时	1. 管网安装维修较方便； 2. 可利用顶层配水点配水； 3. 系统较简单，耗用管材较少； 4. 仅能保证供水横干管中的设计水温，在立管和分支管较长时，配水温度变化较大	1. 在不能利用最低配水点泄水时，应在系统最低点设泄水装置； 2. 横干管应有不小于 0.003 的坡度坡向加热器

续表

名称	图示	适用条件	优缺点	备注
闭式下行上给非循环	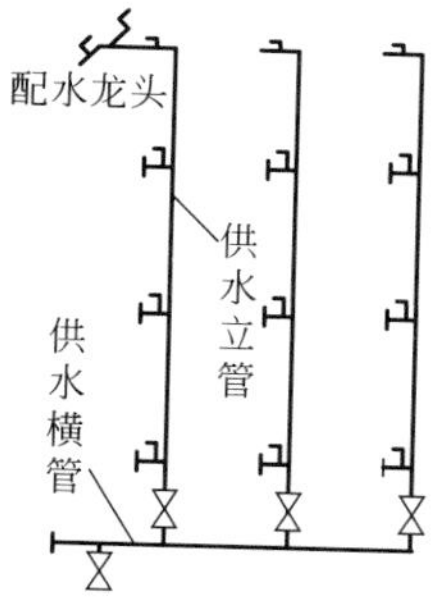	1. 有条件在底层管沟或地下室内敷设横干管的建筑； 2. 对热水温度要求不严格的建筑； 3. 连续使用热水的建筑； 4. 定时使用大量热水的建筑	1. 可利用顶层配水龙头排气，不必另设排气装置； 2. 管材耗用少，投资省； 3. 管网简单，安装维修方便； 4. 间断和不均匀用水时，供水温度不稳定	1. 在不能利用最低配水龙头泄水时，系统最低点应设泄水装置； 2. 供水横干管应有不小于 0.003 的坡度，最好使水流方向与排气方向一致，否则流速应限制在 0.8m/s 以内

三、常用加热、贮热方式

（1）常用加热、贮热方式分类

① 热媒主要有：蒸汽，高、低温热水，燃气，煤，油，太阳能和电。

② 从热水贮存方式分，可有非贮存和贮存之别。

③ 从加热方式分，有直接加热（如汽水混合器、水箱内直接加热、电加热器）和间接加热（如快速、半即热和容积式加热器）。

（2）常用的加热方式。常用的加热方式图示、适用条件及特点见表 5-12。

表 5-12　常用的加热方式图示、适用条件及特点

名称	图示	适用条件	优缺点	注意事项
容积式加热器加热	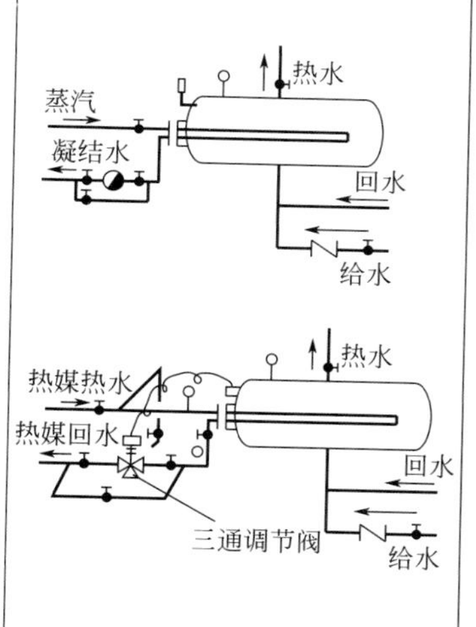	1. 要求供水温度稳定、噪声低的建筑，如旅馆、医院、住宅、办公楼等； 2. 耗热量较大（一般大于 380kW）的工业企业、公共浴室、洗衣房等； 3. 在有市政热力网的热水或蒸汽作热媒时，各类建筑均可采用	1. 加热器具有一定贮存容积，出水温度稳定； 2. 设备可承受一定水压、噪声低，所以可设在任何位置，布置方便、灵活； 3. 蒸汽凝结水或热媒热水可以回收，水质不受热媒的污染； 4. 供水一般是沿程损失，水头损失较小； 5. 热效率较低、传热系数较小，体积大，占地面积大； 6. 设备、管道较复杂，投资较高，维修管理较麻烦	1. 宜装设自动温度调节器，以防出水温度过高和浪费热媒； 2. 加热器除装设温度计、压力表外，对于闭式系统还应装安全阀； 3. 在经冷水箱供水时，冷水箱的底标高应高于上行配水干管
快速加热器加热	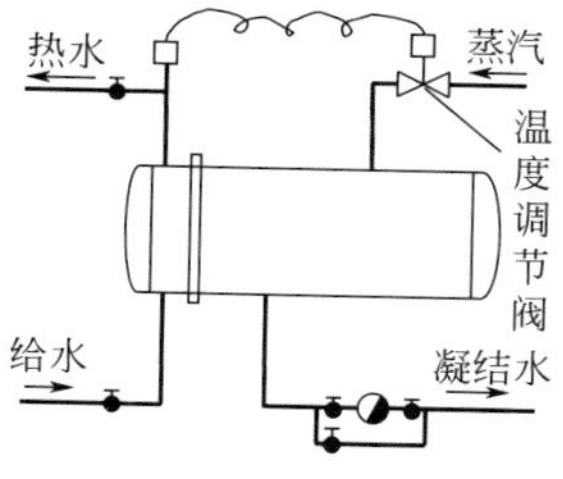	1. 热水用量较大且较均匀的工业企业和大型公共建筑； 2. 热水用量较大且较均匀的工业企业和大型公共建筑； 3. 水质较差时，加热器结垢较严重	1. 热效率较高，传热系数较大，结构紧凑，占地面积小； 2. 热媒可回收，可减少锅炉给水处理的负担，且水质不受热媒的污染； 3. 水质较差时，加热器结垢较严重	1. 宜装设自动温度调节器，以防止出水温度过高和浪费热媒； 2. 对于多行程快速加热器，宜采用偶数行程，以方便管道连接和维修； 3. 应注意复核供水压力，以满足最不利配水点的水压要求

续表

名称	图示	适用条件	优缺点	注意事项
快速加热器加热	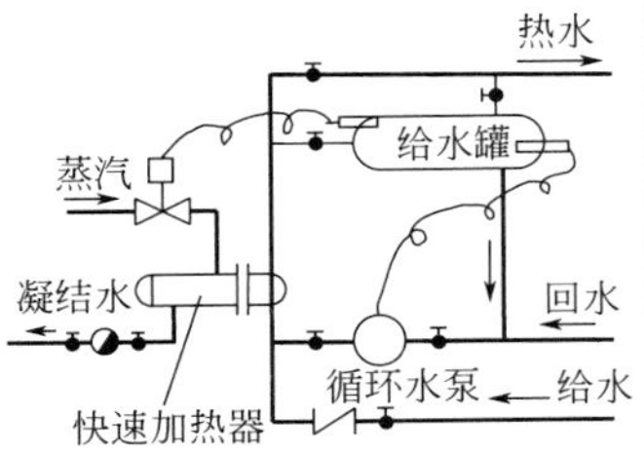 热水 蒸汽 给水罐 凝结水 回水 快速加热器 循环水泵 ←给水	2. 热力网容量较大,可充分保证热媒供应的建筑; 3. 水质较好,加热器结垢不严重时	4. 若用水不均匀或热媒压力不稳定,水温不易调节; 5. 一般水是通过管道,水头损失较大; 6. 设备管道较复杂,投资较高,维护管理较麻烦	4. 加热器除装设温度计、压力表外,对于闭式系统还应装安全阀

四、热水系统的敷设

管道一般为明装。穿过楼板、基础和墙体时,设套管,直径比热水管大1~2号。高出楼板地面5~10cm。用水泥砂浆填充或用柔性材料密封。立管与横管连接时采用乙字弯。管道应保温。

上行下给式配水横干管的最高处设排气装置,下行上给式不必设,可利用最高点的配水龙头排气;热水横管应有不小于0.003的坡度,以便排气和泄水。在管网的最低处设泄水阀和泄水管。

膨胀管上不得设阀门,并防冻,管径一般为25~50mm。

第四节 建筑排水施工图快速识读

一、建筑排水系统的分类及组成

(1) 建筑排水系统的分类

按排除的污水性质将排水系统分为表5-13所示几类。

表5-13 排水系统按排除污水性质分类

类别	主要内容
粪便污水排水系统	排除大、小便器(槽)以及与此相似的卫生设备排出的污水
生活废水排水系统	排除洗涤设备、淋浴设备、盥洗设备及厨房等的废水
生活污水排水系统	排除粪便污水与生活废水
雨水排水系统	排除屋面的雨、雪水
工业废水排水系统	排除生产污水和生产废水

📖 **知识拓展**

生产污水与生产废水

生产污水。它是指水质在生产过程中被化学杂质污染的水,如含氰污水及酸、碱污水等;水质被机械杂质(悬浮物及胶体物)污染的水,如水力除灰污水、滤料洗涤污水等。

生产废水。生产废水指可循环或重复使用的较洁净的工业废水,如一般冷却废水。要经过简单的处理才能排入城市排水管网。排放条件:温度不能高于40℃;基本上呈中性;不应含有大量的固体杂质；不允许含有大量汽油或油脂等易燃液体；不能含有有毒物；不能含有伤寒、痢疾、炭疽、肝炎等的病原体，必须严格消毒灭除；排入水体的污水应符合设计卫生标准。

（2）建筑排水系统的组成

建筑排水系统的组成如图 5-15 所示。

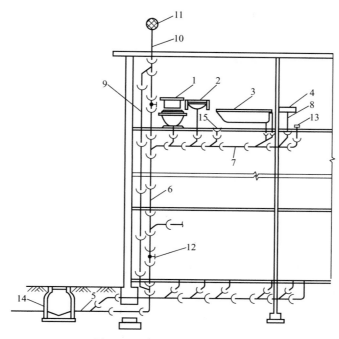

图 5-15　建筑排水系统的组成

1—坐便器；2—洗脸盆；3—浴盆；4—洗涤盆；5—排出管；6—立管；7—横支管；8—存水弯；
9—通气立管；10—通气管；11—铅丝网罩（通气口）；12—检查口；13—清扫口；14—检查井；15—地漏

表 5-14　排水系统的组成部分

名称	主要作用
卫生器具	用来满足日常生活和生产过程中各种卫生要求,收集和排除污废水的设备。包括:便溺器具,盥洗、沐浴器具,洗涤器具,地漏
排水管道	汇集和排放污水、废水和雨水。排水管道包括:器具排水管,排水横支管、立管、埋地干管和排出管
通气管道	建筑内部排水管是气水两相流,为防止因气压波动造成的水封破坏,使有毒有害气体进入室内,需设置通气系统
清通设备	疏通建筑内部排水管道,保障排水通畅。常用的清通设备有清扫口、检查口和检查井等
污水局部处理构筑物	当建筑内部污水未经处理不允许直接排入市政排水管网或水体时,须设污水局部处理构筑物。包括隔油井、化粪池、沉砂池和降温池等

二、卫生间布置

1. 卫生间管道布置要点

卫生间管道布置的要点如下。

① 粪便污水立管应靠近大便器，使粪便水以最短的距离进入立管。

② 在污、废水分流时，废水立管应靠近浴盆。

③ 在卫生间设有吊顶时，给排水支管一般布置在吊顶内，吊顶上必须设检修口。

④ 要布置地漏。

⑤ 从冷、热水立管接出的支管，均应设检修阀门，热水支管应有弯头等配件。

⑥ 在有管道井时，管道井的尺寸应根据管道数量、管径大小、卫生洁具排水方式及维护检修等条件确定，并应符合下列要求：每层设检修门，检修门宜开向走廊；需进入管道井检修时，管道之间要留有不宜小于 0.5m 的通道；不超过 100m 的高层建筑，管道井内每两层应设有横向隔断；建筑物高度超过 100m 时，每层应设隔断；隔断的耐火等级与结构楼板相同。

2. 卫生间卫生器具布置间距

（1）普通住宅卫生间内卫生器具的布置

① 普通住宅卫生间内卫生器具布置的最小间距要求如图 5-16 所示。

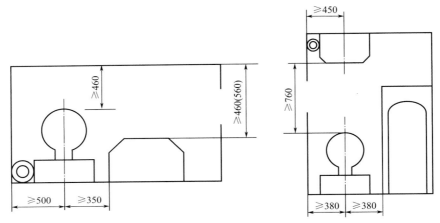

图 5-16　普通住宅卫生间内卫生器具布置间距

② 普通住宅卫生间卫生器具的布置应符合如下规定。

a. 坐便器到对墙面最小应有 460mm 的净距。

b. 便器与洗脸盆并列，从便器的中心线到洗脸盆的边缘至少应有 350mm，便器中心线离边墙至少为 380mm。

c. 洗脸盆放在浴盆或大便器对面，两者净距至少 760mm。

d. 洗脸盆边缘至对墙最小应有 460mm，对身体魁梧者而言 460mm 还嫌小，因此也有采用 560mm。

e. 脸盆的上部与镜子的底部间距为 200mm。

（2）公共建筑、宾馆、旅馆卫生间内卫生器具的布置

公共建筑等的卫生器具的布置要求如下。

① 大便器小间的隔墙中心距为 1000～1100mm，小间隔墙的厚度一般为：钢架挂大理石，120～150mm；木隔断，50mm 左右；立砖墙贴面砖，100～120mm。

② 小便器：中心距侧墙终饰面，≥500mm；组成小便器中心距，750～1200mm。

③ 台式洗脸盆：台板深度，600～650mm；台盆间距，700～800mm；台盆中心距侧墙终饰面，≥500mm。

④ 浴盆：一般带裙边浴盆。常用的浴盆长度为：住宅，1200～1500mm；宾馆，1500～

1700mm；浴盆裙边与坐便器中心距，≥450mm。

3. 卫生间整体布置

（1）卫生间的面积，根据当地气候条件、生活习惯和卫生器具设置的数量确定。住宅的卫生间面积以 2.5～3.5m² 为宜；公寓和旅馆的卫生间面积以 3.5～4.5m² 为宜。

（2）卫生器具的设置应根据建筑标准而定。住宅的卫生间内除设有大便器外还应设有淋浴设备或预留淋浴设备的位置，对标准较高的住宅还应考虑设置洗脸盆和留有安装洗衣机的位置；普通旅馆的卫生间内一般设有坐便器、浴盆和洗脸盆；高级宾馆的一般客房的卫生间内也设有坐便器、浴盆和洗脸盆三大件卫生器具，只是所选用器具的质量、外形、色彩和防噪有较高的要求；高级宾馆的部分高级客房的卫生间内还应设置妇女卫生盆。

（3）典型卫生间的布置形式

① 住宅卫生间及管井平面布置形式，见图 5-17。

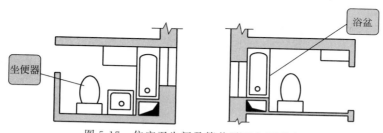

图 5-17　住宅卫生间及管井平面布置形式

② 旅馆、宾馆建筑卫生间及管道井平面布置形式，见图 5-18。

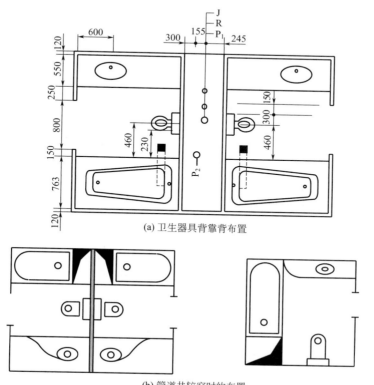

(a) 卫生器具背靠背布置

(b) 管道井较窄时的布置

图 5-18

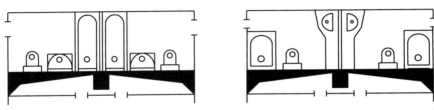

(c)卫生器具横列式布置

图 5-18　旅馆、宾馆建筑卫生间及管道井平面布置形式

三、地漏

每个卫生间、盥洗间均应设置 1 个不小于 $DN50$ 规格的地漏。地漏应设置在易溅水的卫生器具如洗脸盆、拖布池、小便器（槽）附近的地面上。洁净车间及手术室等非经常性地面排水场所，应设密闭地漏；公共食堂、厨房和公共浴室等排水中挟有大块杂物时，应设置网框式地漏。地漏设置的位置：要求地面坡度坡向地漏，地漏箅子面应低于该处地面 5～10mm。地漏水封高度不得小于 50mm。

四、室内排水用管材、管件

（1）室内排水用管材

排水管材的主要类型见表 5-15。

表 5-15　排水管材的主要类型

类型	特点及用途
排水塑料管	目前在建筑内使用的排水塑料管是硬聚氯乙烯塑料管（简称 UPVC 管）。具有良好的化学稳定性和耐腐蚀性，及重量轻、内外表面光滑、不易结垢、容易切割等特点。采用承插粘接
铸铁管	现在常用的排水铸铁管是离心铸铁管，管壁薄而均匀，重量轻，采用不锈钢带、橡胶密封圈、卡紧螺栓连接。具有安装、更换管道方便、美观的特点。但是造价较高
焊接钢管	主要用于洗脸盆、小便器、浴盆等卫生器具与横支管间的连接短管，管径一般为 32mm、40mm、50mm
无缝钢管	用于检修困难、机器设备振动较大的地方的管段及管道压力较高的非腐蚀性排水管。通常采用焊接或法兰连接

（2）附件的主要类型和用途

附件的主要类型和用途见表 5-16。

表 5-16　附件的主要内容

类型	特点及用途
存水弯	存水弯的作用是在其内形成一定高度的水封，通常为 50～100mm，阻止排水系统中的有毒有害气体或虫类进入室内，保证室内的环境卫生。有 P 形和 S 形两种，见图 5-19
检查口和清扫口	属于清通设备，保障室内排水管道排水畅通。检查口设置在立管上，若立管上有乙字弯管则应在乙字弯管上部设检查口。清扫口一般设置在横管起点上。 检查口：间距不大于 10m，底层和顶层必须设，可每隔两层设一个，高度距地面 1m，并高于该层卫生器具上边缘 0.15m。 清扫口：设在污水横管上有两个或以上卫生器具的始端。检查井的设置：在直线管段上每隔一定距离处（生产废水不大于 30m，生产污水不大于 20m）

续表

类型	特点及用途
特殊设备	污水抽升设备；污水局部处理设备，如沉淀池、除油池、化粪池、中和池等
地漏	一般设置在经常有水溅落的地面、有水需要排出的地面和经常需要清洗的地面（如淋浴间、盥洗室、厕所、卫生间等）。应设置于地面最低处。带有水封或存水弯。对普通地漏注意经常注水，以免水封因水分蒸发而破坏

五、室内排水管道布置与敷设

（1）排水横管的布置与敷设

排水横管应按如下要求布置与敷设。

① 排水横支管不宜太长，尽量少转弯，一根支管连接的卫生器具不宜太多。

② 横支管不得穿过沉降缝、烟道、风道。

③ 横支管不得穿过有特殊卫生要求的生产厂

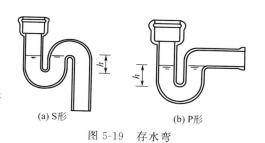

图 5-19　存水弯

房、食品及贵重商品仓库、通风小室和变电室。

④ 横支管不得布置在遇水易引起燃烧、爆炸或损坏的原料、产品和设备上面，也不得布置在食堂、饮食业厨房的主副食操作烹调备餐的上方。

⑤ 横支管与楼板和墙应有一定的距离，便于安装和维修。

⑥ 当横支管悬吊在楼板下，排水铸铁管接有 2 个及 2 个以上大便器，或 3 个及 3 个以上卫生器具时，横支管顶端应升至上层地面设清扫口。

⑦ 横支管不小于 50mm，并有一定的坡度坡向立管。公共食堂厨房内和医院污物洗涤间内的洗涤盆和污水池的横支管管径不小于 75mm，小便槽和连接 3 个及以上小便器的排水横支管管径不小于 75mm，连接大便器和大便槽的排水横支管管径分别不小于 100mm和 150mm。

（2）排水立管的布置与敷设

排水立管应按如下要求布置与敷设。

① 立管应靠近排水量大、水中杂质多、最脏的排水点处。

② 立管不得穿过卧室、病房，也不宜靠近与卧室相邻的内墙。

③ 立管宜靠近外墙，以减少埋地管长度，便于清通和维修。

④ 立管应设检查口，其间距不大于 10m，但底层和最高层必须设。排水立管不小于50mm，并不小于任何一根接入的横支管的管径。

（3）排出管的布置与敷设

排出管应按如下要求布置与敷设。

① 排出管以最短的距离排出室外，尽量避免在室内转弯。

② 埋地管穿越承重墙或基础处，应预留洞口，且管顶上部净空不得小于建筑物的沉降量，一般不宜小于 0.15m。

③ 排出管与室外排水管连接处应设检查井，检查井中心到建筑物外墙的距离不宜小于3m，不大于 10m。

④ 排出管管顶距室外地面不应小于 0.7m，生活污水排出管的管底可在冰冻线以上 0.15m。

第五节　屋面雨水施工图快速识读

一、雨水系统分类

大面积民用与工业建筑的屋面雨水排水系统，可分为两种：外排水系统和内排水系统。外排水系统是利用屋顶天沟直接通过立管将雨水排到室外雨水道或排水明渠中去；内排水系统是利用室内雨水管道系统，将雨水排到室外雨水道中去。根据建筑物的结构形式、气候条件及生产工艺要求，在技术经济合理时，应尽量采用天沟外排水系统，当天沟过长时，也可以采用部分外排水和部分内排水的混合排水系统；如设外排水系统有困难，可在建筑物内部设内排水系统。

二、内排水系统

1. 内排水系统的分类

雨水管道的内排水系统由雨水斗、连接管、悬吊管、立管及排出管等部分组成。

内排水系统可分为架空管外排水系统及架空管内排水系统。内排水系统是通过架空管将雨水排入埋地管中，由于使用要求不同，又可分为敞开式及封闭式两种。

内排水系统的分类和特点见表 5-17。

表 5-17　内排水系统的分类和特点

排水系统类型	主要特点
架空管外排水系统	将雨水通过架空管道系统直接引到室外排水管(渠)中，室内不设埋地管，这样可以避免室内冒水。但架空管道需用金属管材多，而且易产生凝结水。另外，管系内还不能排入生产废水
敞开式内排水系统	由架空管道将雨水引入室内埋地管道的检查井中，然后由埋地管道引至室外。若设计或施工不当，检查井会发生冒水现象。但此种系统可使用非金属材料，并可排入生产废水
封闭式内排水系统	在检查井内装饰封闭三通管，管口用盖堵封闭以防冒水。封闭式排水系统用于不允许冒水的建筑物，这种系统为压力排水，不能排入生产废水

2. 管道内排水系统的布置与安装

（1）雨水斗

雨水斗的作用为汇集屋面雨水，使流过的水流平稳、通畅并截留杂物，防止管道堵塞。

（2）连接管

连接管为承接雨水斗流入的雨水，并将其引至悬吊管的一段短竖管。连接管的安装要求如下。

①　连接管的管径不得小于雨水斗短管的管径，且不得小于 100mm。

②　连接管应牢固地固定在建筑物的承重结构（如桁架梁）上，管材用铸铁管、钢管和给水 UPVC 管。

③　连接管宜用斜三通与悬吊管相连接。

④　伸缩缝两侧雨水斗的连接管，在合并接入一根立管或悬吊管上时，应采用柔性接头，见图 5-20。

（3）悬吊管

悬吊管承接连接管流来的雨水并将之引至立管。按悬吊管连接雨水斗的数量，可分为单斗悬吊管和多斗悬吊管，连接 2 个及 2 个以上雨水斗的为多斗悬吊管。

（4）立管

立管的作用是排除悬吊管或雨水斗流来的雨水。立管的安装要求如下。

① 立管管径不得小于与其连接的悬吊管的管径，同时也不宜大于 100mm，否则应减少接入悬吊管上的雨水斗数目。

② 立管一般用铸铁管石棉水泥接口和给水 UPVC 管粘接接口，当管道有可能受振动或工艺要求时，可采用钢管焊接接口，外涂防锈漆、面漆。

③ 雨水立管上应设检查口，从检查口中心至地面的距离宜为 1.0m。下端宜用两个 45°弯头或大曲率半径的 90°弯头接入排出管。

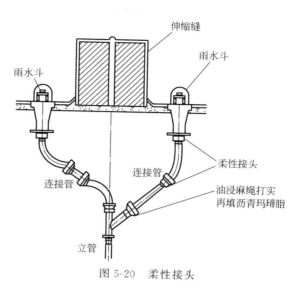

图 5-20　柔性接头

④ 多斗雨水排水系统的雨水斗，宜相对立管对称布置。

（5）排出管

排出管是将立管雨水引入检查井的一段埋地横管。

（6）埋地管

埋地管是指敷设于室内地下的横管，承接立管排来的雨水，并将其引至室外雨水管道。可分为敞开式及封闭式。埋地管的安装要求如下。

① 埋地管一般采用非金属管，如混凝土管、钢筋混凝土管；对于封闭式系统，应采用钢管、钢铁管或 UPVC 加筋塑料管。

② 埋地管的管径不得小于 200mm。

③ 埋地管坡度应不小于 0.003。

（7）附属构筑物

雨水管道的附属构筑物包括检查井、检查口、放气井及放气管等。

📚 知识拓展

排出管安装的经验及要求

排出管管径不得小于立管的管径；排出管为压力排水，其上不应接入其他废水管道；排水管管材宜用铸铁管石棉水泥接口和给水 UPVC 管粘接接口；排出管穿基础墙处应预留洞，洞口尺寸应保证建筑物沉陷时不压坏管道，在一般情况下管顶宜有不小于 150mm 的净空。

第六节　建筑中水施工图快速识读

一、中水的概念及组成

建筑中水（以下简称中水）主要是指生活污水经过适当处理后达到规定的水质标准，可以在一定范围内重复使用的非饮用的杂用水。中水利用是节约水资源、减少排污、防治污染、保护环境的有效途径之一。

中水系统设计规模可以分为城市集中处理、小区相对集中处理和建筑物分散等三种。城市集中处理方式适用于严重缺水城市，由于其处理规模大、投资高、系统复杂，一般很难实现，在我国目前尚无应用实例。相对集中处理和分散处理由于其处理规模较小，投资相对较少，系统建设无论是新建还是改造均不太复杂，建设难度不大，故其适用范围较广，在国内缺水城市应用较为普遍。

组成：中水原水集流系统、中水原水水质处理系统、中水供水系统。中水系统如图 5-21 所示。

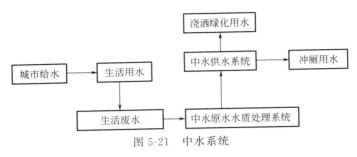

图 5-21 中水系统

二、中水水源

中水水源按污染程度不等一般分为六种类型，即冷却水、淋浴排水、盥洗排水、洗衣排水、厨房排水和厕所排水。

实际中水水源一般不是单一水源，多为上述六种原水的组合。一般可以分为下列组合：

① 盥洗排水和淋浴排水（有时也包括冷却水）组合，该组合称为优质杂排水，为中水水源水质最好者，应优先选用；

② 盥洗排水、淋浴排水和厨房排水组合，该组合称为杂排水，比①组合水质差一些；

③ 生活污水，即所有生活排水之总称，这种水质最差。

三、中水处理工艺

（1）工艺流程（一）：

（2）工艺流程（二）：

（3）工艺流程（三）：

四、中水管道系统

中水原水管道系统与"建筑排水"基本要求相同，其区别在于需根据中水原水水源的选择，对排水进行系统划分。即可根据原水为优质杂排水、杂排水、生活污水等的区别，对排水进行分系统设置，分别设置合流制和分流制两种系统。

 知识拓展

中水原水管道系统

生活水管和中水水管不得直接相连；为防止误接误饮，中水管道宜明装并刷浅绿色防腐漆，中水水箱、阀门水表应设中水标志。与其他管道平行敷设时应有不小于 0.5m 的间隙，上下敷设位置在给水管之下，排水管之上，且净距不小于 0.15m。中水管上不得装设水龙头。定期对中水水质检测。操作人员和管理人员培训后上岗。中水处理站应有防臭措施。

中水管道系统设计中，一般应考虑下述原则。

（1）中水水量平衡：即原水处理量和中水回用量应基本平衡。

（2）中水处理设施综合比较：原水回用率与处理流程有关。当采用优质排水和杂排水作原水时，处理流程较为简单、投资少、处理成本低，但水回用率也低，此时排水系统分为两个系统。采用生活污水作原水时，水的利用率虽然增加，但设备和投资均相应增加，此时排水为一个系统。故中水处理设施应根据使用要求资金多少及当地水资源状况等进行综合比较确定。

（3）中水回用应尽量符合人们的生活习惯和心理承受能力，特别是以生活污水为原水时，则以城市集中处理为宜。

（4）管路系统布置要求：中水原水系统应设分流、溢流设施和超越管，以便中水处理设备检修和过载时，可将部分或全部原水直接排放；为了便于管道布置，在不影响使用功能的前提下，宜尽量将排水设备集中布置（如同层相邻、上下层对应等）；中水系统设计应使中水、处理水量、给水补水协调一致，保证安全供水。

（5）安全技术措施：以重力流选用管道；设贮水池或水箱；水池或水箱上设补水管，补水管高出最高水位 2.5 倍管径空隙。

第六章

建筑暖通空调施工图快速识读

第一节　采暖施工图快速识读

一、采暖施工图的组成

室内采暖施工图包括设计总说明、采暖工程平面图、采暖工程系统图、详图、设备及材料表等几部分。

1. 设计总说明

设计总说明是用文字对在施工图样上无法表示出来而又非要施工人员知道不可的内容予以说明，如建筑物的采暖面积、热源种类、热媒参数、系统总热负荷、系统形式、进出口压力差、散热器形式和安装方式、管道敷设方式以及防腐、保温、水压试验的做法及要求等。此外，还应说明需要参看的有关专业的施工图号（或采用的标准图号）以及设计上对施工的特殊要求等。

2. 采暖工程平面图

平面图主要表示建筑物各层供暖管道和采暖设备在平面上的分布以及管道的走向、排列和各部分的尺寸。视水平主管敷设位置的不同，采暖施工图应分层表示。平面图常用的比例有 1：100、1：200 和 1：50，在图中均有注明。平面图主要反映以下内容：

① 各层房间的名称、编号，散热器的类型、安装位置、规格、片数（尺寸）及安装方式等；

② 供热引入口的位置、管径、坡度及采用的标准号、系统编号及立管编号；

③ 供水总管、供水干管、立管和支管的位置、管径、管道坡度及走向等；

④ 补偿器的型号、位置以及固定支架的位置；

⑤ 室内地沟（包括过门管沟）的位置、走向、尺寸；

⑥ 热水供暖系统中还标明膨胀水箱、集气罐等设备的位置及其连接管，且注明其型号和规格；

⑦ 蒸汽供暖系统中还标明管线间及管线末端疏水装置的位置、型号及规格。

3. 采暖工程系统图

采暖工程系统图能反映出采暖系统的组成及管线的空间走向和实际位置，其主要内容包括采暖系统中干管、立管和支管的编号、管径、标高、坡度，散热器的型号与数量，膨胀水箱、集气罐和阀件的型号、规格、安装位置及形式，节点详图的编号等。

4. 详图

采暖详图包括标准图和非标准图。标准图的内容包括采暖系统及散热器的安装，疏水器、减压阀和调压板的安装，膨胀水箱的制作和安装，集气罐的制作和安装，等等；非标准图的节点和做法要画出另外的详图。

5. 设备、材料表

设备、材料表是用表格的形式反映采暖工程所需的主要设备和各类管道、管件、阀门以及其他材料的名称、规格、型号和数量。

二、采暖施工图的表示方法

1. 图例

采暖施工图中管道、附件、设备及仪表常用图例的表示方法见表 6-1。

表 6-1 采暖管道、附件、设备及仪表的常用图例

序号	名称	图例	说明
1	热水给水管	—— RJ ——	
2	热水回水管	—— RH ——	
3	循环给水管	—— XJ ——	
4	循环回水管	—— XH ——	
5	热媒给水管	—— RM ——	
6	热媒回水管	—— RMH ——	
7	蒸汽管	—— Z ——	需要区分饱和、过热、自用蒸汽时,在代号前分别附加 B、G、Z
8	凝结水管	—— N ——	
9	膨胀管	—— PZ ——	
10	保温管		
11	减压管		右侧为高压端
12	安全阀		左图为通用形式,中图为弹簧安全阀,右图为重锤安全阀
13	集气罐、排气装置	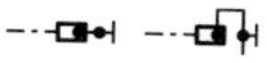	为平面图
14	自动排气阀		
15	疏水器		在不致引起误解时,也可用右图表示,也称疏水阀
16	补偿器	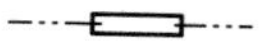	也称伸缩器
17	矩形补偿器	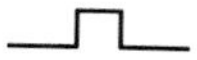	
18	套管补偿器		
19	波纹管补偿器	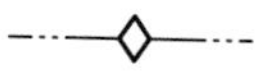	
20	除污器(过滤器)		左图为立式除污器,中图为卧式除污器,右图为 Y 形过滤器
21	节流孔板、减压孔板	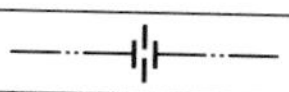	
22	散热器及手动排气阀	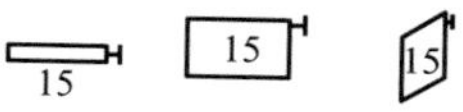 15 15 15	左图为平面图画法,中图为剖面图画法,右图为系统图画法

续表

序号	名称	图例	说明
23	散热器及控制阀	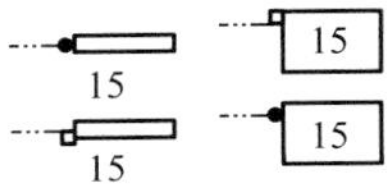	左图为平面图画法,右图为剖面图画法
24	卧式热交换器	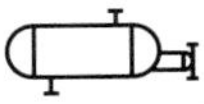	
25	立式热交换器		
26	快速管式热交换器	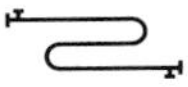	
27	开水器	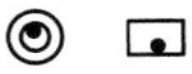	

2. 管道转向、连接和交叉

管道转向、连接和交叉的表示方法见表 6-2。

表 6-2 管道转向、连接和交叉的表示方法

序号	立面图	平面图	系统图	说明
1	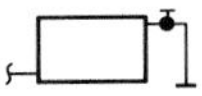		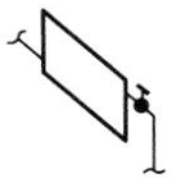	本层支管接立管向下转变
2	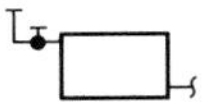		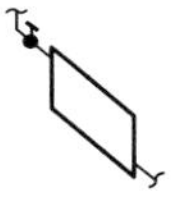	立管自上层连接支管
3	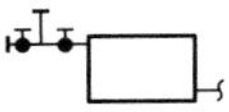		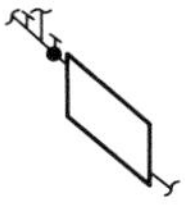	立管自上层连接支管
4	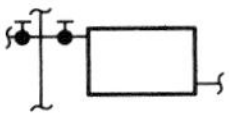	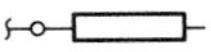	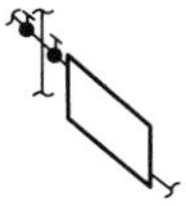	立管自上层连接支管后引往下层
5	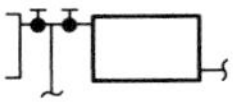			立管自本层引向下层
6	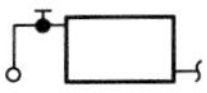	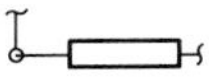	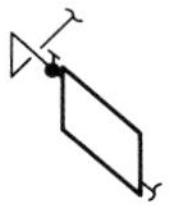	立面图上的圆弧是干管,平面图上的圆弧是立管
7	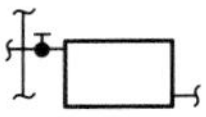		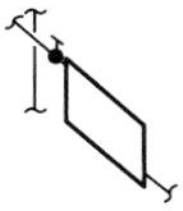	立管和支管不相交(错开)

3. 散热器及其连接的管道图表示方法

散热器及其连接的管道图表示方法见表 6-3。

表 6-3 散热器及其连接的管道图表示方法

项目		双管上供下回式	双管下供下回式	单管垂直式
顶层	平面图	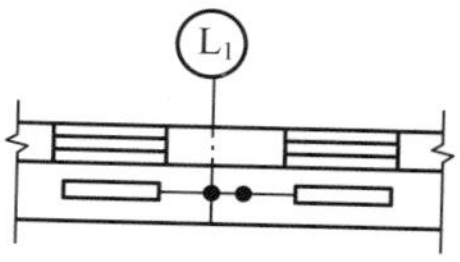	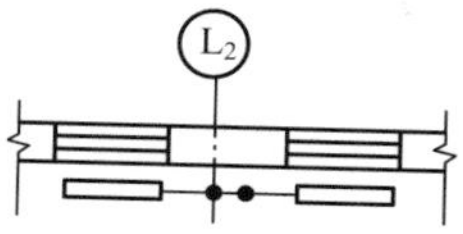	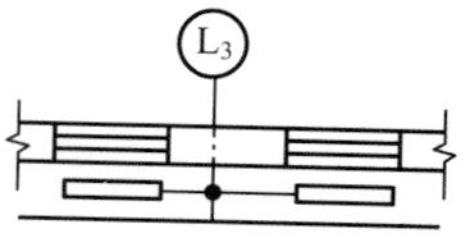
	系统图	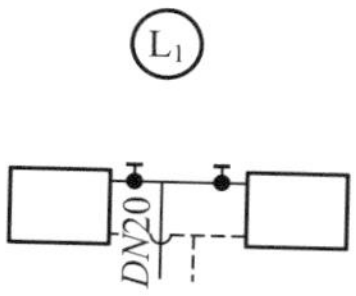	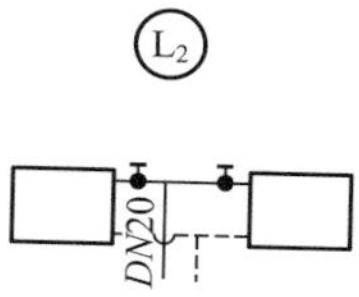	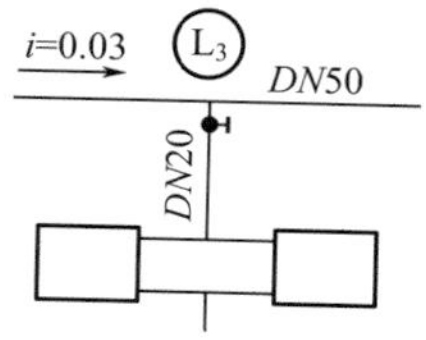
标准层	平面图	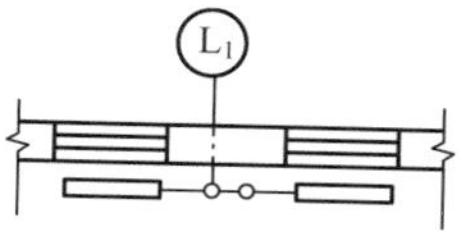	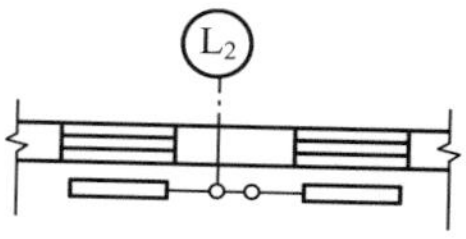	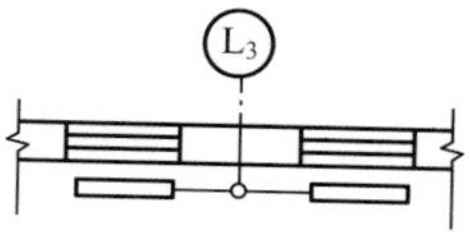
	系统图	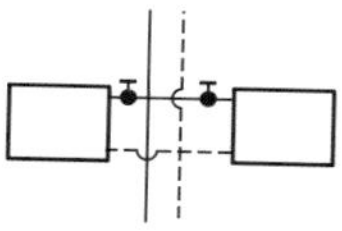	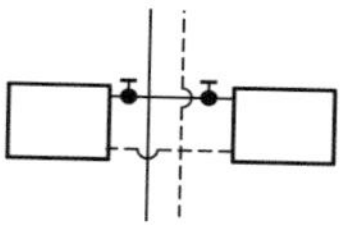	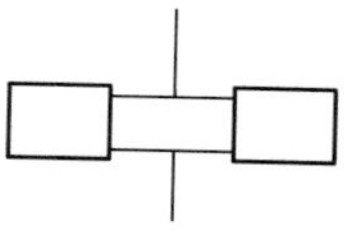
底层	平面图	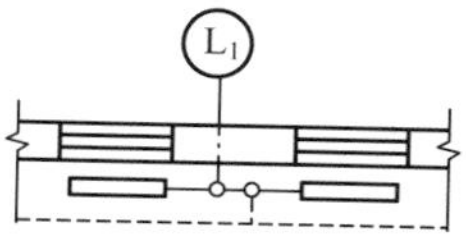	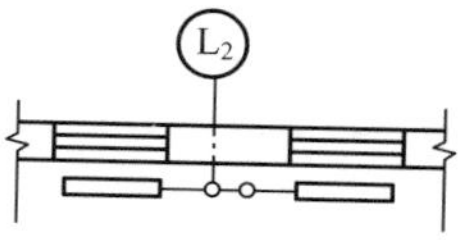	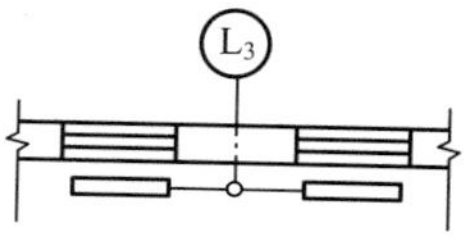
	系统图	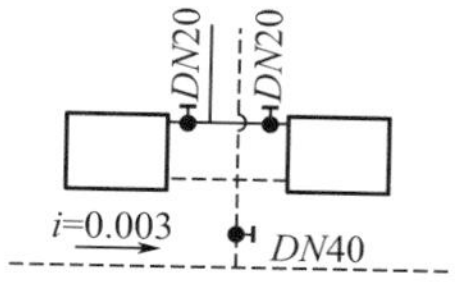	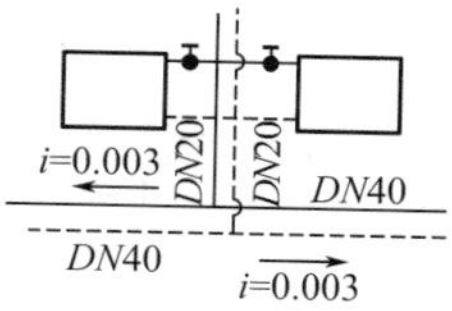	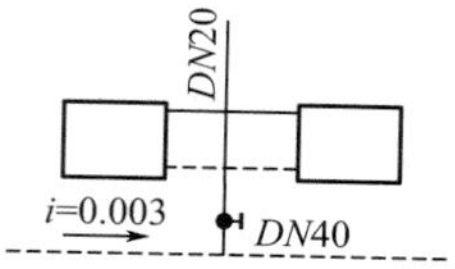

4. 立管编号

采暖入口的编号标注方法如图 6-1(a) 所示，采暖入口的符号为带圆圈的 "R"，下角标为序号。采暖供水立管在平面图中的编号标注方法如图 6-1(b)、(c) 所示，在系统图中的编号标注方法如图 6-1(d) 所示。

5. 散热器规格和数量的标注方法

散热器在平面图上一般用窄长的小长方形表示，无论由几片组成，每组散热器一般都画成图样大小。各种形式散热器的规格和数量按以下规定标注：

① 圆翼形散热器标注 "根数×排数"，如图 6-2(a) 所示；
② 光管散热器标注 "管径×长度×排数"，如图 6-2(b) 所示；
③ 串片式散热器标注 "长度×排数"，如图 6-2(c) 所示；
④ 柱式散热器只标注数量，如图 6-2(d) 所示。

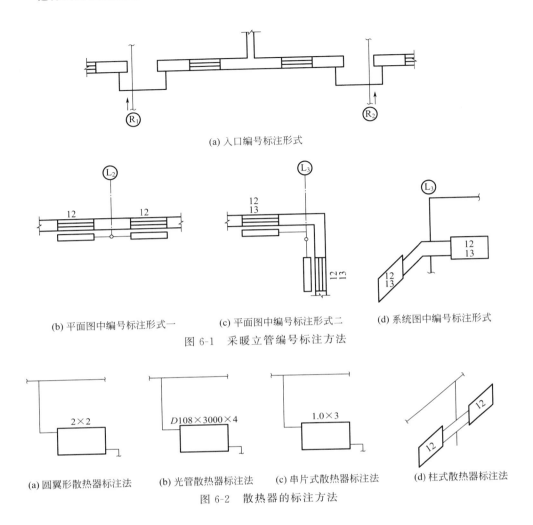

(a) 入口编号标注形式

(b) 平面图中编号标注形式一　　(c) 平面图中编号标注形式二　　(d) 系统图中编号标注形式

图 6-1　采暖立管编号标注方法

(a) 圆翼形散热器标注法　　(b) 光管散热器标注法　　(c) 串片式散热器标注法　　(d) 柱式散热器标注法

图 6-2　散热器的标注方法

三、采暖施工图的识读

1. 平面图的识读

室内采暖平面图主要表示采暖管道、附件及散热器在建筑平面图上的位置以及它们之间的相互关系，是施工图中的重要图样。平面图的阅读方法如下。

① 首先查明热引入口在建筑平面上的位置、管道直径，以及热媒来源、流向、参数及其做法等，了解供热总干管和回水总干管的热引入口位置，供热水平干管与回水水平干管的分布位置及走向。

② 查看立管的编号，弄清立管的平面位置及其数量。

③ 查看建筑物内散热器的平面布置、种类、数量（片数）以及安装方式（即明装、半暗装或暗装），了解散热器与立管的连接情况。

④ 了解管道系统上设备附件的位置与型号。

⑤ 查看管道的管径尺寸和敷设坡度。

⑥ 阅读"设计施工说明"，从中了解设备的型号和施工安装要求以及所采用的通用图等，如散热器的类型、管道连接要求、阀门设置位置及系统防腐要求等。

📑 知识拓展

热引入口装置

　　热引入口装置一般由减压阀、混水器、疏水器、分水器、分汽缸、除污器及控制阀门等组成。如果平面图上注明有热引入口的标准图号，识读时则按给定的标准图号查阅标准图；如果热引入口有节点图，识读时则按平面图所注节点图的编号查找热引入口大样图进行识读。

2. 系统图的识读

　　采暖系统图通常是用正面斜等轴测方法绘制的，表明从供热总管入口直至回水总管出口的整个采暖系统的管道、散热设备及主要附件的空间位置和相互连接情况。识读系统图时，应将系统图与平面图结合起来对照进行，以便弄清整个供暖系统的空间布置关系。识读系统图要掌握的主要内容和方法如下。

　　① 查明热引入口装置之间的关系，热引入口处热媒的来源、流向、坡向、标高、管径以及热引入口采用的标准图号或节点编号。如有节点详图，则要查明详图编号。

　　② 弄清各管段的管径、坡度和坡向，水平管道和设备的标高以及各立管的编号。一般情况下，系统图中各管段两端均注有管径，即变径管两侧要注明管径。供水干管的坡度一般为 0.003，坡向总立管。散热器支管都有一定的坡度，其中供水支管坡向散热器，回水支管则坡向回水立管。

　　③ 弄清散热器的型号、规格及片数。对于光管散热器，要查明其型号（A 型或 B 型）、管径、片数及长度；对于翼形或柱形散热器，要查明其规格、片数以及带脚散热器的片数；对于其他采暖方式，则要查明采暖设备的结构形式、构造以及标高等。

　　④ 弄清各种阀件、附件和设备在系统中的位置。凡系统图中已注明规格尺寸的，均须与平面图设备材料明细表进行核对。

3. 详图的识读

　　采暖系统供热管、回水管与散热器之间的具体连接形式、详细尺寸、安装要求，以及设备和附件的制作、安装尺寸、接管情况等，一般都有标准图。因此，预算人员必须会识读图中的标准图代号，会查找并掌握这些标准图。通用的标准图有：膨胀水箱和凝结水箱的制作、配管与安装，分汽罐、分水器及集水器的构造、制作与安装，疏水管、减压阀及调压板的安装和组成形式，散热器的连接与安装，采暖系统立管、支干管的连接，管道支吊架的制作与安装，集气罐的制作与安装，等。

　　采暖施工图一般只绘制平面图。系统图中需要表明通用标准图中所缺的局部节点详图。

第二节　通风空调安装工程施工图快速识读

一、通风空调安装工程施工图的构成

　　与其他安装类的工程施工图一样，通风空调安装工程施工图通常也是由两个部分组成的：文字部分和图纸部分。文字部分包括图纸目录、设计总说明和主要设备材料表三个部分，图纸部分包括基本图和详图两部分。基本图是指通风空调系统平面图、剖面图、轴测图和原理图，详图是指通风空调系统中某些局部构造和部件的放大图和加工图等。

通风空调工程施工图的主要内容见表 6-4。

表 6-4　通风空调施工图的主要内容

名称	主要内容
图纸目录	图纸目录和书籍的目录功能相似,是通风空调系统安装工程施工图纸的总索引。其主要用途是方便使用者迅速查找到自己所需的图纸。在图纸目录中完整地列出了空调工程施工图所有设计图纸的名称、图号和工程编号等,有时也包含图纸的图幅和备注
设计和施工总说明	设计和施工总说明在整套通风空调安装工程施工图中占有重要地位,用来向识图者说明系统的设计概况和施工要求
图例符号说明	在通风空调安装工程施工图中为了识图方便,用单独的图纸列出了施工图中所用到的图例符号。其中有些是国家标准中规定的图例符号,也有一些是制图人员自定的图例符号。当图符符号数量较少时,有时也归纳到设计与施工说明中或直接附在图纸旁边
主要设备材料表	主要设备材料表是用来罗列通风空调系统中所使用的设备和主要材料的图表,内容包括设备和主要材料的名称、型号、规格、单位、数量、生产厂家以及备注等。不同的设计单位可能有不同形式的表格,内容可能也有细小的差别。当数量较少时,有时也归纳到设计与施工说明中
平面图	通风空调安装工程施工图中的平面图主要是用来描述通风空调系统的各种设备、风管、水管以及其他部件等在建筑物中的平面布置情况,主要包括通风空调平面图、空调制冷机房平面图等
剖面图	通风空调安装工程施工图中的剖面图一般伴随着平面图一起出现,主要用来表达在平面图中无法表达清楚的内容,例如垂直管道的布置等。剖面图包括通风空调剖面图和通风空调机房剖面图
系统图	通风空调安装工程施工图中的系统图的作用是从总体上表明通风空调系统的设备和管道的空间布置情况。系统图可采用单线或双线进行绘制,虽然双线绘制的系统图更加直观,但难度较大,因此通常所见的系统图均为单线图
立管图	通风空调安装工程施工图中的立管图主要用以说明管道的竖向布置情况
原理图	通风空调系统的原理图是用来描述通风空调系统工作原理的图纸,主要包括系统的原理和流程、空调房间的设计参数、冷热源空气处理和输送方式、控制系统之间的相互关系、系统中的主要设备和仪表等内容
详图	详图通常用来表达以上图纸无法表达但应该表达清楚的内容。在通风空调系统施工图中详图的数量较多,主要包括设备、管道的安装详图,设备、管道的加工详图,设备、部件的结构详图等

 知识拓展

设计说明与施工说明

　　设计说明：主要介绍通风空调系统的室内设计气象参数、冷热源情况、空调冷热负荷、通风空调系统的划分与组成、通风空调系统的使用操作要点等内容。

　　施工说明：主要介绍设计中使用的材料和附件、系统工作压力和试压要求、管道与设备的施工要求、支架与吊架的制作和安装要求、涂料施工要求、调试方法与步骤以及施工规范等。

二、通风空调安装工程施工图常用的线型和图例

1. 线型

在通风空调安装工程施工图中线型有特殊的含义,常用线型及其含义见表 6-5。

表 6-5　通风空调安装工程施工图常用线型及其含义

名称		线型	线宽	一般用途
实线	粗		b	单线表示的管道
	中		0.5b	本专业设备轮廓线,双线表示的管道轮廓线
	细		0.25b	建筑物轮廓线,尺寸、标高、角度等标注线及引出线,本专业设备轮廓线
虚线	粗		b	回水管线
	中		0.5b	本专业设备及管道被遮挡的轮廓线
	细		0.25b	地下管沟、改造前风管的轮廓线,示意性连线
波浪线	中		0.5b	单线表示的软管
	细		0.25b	断开界线
单点长划线			0.25b	轴线、中心线
双点长划线			0.25b	假想或工艺设备轮廓线
折断线			0.25b	断开界线

2. 图例

国家标准对通风空调安装工程施工图的图例作出了一般性的规定,要求在施工图中尽量采用。

（1）水、气管道代号

常用的水、气管道代号见表 6-6。自定义的管道代号通常在施工图中进行说明。

表 6-6　通风空调安装工程施工图常用水、气管道代号

序号	代号	管道名称	备　注
1	R	（供暖、生活、工艺用）热水管	①用粗实线、粗虚线区分供水、回水时,可省略代号; ②可附加阿拉伯数字区分供水或回水; ③可附加阿拉伯数字表示一个代号、不同参数的多种管道
2	Z	蒸汽管	需要区分饱和、过热、自用蒸汽时,可在代号前分别附加 B、G、Z
3	N	凝结水管	
4	P	膨胀水管、排污管、排气管、旁通管	需要区分时,可在代号后附加一个小写汉语拼音字母
5	G	补给水管	
6	X	泄水管	
7	XH	循环管、信号管	
8	L	空调冷水管	
9	LR	空调冷/热水管	
10	LQ	空调冷却水管	
11	LN	空调冷凝水管	

（2）水、气管道阀门和附件

国家标准规定的水、气管道阀门和附件的常用图例见表 6-7,自定图例必须在施工图中

加以说明。

表 6-7　水、气管道阀门和附件的常用图例

序号	名称	图例	附注
1	阀门(通用)截止阀	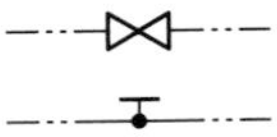	
2	闸阀		
3	手动调节阀		
4	球阀、转心阀		
5	蝶阀	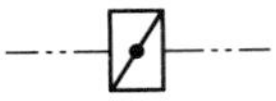	
6	角阀	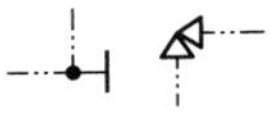	
7	三通阀	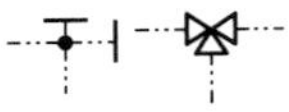	
8	四通阀	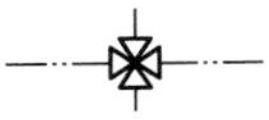	
9	节流阀		
10	膨胀阀		也称"隔膜阀"
11	止回阀		左图为通用式止回阀,右图为升降式止回阀,流向同左图
12	减压阀	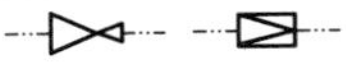	左图小三角为高压端,右图右侧为高压端
13	安全阀		左图为通用安全阀,中图为弹簧安全阀,右图为重锤安全阀
14	自动排气阀		
15	补偿阀	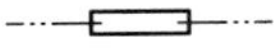	也称"伸缩器"
16	波纹管补偿器	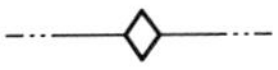	
17	金属软管		
18	固定支架	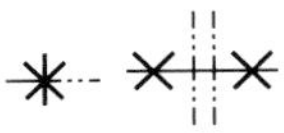	

（3）风道代号

风道代号见表 6-8，自定代号需在施工图中说明。

表 6-8　通风空调安装工程施工图中的风道代号

代号	风道名称	代号	风道名称
K	空调风管	H	回风管(一、二次回风可附加1、2区别)
S	送风管	P	排风管
X	新风管	PY	排烟管或排风、排烟共用管道

（4）风道、阀门及附件图例

风道、阀门及附件的图例见表 6-9。

表 6-9　通风空调安装工程施工图中的风道、阀门及附件图例

序号	名称	图例	附注
1	风、烟道	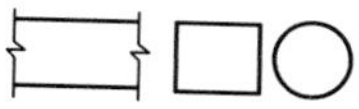	
2	带导流片弯头		
3	消声器	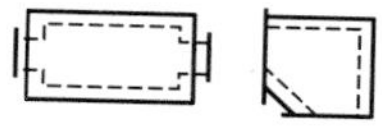	
4	插板阀	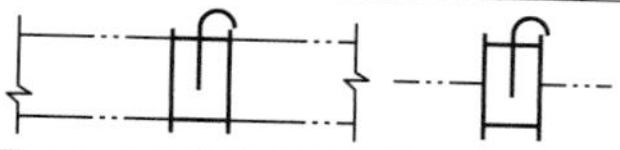	
5	蝶阀	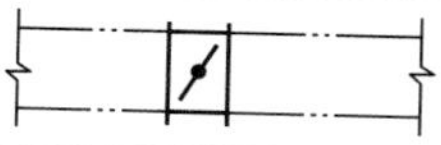	
6	对开多叶调节阀	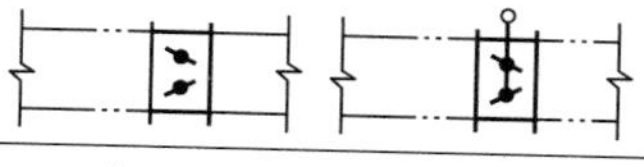	左图为手动,右图为电动
7	风管止回阀	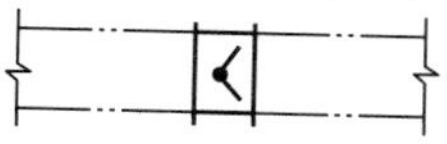	
8	三通调节阀	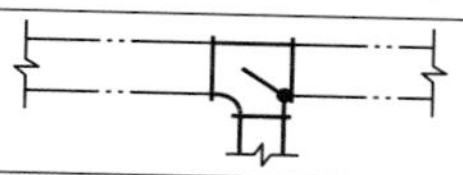	
9	防火阀	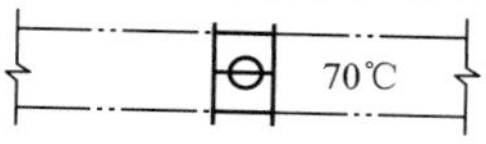 70℃	表示 70℃动作的常开阀
10	软接头	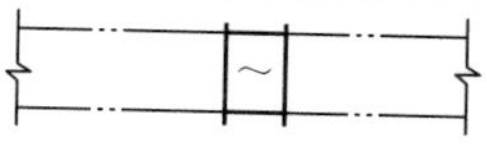	

（5）通风空调设备

通风空调设备的图例见表 6-10。

表 6-10　通风空调设备常用图例

序号	名称	图例	附注
1	轴流风机		
2	离心风机		左图为左式风机,右图为右式风机
3	水泵		左侧进水,右侧出水
4	空气加热、冷却器		左图、中图分别为单加热、单冷却换热装置,右图为双功能换热装置
5	板式换热器	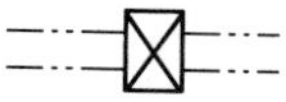	
6	空气过滤器		左图为低效,中图为中效,右图为高效
7	电加热器		

续表

序号	名称	图例	附注
8	加湿器		
9	挡水板		
10	分体空调器		
11	风机盘管		

三、通风空调安装工程施工图的识读

通风空调安装工程施工图的识读是进行通风空调安装工程施工和预算的基础，其地位和作用是相当重要的。学习识读通风空调安装工程施工图，应该掌握好以下内容。

1. 通风空调系统的基本原理

通风空调安装工程施工图是专业性很强的图纸，通风空调系统的基本原理作为专业识图的理论基础是必须认真掌握的。

2. 投影和视图的基本理论

通风空调安装工程施工图是在投影和视图的基本理论基础之上进行绘制的，如果不掌握这方面的知识，自然也就不可能读懂图纸。

3. 通风空调安装工程施工图绘制的基本规定

通风空调安装工程施工图作为专业图纸，与其他的图纸是有差别的。掌握好绘制通风空调安装工程施工图的基本规定，如线型、图例符号的含义等，有助于顺利进行图纸的识读。虽然通风空调系统千变万化，但可以把它们归成两种类型：一种是风系统，包括通风系统、全空气空调系统以及空气-水系统中的新风系统；另一种是水系统，包括全水系统、空气-水系统中的水系统以及制冷剂系统。同种类型的施工图的识读方法基本上是相似的。

4. 通风空调安装施工图的识读方法

在一般情况下，根据通风空调安装工程施工图所包含的内容，可按以下步骤对通风空调安装工程施工图进行识读。

① 阅读图纸目录。通过阅读图纸目录，了解整套通风空调安装工程施工图的基本概况，包括图纸张数、名称以及编号等。

② 阅读设计和施工总说明。通过阅读设计和施工总说明，全面了解通风空调系统的基本概况和施工要求。

③ 阅读图例符号说明。通过阅读图例符号说明，了解施工图中所用到的图例符号的含义。

④ 阅读系统原理图。通过阅读系统原理图，了解通风空调系统的工作原理和流程。

⑤ 阅读平面图。通过阅读通风空调平面图，详细了解通风空调系统中设备、管道、部件等的平面布置情况。

⑥ 阅读剖面图。通风空调安装工程剖面图应与平面图结合在一起识读。对于平面图中一些无法了解到的内容，可以根据平面图上的剖切符号查找相应的剖面图进行阅读。

⑦ 阅读其他图纸。在掌握了以上内容后，可根据实际需要阅读其他相关图纸（如设备及管道的加工安装详图、立管图等）。

第七章

建筑电气施工图快速识读

第一节　建筑电气系统图快速识读

一、概述

一套复杂的电力系统一次电路图，是由许多基本电气图构成的。阅读比较复杂的电力系统一次电路图，首先要根据电气系统图主电路的特点，掌握基本电气系统图的阅读方法及其要领。电气系统图的阅读方法及要领如下。

（1）读一次电路图一般是从主变压器开始，了解主变压器的技术参数，然后先看高压侧的接线，再看低压侧的接线。

（2）为给进一步编制详细的技术文件提供依据和供安装、操作、维修时参考，一次电路图上一般都标注几个重要参数，如设备容量、计算容量、负荷等级、线路电压损失等，在读图时要了解这些参数的含义并从中获得有关信息。

（3）电气系统一次电路图是以各配电屏的单元为基础组合而成的，所以，阅读电气系统一次电路图时，应按照图样标注的配电屏型号查阅有关手册，把有关配电屏电气系统一次电路图看懂。

（4）看图可按电能输送的路径顺序进行，即按电源进线→母线→开关→设备→馈线等顺序进行。

➌ 知识拓展

系统图识图口诀

线路复杂莫畏难，划分单元是关键，电能流向为线索，相互关系要分辨。系统构成须清理，了解功能和特点，读图入手看主变，再看电源进出线。参数信息应清楚，配电设备仔细看，遵循次序细分析，由浅入深反复练。

系统图主要说明建筑物内线路的分配走向关系，表明电力系统设备安装、配电顺序、原理，和设备型号、数量及导线规格等关系。

1. 电力系统

由发电厂的发电机、升压及降压变电设备、电力网及电能用户（用电设备）组成的系统统称为电力系统，见图 7-1。

电源将高压 10kV 或低压 380V/220V 送入建筑物中称为供电。送入建筑物中的电能经配电装置分配给各个用电设备称为配电。供电系统和配电系统统称为供配电系统。

（1）发电厂的作用是将其他形式的能源（如煤、水、风和原子能等）转换为电能（称二次能源），并向外输出电能。

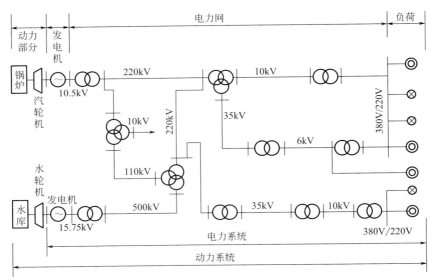

图 7-1　电力及动力系统的组成

为降低发电成本，发电厂常建在远离城市的一次能源丰富的地区附近。受材料绝缘性能和设备制造成本的限制，所发电压不能太高，通常只有 6kV、10kV 和 15kV 几种。

（2）电力网的作用是将发电厂输出的电能送到用电户所在区域，即进行远距离输电。为减少输送过程中的电压损失和电能损耗，要求用高压输电。通过升压变压站把发电厂所发 6kV、10kV 或者 15kV 的电能，变为 110kV、220kV 或者 500kV 以上的高电压电能，经输电线路（多采用架空敷设的钢芯铝绞线）送到用电区。为方便用户用电，要求低压配电。通过降压变压站，把 110kV、220kV 或者 500kV 以上的高压降为 3kV、6kV 或者 10kV，再供给用户使用。

同电压、同频率的电力系统可以并网运行。目前，我国已形成东北、西北、华北、华东、华中等电力系统，可对该区域内的全部发电厂、变电站和输电线路等进行统一调度，从而使供电的可靠性和经济性均大大提高。

（3）用电户常以引入线（通常为高压断路器）和电力网分界。建筑用电户就属于动力系统末梢的成千上万的用电户之一。

2. 三相交流电网和电力设备的额定电压

（1）电压等级

电压等级是根据国家的工业生产水平，电机、电器制造能力，进行技术经济综合分析比较而确定的。我国规定，电力网的额定电压等级有：220V、380V、6kV、10kV、35kV、110kV、220kV、330kV、500kV。通常将 35kV 及 35kV 以上的电压线路称为送电线路。10kV 及其以下的电压线路称为配电线路。将额定 1kV 以上电压称为"高电压"，额定电压在 1kV 以下电压称为"低电压"。我国规定安全电压为 36V、24V、12V 三种。

（2）电压质量指标

电压质量指标见表 7-1。

表 7-1　电压质量指标

名称	内容
电压偏移	指供电电压偏离(高于或低于用电设备额定电压的数值)占用电设备额定电压值的百分数，一般限定不超过±5%

名称	内容
电压波动	指用电设备接线端电压时高时低的变化。对常用设备电压波动的范围有所规定,如连续运转的电动机为±5%,室内主要场所的照明灯为−2.5%~+5%
频率	我国电力工业的标准频率为50Hz,其波动一般不得超过±0.5%
三相电压不平衡	应保持三相电压平衡,以维持供配电系统安全和经济运行。三相电压不平衡程度不应超过2%

电源的供电质量直接影响用电设备的工作状况,如:电压偏低会使电动机转数下降、灯光昏暗,电压偏高会使电动机转数增大、灯泡寿命缩短;电压波动会导致灯光闪烁、电动机运转不稳定;频率变化会使电动机转数变化,更为严重的是可引起电力系统的不稳定运行;三相电压不平衡可造成电动机转子过热、影响照明和各种电子设备的不正常工作。故需对供电质量进行必要的监测。

用电设备的不合理布置和运行,也会对供电质量造成不良影响,如单相负载在各相内分配不均匀,就将造成三相电压不平衡。

3. 低压配电系统的接地类型

(1) 我国 220V/380V 低压配电系统,广泛采用中性点直接接地的运行方式,而且引出有中性线 N、保护线 PE、保护中性线 PEN,具体内容见表 7-2。

表 7-2　中性线、保护线、保护中性线的功能

类别	内容
中性线(N线)的功能	从变压器中性点接地后引出主干线。一是用来接以额定电压为系统相电压的单相用电设备;二是用来传导三相系统中的不平衡电流和单相电流;三是减小负荷中性点的电位偏移
保护线(PE线)的功能	不用于工作回路,只作为保护线。利用大地的绝对"0"电压,当设备外壳发生漏电时,电流会迅速流入大地,即使发生 PE 线有开路的情况,也会从附近的接地体流入大地。它是用来保障人身安全、防止发生触电事故的接地线
保护中性线(PEN线)的功能	为防止因电气设备绝缘损坏而使人遭受触电的危险,将电气设备的金属外壳与接地的变压器中性线相连接,叫保护接中性线(也叫保护接零)。它兼有中性线(N线)和保护线(PE线)的功能。这种保护中性线在我国通称为"零线",俗称"地线"

(2) 低压配电系统按接地形式,分为 TN 系统 (图 7-2)、TT 系统 (图 7-3) 和 IT 系统 (图 7-4),各系统的内容见表 7-3。

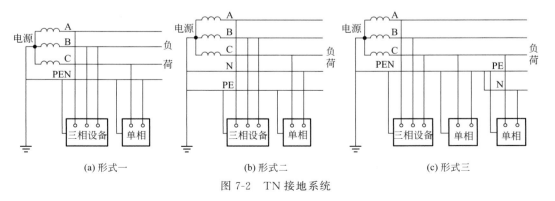

(a) 形式一　　　　　　　(b) 形式二　　　　　　　(c) 形式三

图 7-2　TN 接地系统

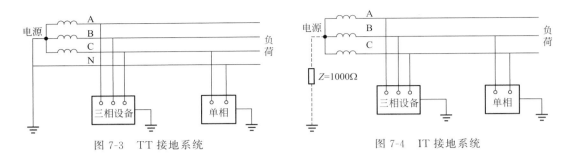

图 7-3　TT 接地系统　　　　　图 7-4　IT 接地系统

表 7-3　低压配电中各系统的内容

名称	内容
TN 系统	中性点直接接地,所有设备的外露可导电部分均接公共的保护线(PE 线)或公共的保护中性线(PEN 线)。这种接公共 PE 线或 PEN 线的方式,通称为"接零"。它包括:TN-C 系统、TN-S 系统、TN-C-S 系统
TT 系统	中性点直接接地,设备外壳单独接地
IT 系统	中性点不接地,设备外壳单独接地。它主要用于对连续供电要求较高及有易燃易爆危险的场所

二、建筑物电力负荷的分级及供电电源

电源供电应满足设备用电的要求。建筑供配电系统的接线方式、复杂程度和设备选型,应由用电负荷的大小和重要性决定。

1. 负荷分类

一切用电户都不希望短时中断供电,而一切供电系统都难免短时中断供电,否则,必须在技术上采取更多的措施并增加投资。根据本身的重要性和对其短时中断供电在政治上和经济上所造成的影响和损失,工业和民用建筑的供电负荷可分为三级,具体内容见表 7-4。

表 7-4　供电负荷的等级

名称	内容
一级负荷	发生供电中断将造成人身伤亡,或将在政治上、经济上造成重大损失,使公共场所秩序严重混乱的建筑,以及某些特等建筑如交通枢纽,国家级及承担重大国事活动的会堂、宾馆,国家级大型体育中心,经常用于重要国际活动、有大量人员集中的公共场所等的供电负荷为一级负荷。此外,如中断供电将发生爆炸、火灾或严重中毒,影响计算机及计算网络正常工作的供电负荷亦为一级负荷。对于一级负荷应由两个独立电源供电
二级负荷	发生供电中断将造成政治上、经济上较大损失的用电户的供电负荷称二级负荷。对于二级负荷,一般应由上一级变电所的两段母线上引来双回路进行供电,也可以由一条专用架空线路供电
三级负荷	凡不属于一、二级负荷者均称三级负荷。对于三级负荷可由单电源供电

2. 电源的引入方式

电源向建筑物内引入的方式应根据建筑物内的用电量大小和用电设备的额定电压数值等因素来确定。一般有如下几种方式。

(1) 建筑物较小或用电设备负荷量较小,而且均为单相、低压用电设备时,可由电力系统的变压器引入单相 220V 的电源。

（2）建筑物较大或用电设备的容量较大，但全部为单相和三相低压用电设备时，可由电力系统变压器引入三相 380V/220V 的电源。

（3）建筑物很大或用电设备的容量很大，且全部为单相和三相低压用电设备时，综合考虑技术和经济因素，应由变压所引入三相高压 6kV 或 10kV 的电源经降压后供用电设备使用。此时，在建筑物内应装置变压器，布置变电室。建筑物内有高压用电设备时，应引入高压电源供其使用。同时装置变压器，满足低压用电设备的电压要求。

3. 供电系统的方案

供电系统应根据负荷等级，按照供电安全可靠、投资费用较少、维护运行方便、系统简单明显等原则进行选择。可选方案如下。

（1）单电源供电方案如图 7-5 所示。

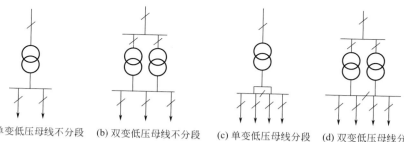

(a) 单变低压母线不分段　(b) 双变低压母线不分段　(c) 单变低压母线分段　(d) 双变低压母线分段

图 7-5　单电源供电方案

单电源供电方案的具体内容见表 7-5。

表 7-5　单电源供电方案的内容

方案名称	内容
①单电源、单变压器，低压母线不分段系统	如图 7-5(a)所示。该系统供电可靠性较低，系统中电源、变压器、开关及母线中任一环节发生故障或检修时，均不能保证供电。但接线简单显明，造价低，可适用于三级负荷
②单电源、双变压器，低压母线不分段系统	如图 7-5(b)所示。该系统除变压器有备用外，其余环节均无备用。一般情况下，变压器发生故障的可能性比其他元件小得多，与前一方案相比，可靠性增加不多而投资却大为增加，故不宜选用
③单电源、单变压器，低压母线分段系统	如图 7-5(c)所示。仅在低压母线上增加一个分段开关，投资增加不多，但可靠性却比方案①大大提高，故可适用于一、二级负荷
④单电源、双变压器，低压母线分段系统	如图 7-5(d)所示。该方案与方案②有同样的缺点，故不予推荐

（2）双电源供电方案如图 7-6 所示。

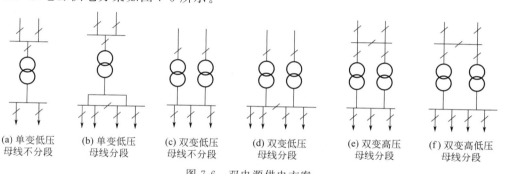

(a) 单变低压　(b) 单变低压　(c) 双变低压　(d) 双变低压　(e) 双变高压　(f) 双变高低压
母线不分段　母线分段　母线不分段　母线分段　母线分段　母线分段

图 7-6　双电源供电方案

双电源供电方案的具体内容见表 7-6。

表 7-6 双电源供电方案的内容

方案名称	内容
①双电源、单变压器,低压母线不分段系统	因变压器的故障和检修次数远比电源要少,故此方案投资较省而可靠性较高,可适用于二级负荷,如图 7-6(a)所示
②双电源、单变压器,低压母线分段系统	此方案比方案①设备增加不多,而可靠性明显提高,可适用于二级负荷,如图 7-6(b)所示
③双电源、双变压器,低压母线不分段系统	此方案不分段的低压母线,限制变压器备用作用的发挥,故不宜选用,如图 7-6(c)所示
④双电源、双变压器,低压母线分段系统	该方案中各基本设备均有备用,供电可靠性大为提高,可适用于一、二级负荷,如图 7-6(d)所示
⑤双电源、双变压器,高压母线分段系统	因高压设备价格高,故该方案比方案④投资大,并且存在方案③缺点,故一般不宜选用,如图 7-6(e)所示
⑥双电源、双变压器,高、低压母线均分段系统	该方案的投资虽高,但供电的可靠性提高更大,适用于一级负荷,如图 7-6(f)所示

第二节　建筑电气照明图快速识读

一、建筑照明供配电系统图识读

建筑电气照明的电气系统分为供电系统和配电系统两部分。供电系统包括供电电源和主接线,配电系统一般由配电装置及配电线路组成。根据建筑物类型的不同,所采用的供电、配电方式也不同。

1. 照明供电

(1) 工业厂房的电气照明供电系统

工业企业中,由于动力负荷大而多,照明线路与动力线路一般是分开的,这样可减少动力设备启动时对照明质量的影响。如果照明负荷很大,也可考虑单独设置照明变压器,这样会使照明质量更高。

如图 7-7 所示,由一台变压器向动力设备和照明设备供电,但线路是分开的。应急照明设备线路一定是与其他线路分开,单独控制。为提高应急照明供电的可靠性,可从其他电源设备引来一个回路,给应急照明设备供电,形成双电源供电。

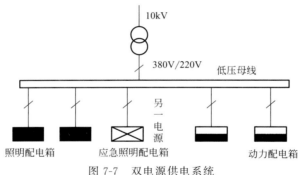

图 7-7 双电源供电系统

（2）大型民用建筑照明系统

大型民用建筑的用电等级多为一、二级负荷，一般大型民用建筑都由两路电源供电或由一条高压专用架空线路供电，作为正常工作电源，同时还应有应急发电机组等第二电源，作为工作电源的补充。当工作电源发生故障时，由第二电源向一、二级负荷供电，以维持暂时继续工作或处理事故。

图 7-8(a) 所示是由两路高压电源供电的方式。两路电源中，可把其中的一路作为工作电源，在正常工作时，变压器和电源都满负荷工作，而在正常工作电源停电时，备用电源手动或自动投入运行。

图 7-8(b) 所示是一路高压供电，另配应急发电机的方式。两路高压供电投资大，在建筑物中当一、二级负荷不是很大时，可用一路高压进线作为工作电源，而用应急发电机满足一、二级负荷不间断供电的要求。

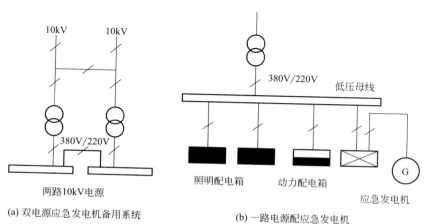

(a) 双电源应急发电机备用系统　　　　(b) 一路电源配应急发电机

图 7-8　双电源和应急发电机备用系统

（3）普通民用建筑照明供电系统

普通民用建筑的用电设备容量较小，不专设变压器和配电所，由 380V/220V 低压电源供电，可以由本单位的变压器引来，也可由小区的变电所引来，电源线路一般只有一路进入建筑物内，由配电设备引入分配箱。低压配电如图 7-9 所示。

2. 照明配电系统

配电系统是分配和控制进线电能的系统，由配电装置和配电线路组成。根据实际情况，把配电系统分成多种形式，最常见的是放射式、树干式和混合式等，如图 7-10 所示。

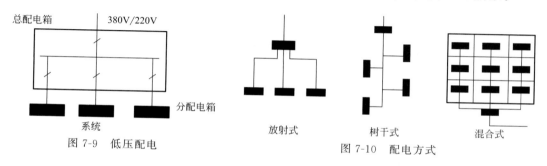

图 7-9　低压配电　　　　　　　　　图 7-10　配电方式

照明配电系统的各种形式见表 7-7。

表 7-7   照明配电系统的形式

类型	内容
放射式	从配电箱引出多条线路,每个线路都接一个用电设备或分配电箱。其优点是线路发生故障时影响范围小,供电可靠性高,控制灵活,易于实现集中控制。缺点是线路多,有色金属消耗大。它用于大容量设备,或要求集中控制的设备,或要求供电可靠性高的重要设备
树干式	一条供电干线带多个用电设备或分配电箱。其优点是线路少,有色金属消耗少,投资少,易于发展。缺点是干线发生故障时,影响范围大,供电可靠性差。它适用于明敷设线路,容量较小的设备,或对供电可靠性要求不高的设备
混合式	在实际中,照明配电系统很少是单独某一种形式,多数是综合形式。特别是在现代高层建筑物中,用电设备多且可靠性要求高。所以,为节省投资,竖直方向每隔几层分为一个组,组与组之间多采用放射式,而一组之间的层与层之间多采用树干式

二、建筑照明系统图识读

建筑照明系统图是用图形符号、文字符号绘制的,用以表示建筑照明配电系统供电方式、配电回路分布及相互联系的建筑电气工程图,能集中反映照明的安装容量、计算容量、计算电流、配电方式,导线或电缆的型号、规格、数量、敷设方式及穿管管径,开关及熔断器的规格、型号等。通过照明系统图,可以了解建筑物内部电气照明配电系统的全貌,它也是进行电气安装调试的主要图纸之一。照明系统图的主要内容包括如下几点。

(1) 电源进户线、各级照明配电箱和供电回路,表示其相互连接形式。

(2) 配电箱型号或编号,总照明配电箱及分照明配电箱所选用计量装置、开关和熔断器等器件的型号、规格。

(3) 各供电回路的编号,导线型号、根数、截面和线管直径,以及敷设导线长度等。

(4) 照明器具等用电设备或供电回路的型号、名称、计算容量和计算电流等。

三、建筑照明线路图识读

1. 建筑照明线路的一般规定

导线穿管的一般要求如下。

(1) 导线的截面应满足用电负荷的计算电流的要求。表 7-8 所示为塑料导线的截面载流量和穿管要求。

(2) 导线在管内不许有接头,导线接头应在接线盒内。

(3) 不同电压等级的导线不得穿在同一管内。不同回路的导线不得穿在同一管内,同一回路的导线应穿在同一管内。

(4) 管内穿线的总截面不得超过管子总截面的 40%,且最多不得超过 8 根。

(5) 绝缘层损坏或损坏后恢复绝缘的导线不得穿入线管内。穿入线管的导线绝缘性能必须良好。

(6) 除直流回路和接地线外,不得在线管内穿单根导线;在潮湿场所敷设线管时,使用金属管的壁厚应大于 2mm,并应在线管进出口处采取防潮措施;线管明敷应做到横平竖直、排列整齐。

(7) 相线与中性线的颜色一定要严格区分。规范要求:A 相采用黄颜色的线;B 相采用绿颜色的线;C 相采用红颜色的线;中性线采用蓝颜色的线;PE 保护线采用黄绿相间的线。

表 7-8　塑料导线的截面载流量和穿管要求

截面/mm²		2根单芯截面载流量/A				管径/mm		3根单芯截面载流量/A				管径/mm		4根单芯截面载流量/A				管径/mm	
		25℃	30℃	35℃	40℃	支线	干线	25℃	30℃	35℃	40℃	支线	干线	25℃	30℃	35℃	40℃	支线	干线
BLV型铝芯	2.5	19	18	17	16	16		17	16	15	14	16		15	14	13	12	20	
	4	25	24	23	21	16		23	22	21	19	20		20	19	18	17	20	
	6	33	31	29	27	20		29	27	25	23	20		27	25	24	22	25	
	10	45	42	39	37	25	25	40	38	36	33	25	32	35	33	31	29	32	32
	16	58	55	52	48	25	32	52	49	46	43	32	40	47	44	41	38	32	40
	25	77	73	69	64		40	69	65	61	57	40	40	60	57	54	50	40	50
	35	95	90	85	78	40	50	85	80	75	70	40	50	74	70	66	61	50	63
	50	121	114	107	99	50	50	108	102	96	89	50	63	95	90	85	78	63	63
	70	154	145	136	126	50	63	138	130	122	113	63	63	122	115	108	100	63	63
	95	186	175	165	152	63	63	167	158	149	137	63		148	140	132	122	63	
	120	212	200	188	174	63	63												
BV型铜芯	1	13	12	11	10	16		12	11	10	10	16		11	10	9	9	16	
	1.5	17	16	15	14	16		16	15	14	13	16		14	13	12	11	16	
	2.5	25	24	23	21	16		22	21	20	18	16		20	19	18	17	20	
	4	33	31	29	27	16		30	28	26	24	20		27	25	24	22	20	
	6	43	41	39	36	20		38	36	34	31	20		34	32	30	28	25	
	10	59	56	53	49	25	25	52	49	46	43	25	32	47	44	41	38	32	32
	16	76	72	68	63	25	32	69	65	61	57	32	40	60	57	54	50	32	40
	25	101	95	89	83	32	40	90	85	80	74	40	40	80	75	71	65	40	50
	35	127	120	113	104	40	50	111	105	99	91	40	50	99	93	87	81	50	63
	50	174	150	141	131	50	50	140	132	124	115	50	63	124	117	110	102	63	63
	70	196	185	174	161	50	63	177	167	157	145	63	63	157	148	139	129	63	63
	95	244	230	216	200	63	63	217	205	193	178	63		196	185	174	161	63	
	120	286	270	254	235	63	63												

2. 中性线截面

中性线截面的一般要求如表 7-9 所示。

表 7-9　中性线截面要求

相线的截面积 S/mm²	相应中性线的最小截面积 S_p/mm²
$S \leqslant 16$	S
$16 < S \leqslant 35$	16
$35 < S \leqslant 400$	$S/2$
$400 < S \leqslant 800$	200
$S > 800$	$S/4$

3. 线路敷设方式

根据线路敷设方式选配的导线型号如表 7-10 所示。

表 7-10 线路导线型号选择

线路类别	线路敷设方式	导线型号	额定电压/kV	产品名称	最小截面/mm²	附注
交直流配电线路	吊灯用软线	RVS	0.25	铜芯聚氯乙烯绝缘绞型软线	0.5	
		RFS		铜芯丁腈聚氯乙烯复合物绝缘软线		
	室内配线：穿管、线槽、塑料线夹、瓷瓶	BV	0.45/0.75	铜芯聚氯乙烯绝缘电线	1.5	
		BLV		铝芯聚氯乙烯绝缘电线	2.5	
		BX		铜芯橡皮绝缘电线	1.5	
		BLX		铝芯橡皮绝缘电线	2.5	
		BXF		铜芯氯丁橡皮绝缘电线	1.5	
		BLXF		铝芯氯丁橡皮绝缘电线	2.5	
	架空进户线	BV	0.45/0.75	铜芯聚氯乙烯绝缘电线	10	距离应不超过 25m
		BLV		铝芯聚氯乙烯绝缘电线		
		BXF		铜芯氯丁橡皮绝缘电线		
		BLXF		铝芯氯丁橡皮绝缘电线		
	架空线	JKLY	0.6/1	辐照交联聚乙烯绝缘架空电缆	16(25)	居民小区，不小于 35mm²
		JKLYJ	10	辐照交联聚乙烯绝缘架空电缆	25(35)	
		LJ		铝芯绞线		
		LGJ		钢芯铝绞线		

4. 照明器具的控制线路

（1）照明灯具接线及根数如图 7-11 所示。

（2）两地控制同一照明灯具接线关系如图 7-12 所示，主要用于楼梯间或上下楼之间的照明控制。

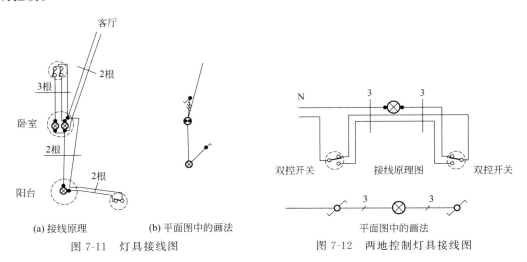

图 7-11 灯具接线图　　　　　　　图 7-12 两地控制灯具接线图

（3）一个开关控制一盏灯的线路如图 7-13 所示。

（4）一个开关控制两盏灯的平面图及接线图如图 7-14 所示。

（5）单相三极暗插座的接线如图 7-15 所示：上孔接保护地线 PE；左孔接零线 N；右孔接相线 L。

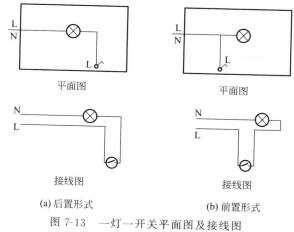

平面图　　　　　　　　　　　　平面图

接线图　　　　　　　　　　　　接线图

(a) 后置形式　　　　　　　　　　(b) 前置形式

图 7-13　一灯一开关平面图及接线图

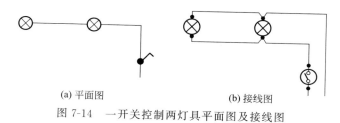

(a) 平面图　　　　　　　　　　　(b) 接线图

图 7-14　一开关控制两灯具平面图及接线图

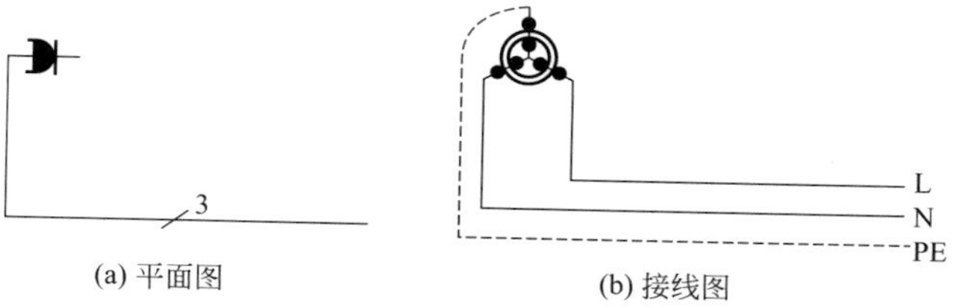

(a) 平面图　　　　　　　　　　　(b) 接线图

图 7-15　插座平面图及接线图

四、建筑照明平面图识读

建筑照明平面图主要说明线路和照明器具的平面布置情况、电气平面图。

通过电气平面图的识读，可以了解以下内容。

（1）建筑物的平面布置、各轴线分布、尺寸以及图纸比例；

（2）各种变、配电设备的编号、名称，各用电设备的名称、型号以及它们在平面图上的比例；

（3）各配电线路的起点和终点、敷设方式、型号、规格、根数以及在建筑物中的走向、平面和垂直位置。

从图 7-16、图 7-17 可以看出入户配电箱共有 8 条支线，其中第一条是照明回路，第二至第八条是插座回路。从图 7-16 可以看出空调插座单独一个回路，厨房插座单独一个回路，这是因为空调、厨房的用电量大，这也是规范要求的。一般图纸是插座、照明画在同一平面图中，在图上看不出的是线路的敷设。

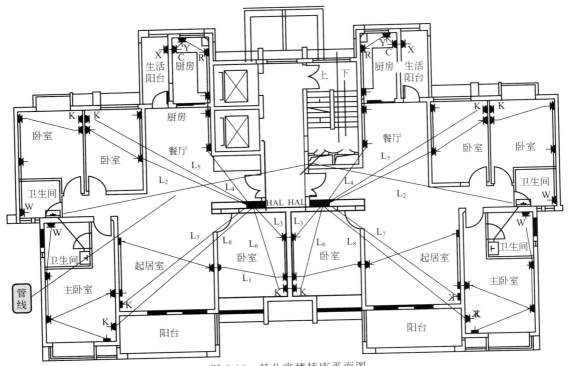

图 7-16　某公寓楼插座平面图

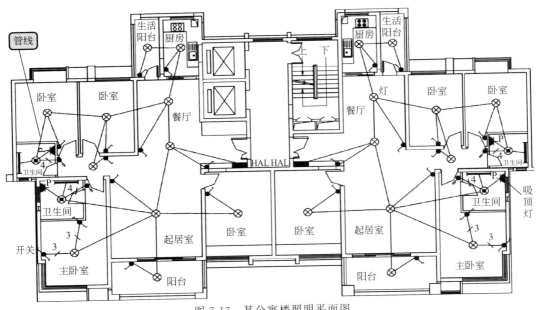

图 7-17　某公寓楼照明平面图

🐾 知识拓展

　　一般建筑内的插座安装高度为 0.3m，而规范要求开关安装高度为 1.3m。在平面图中只标出了平面位置，而竖直方向要看规范和一般习惯做法。为了节省材料，插座回路是从地面上敷设，而照明回路是从顶棚敷设。因此，在做同一楼平面管道敷设时，插座回路是做本层的，电源要来自本层，管道向上弯曲引上。

第三节　建筑电气控制图快速识读

一、概述

1. 电气原理图的分类

电气原理图主要分为主电路（强电流通过部分）和辅助电路（控制、照明、指示等）。

2. 电气原理图的绘制规则

主电路用粗实线绘制；辅电路用细实线绘制。

3. 电气符号画法

一般垂直放置，也可以逆时针转动 90°水平放置；图中电气元件的状态为常态（未压动、未通电）。

4. 电气原理图的读图方法

（1）查线读图法（常用方法）

按照由主到辅，由上到下，由左到右的原则分析电气原理图。较复杂图形，通常可以化整为零，将控制电路化成几个独立环节的细节分析，然后，再串为一个整体分析。

（2）逻辑代数法

用逻辑代数描述控制电路的工作关系。

二、电动机常用控制线路

1. 手动启动控制

（1）单向旋转控制

对于容量较小的三相异步电动机，如砂轮、风扇等，可以用负荷开关等直接进行启动控制，控制电路如图 7-18 所示。

常用的负荷开关有铁壳开关和胶盖瓷底刀开关。合上电源，电动机获电转动，开关直接控制电动机的启停，用熔断器作短路保护。

（2）正反转控制

三相异步电动机的反转只需将任意两相电源调换就能实现。手动控制就是利用这一点来实现的，如图 7-19 所示。

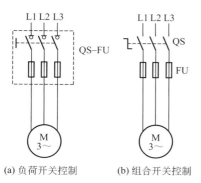

(a) 负荷开关控制　　(b) 组合开关控制

图 7-18　三相异步电动机手动控制线路图

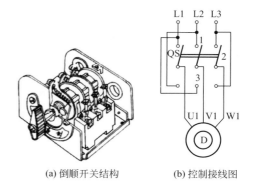

(a) 倒顺开关结构　　(b) 控制接线图

图 7-19　倒顺开关控制的电动机正反电路

倒顺开关是组合开关的一种，有三个操作位置：顺转、停止和反转。从图 7-19 中可以看出，将开关扳到"1"位时，电源通过 L1、L2、L3 分别与电动机接线头 U1、V1、W1 连接，电动机获电正转；将开关扳到"2"位时，电动机没有接通电源而停止；将开关扳到"3"位时，电源通过 L1、L2、L3 分别与电动机接线头 W1、V1、U1 连接，电源有两相被调换，电动机将反转。

2. 接触器控制

（1）点动控制

点动控制是指按下按钮则电动机得电运转，松开按钮则电动机失电停止，如图 7-20 所示。它常用于经常启动、停车的场合，如电动葫芦等。

（2）长动控制

很多时候电动机需要长时间连续工作，也就是需要接触器长时间保持在通电状态，图 7-21 所示线路就能实现这种功能。

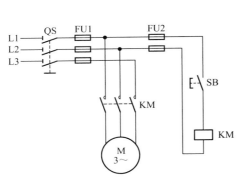

图 7-20　三相异步电动机点动控制线路

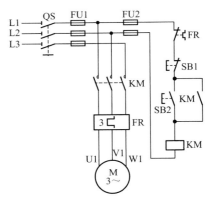

图 7-21　三相异步电动机长动控制线路

合上电源开关 QS 后，按下按钮 SB2，接触器线圈得电，接触器主触头闭合，电动机得电运转，同时接触器的常开辅助触头闭合，使接触器线圈始终处于通电状态。这种利用接触器本身常开触头使线圈处于通电状态的方式，叫做接触器自锁，也称自保持。按下 SB1，接触器线圈失电，电动机停转。

电动机在长时间运行中，可能出现负载过大、操作频繁或断相运行等情况，就会造成电动机的电流超过额定电流，引起电动机绕组过热，严重的甚至会引起电动机损坏，因此，需采用过载保护。三相异步电动机的过载保护一般采用热继电器，如图 7-21 中的 FR，当负载电流超过额定值时，经过一定时间后，串接在主电路中的热继电器的双金属片受热弯曲，使串接在控制电路中的常闭触头断开，接触器 KM 线圈失电，电动机失去电源而停转，电动机得到过载保护。

 知识拓展

接触器自锁

自锁具有失压和欠压保护功能。当电源电压过低（一般电源电压低于接触器线圈额定电压 85％）时，接触器的电磁系统产生的电磁吸引力就克服不了复位弹簧的反作用力，动铁芯释放，接触器的主触头、辅助触头均断开，电动机失去电源，得到低电压保护。当电源停电后，接触器失电，在复位弹簧的作用下，主触头、辅助触头断开，恢复供电时电动机也不会自行启动，避免了意外事故的发生，这种保护称为失压保护。

（3）正反转控制

① 接触器联锁的正反转控制（图 7-22）。合上电源开关 QS 后，按下按钮 SB2，接触器 KM1 得电，KM1 的主触头闭合，电动机的接线端 U1、V1、W1 分别从电源的 L1、L2、L3 得电，电动机正转；同时接触器的常开辅助触头 KM1 闭合，控制线路自保持，常闭辅助触头 KM1 断开，这样再按下按钮 SB2，接触器 KM2 也不可能得电，就保证了在 KM1 工作时，反转接触器 KM2 不可能得电，也就不会造成因 KM2 得电，电源换相而引起相间短路。按下 SB1，接触器 KM1 失电，电动机失电停转。

再按下 SB3，接触器 KM2 得电，KM2 的主触头闭合，电动机的接线端 U1、V1、W1 分别从电源的 L3、L2、L1 得电，电动机电源换相反转；同时接触器的常开辅助触头 KM2 闭合，控制线路自保持，常闭辅助触头 KM2 断开，这样再按下按钮 SB1，接触器 KM1 也不可能得电，就保证了在 KM2 工作时，正转接触器 KM1 不可能得电。

这种利用对方接触器常闭辅助触头，使一个电路工作，另一个电路不能工作的控制方式，叫做联锁或称为互锁，用接触器触头实现的也称为电气联锁。电气联锁的优点是安全可靠，缺点是操作不方便。

② 按钮联锁的正反转控制，如图 7-23 所示。

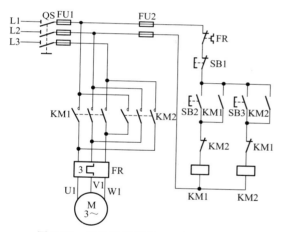

图 7-22　接触器联锁的正反转控制线路

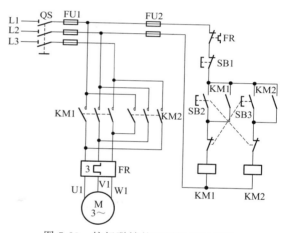

图 7-23　按钮联锁的正反转控制线路

合上电源开关 QS 后，按下按钮 SB2，接触器 KM1 得电，KM1 的主触头闭合，电动机得电运转；同时按钮 SB2 也断开了 KM2 线圈回路，KM2 不会得电，起到了联锁作用。直接按下 SB3，先断开 KM1 线圈电路，然后 KM2 线圈得电，电动机电源换相后反转。这种利用按钮实现联锁的控制叫做机械联锁。机械联锁有操作方便的优点，但不可靠，一旦接触器主触头熔焊无法断开时，按下另一个按钮后，另一接触器线圈依然能得电，造成电源相间短路。

③ 接触器、按钮双重联锁的正反转控制（图 7-24）。这种控制方式具有操作方便，安全可靠的优点。

3. 星（丫）-三角（△）降压启动

这种控制方式只适用于正常工作时为三角形接线的电动机，且降压启动时电动机应为空载或轻载，如图 7-25 所示。

图 7-25 为接触器控制的丫-△降压启动。合上电源开关 QS 后，按下按钮 SB2，接触器 KM、KM1 线圈得电，它们的主触头闭合，电动机绕组为星形（丫）连接，电动机降压启动。当电动

机转速升高到接近额定转速时，按下 SB3，接触器 KM1 失电，其主触头断开，同时 KM2 的线圈得电，KM2 的主触头闭合，电动机绕组为三角形接线，电压恢复为额定电压。

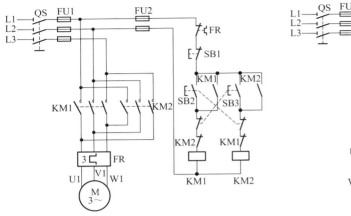

图 7-24　接触器、按钮联锁的正反转控制线路

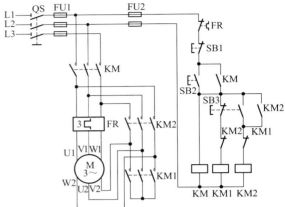

图 7-25　接触器控制的丫—△降压启动

图 7-26 为时间继电器控制的丫-△降压启动。合上电源开关 QS 后，按下 SB2，时间继电器和 KM1 的线圈都得电，KM1 的常开辅助触头使 KM 的线圈也得电，KM 和 KM1 的主触头闭合，电动机绕组为星形接线，进行降压启动；经过整定时间后，KT 的常闭触头使 KM1 线圈失电，同时 KT 的常开触头使 KM2 线圈得电，KM2 的主触头闭合，电动机为三角形接线，即全压运行。

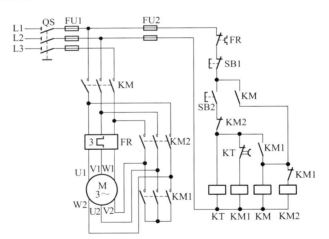

图 7-26　时间继电器控制的丫-△降压启动

第四节　建筑弱电施工图快速识读

一、门禁系统

1. 门禁系统简介

门禁系统又叫做出入口管理系统。当今随着智能化建筑的高速发展和普及，门禁系统不但广泛地应用于各类建筑，同时也成为智能化建筑中不可少的一个系统。门禁系统改变了传

统意义上的门卫值班概念，它使门卫管理自动化，更加可靠，更加安全，是门卫安全防范领域的一大进步。

门禁系统的作用可归纳为对重要部位实施人员出入控制，方式为先识别后控制。识别形式通常有磁卡、IC卡、光卡、射频卡、TM卡、指纹、掌纹、眼纹（视网膜）、语音等。控制部分是根据相应的识别信号做出对应的控制。

2. 系统基本结构

门禁系统包括三个层次的设备。底层是直接与人员打交道的设备，有读卡机（磁卡、IC卡、指纹卡、角膜卡、声音卡等）、电子门锁、出口按钮、入口对讲（或可视对讲）、报警传感器、报警扬声器、警灯等。它们用来接收人员输入的信息，再转换成电信号送至控制器中，同时根据来自控制器的信号完成开锁、闭锁工作。控制器接收底层设备发来的有关信息，同自己存储的信息相比较作出判断后再发出处理信息。中层是控制器。上层是信息分析处理电脑。底层（输入模块）有多种形式，如以钥匙型为代表的机械啮合对比方式、以密码键盘为代表的阵列式输入方式、以非接触ID及IC卡为代表的全电子型输入方式。

单个控制器就可组成一个简单的门禁系统，用来管理一个或几个门，多个控制器通过通信网络用电脑连接就可组成整个建筑的门禁系统。电脑装有门禁系统的管理软件，便可管理所有的控制器，向它们发送控制命令，对它们进行设置，接收其发来的信息，完成所有信息的分析与处理。

 知识拓展

控制处理模块和执行模块

中层（控制处理模块）也有多种形式：机械啮合比较控制式，主要用于机械锁方面；机电一体化控制处理模块，主要用于各种独立的、安全防范级别要求不太高且无需随时检测系统运行的环境中，是使用最多的一种；全电子型控制处理模块，是当今门禁系统先进性的代表。

上层（执行模块）是门禁系统处理分析信息、发出各种指令的核心。

3. 门禁系统适用范围

理论上一切需要控制出入的门都可安装门禁系统，但常用在银行、金融机构、重要办公大楼、住宅单元、酒店客房、军事基地、厂矿企业、各类停车场等。门禁系统的特点如下。

（1）每个用户持有一个独立的卡、指纹或密码，它们可以随时从系统中取消。卡等一旦丢失，即可使其失效，而不必像机械锁那样重新配钥匙，并更换所有人的钥匙，甚至换锁。

（2）可以预先设置任何人的优先权或权限。一部分人可以进入某个部门的某些门，另一部分人可以进入另一组门。这样可以控制谁什么时间可以进入什么地方，还可以设置一个人在哪几天或者一天内可以多少次进入哪些门。

（3）系统所有活动都可以记录下来，以备事后分析。

（4）这样的系统，只需很少的管理人员就可以在控制中心控制整个大楼内外所有出入口。

（5）系统的管理操作用密码控制，防止任意改动。

二、消防自动报警系统

随着电子科学技术的进步，火灾自动报警系统得到了长足的发展，由原来的多线制和N＋1线制火灾自动报警系统，发展到现在的总线、二总线、全总线形式的火灾自动报警系统。而且总线形式的火灾自动报警系统具报警的灵敏度高，报警误报率低，设备的可靠性强、设计简单、快捷，施工方便、高效等特点。

1. 火灾自动报警系统的意义

通常根据室内火灾温度随时间变化的特点，把火灾发展的过程分为三个阶段，即火灾初起阶段、火灾全面发展阶段、火灾熄灭阶段，各阶段的具体内容见表 7-11。

表 7-11　火灾发展过程各个阶段及特点

发展阶段	特点
火灾初起阶段	在火灾初起阶段只是在起火部位及其周围有可燃物着火燃烧,这时火灾仅限于起火点附近;室内平均温度较低;火灾发展速度较慢且不稳定。该阶段是灭火的最有利时机,应设法争取尽早发现火灾,把火灾控制、消灭在起火点,因此在可燃物较多、人员较密集的建筑物内设置可及时发现火灾和报警的装置是很有必要的。初起阶段也是人员疏散的有利时机
火灾全面发展阶段	随着火势的发展,房间的温度和可燃气体不断积累,当达到某一极限值时,聚积在房间内的可燃气体突然起火,甚至爆炸,火焰充满了整个房间,温度上升很快,火灾进入全面燃烧阶段
火灾熄灭阶段	随着可燃物的挥发物质的不断减少,火灾燃烧速度递减,温度逐渐降低,直到火灾熄灭

火灾自动报警系统意义在于尽早发现早期火灾并发出报警，以便采取有效的应急措施，如疏散人员、呼叫消防队、启动灭火系统，进行防火分隔、启动防排烟风机等。

2. 火灾自动报警系统的组成

火灾自动报警系统通常由三个部分组成，即监测部件、控制主机、指令执行部件。监测部件一般由探测器、手动报警按钮、输入模块组成；控制主机一般由火灾控制器、广播主机、火警电话主机组成；指令执行部件一般由控制模块、输入输出模块及多路输入输出模块组成。根据火灾探测器探测火灾参数的不同，可以将火灾探测器划分为感烟、感温、感光、气体和复合式几大类。火灾探测器的选用一般可根据探测区域内可能发生的初期火灾的特点、房间高度、环境条件等因素综合考虑。手动报警按钮是人为触发的报警装置，通常被认为是最可靠的监测部件。输入模块则是采集其他消防系统状态信号的部件，如压力开关、消火栓按钮、水流指示器等。

3. 线路敷设要求

火灾自动报警系统的布线应符合下列要求。

（1）火灾自动报警系统的布线，应符合现行国家标准《电气装置安装工程　爆炸和火灾危险环境电气装置施工及验收规范》（GB 50257—2014）的规定。

（2）火灾自动报警系统布线时，应根据现行国家标准《火灾自动报警系统设计规范》（GB 50116—2013）的规定，对导线的种类、电压等级进行检查。

（3）在管内或线槽内的穿线，应在建筑抹灰及地面工程结束后进行。在穿线前，应将管内或线槽内的积水及杂物清除干净。

（4）不同系统、不同电压等级、不同电流类别的线路，不应穿在同一管内或线槽的同一槽孔内。

（5）导线在管内或线槽内，不应有接头或扭结。导线的接头，应在接线盒内焊接或用端子连接。

（6）敷设在多尘或潮湿场所管路的管子和管子连接处，均应做密封处理。

（7）管子入盒时，盒外侧应套锁母，内侧应装护口。在吊顶内敷设时，盒的内外侧均应套锁母。

（8）在吊顶内敷设各类管路和线槽时，宜采用单独的卡具吊装或支撑物固定。

（9）线槽的直线段应每隔 1.0~1.5m 设置吊点或支点。

（10）吊装线槽的吊杆直径，不应小于 6mm。

（11）管线经过建筑物的变形缝（包括沉降缝、伸缩缝、抗震缝等）处，应采取补偿措施，导线跨越变形缝的两侧应固定，并留有适当余量。

（12）火灾自动报警系统导线敷设后，应对每回路的导线用 500V 的兆欧表测量绝缘电阻，其对地绝缘电阻值不应小于 20MΩ。

4. 火灾探测器的安装要求

点型火灾探测器的安装位置，应符合如下规定。

（1）火灾探测器至墙壁、梁边的水平距离，不应小于 0.5m。

（2）火灾探测器周围 0.5m 内，不应有遮挡物。

（3）火灾探测器至空调进风口边的水平距离，不应小于 1.5m；至多孔送风顶棚孔口的水平距离，不应小于 0.5m。

（4）在宽度小于 3m 的内走道顶棚上设置火灾探测器时，宜居中布置。感温火灾探测器的安装间距，不应超过 10m；感烟火灾探测器的安装间距，不应超过 15m；火灾探测器距端墙的距离，不应大于火灾探测器安装间距的一半。

（5）火灾探测器宜水平安装，当必须倾斜安装时，倾斜角度不应大于 45°。

（6）火灾探测器的底座应固定牢靠，其导线连接必须可靠压接或焊接。当采用焊接时，不得使用带腐蚀性的助焊剂。

（7）火灾探测器的"＋"线应为红色，"－"线应为蓝色，其余线应根据不同用途采用其他颜色区分，但同一工程中相同用途的导线颜色应一致。

（8）火灾探测器底座的外接导线，应留有不小于 15cm 的余量，入端处应有明显标志。

（9）火灾探测器底座的穿线孔宜封堵，安装完毕的探测器底座应采取保护措施。

（10）火灾探测器的确认灯，应面向便于人员观察的主要入口方向。

（11）火灾探测器在即将调试时方可安装；在安装前应妥善保管，并应采取防尘、防潮、防腐蚀措施。

此外，线型火灾探测器和可燃气体探测器等有特殊安装要求的探测器，应符合现行有关国家标准的规定。

5. 手动火灾报警按钮的安装要求

（1）手动火灾报警按钮，应安装在墙上距地（楼）面高度 1.5m 处。

（2）手动火灾报警按钮，应安装牢固，并不得倾斜。

（3）手动火灾报警按钮的外接导线，应留有不小于 10cm 的余量，且在其端部应有明显标志。

（4）消防控制设备的安装要求如下。

① 消防控制设备在安装前，应进行功能检查，不合格者，不得安装。

② 消防控制设备的外接导线，当采用金属软管作套管时，其长度不宜大于 2m，且应采用管卡固定，其固定点间距不应大于 0.5m。金属软管与消防控制设备和接线盒（箱），应采用锁母固定，并应根据配管规定接地。

③ 消防控制设备外接导线的端部，应有明显标志。

④ 消防控制设备盘（柜）内不同电压等级、不同电流类别的端子应分开，并有明显标志。

6. 消防控制室及其技术要求

根据建筑设备防火规范和火灾自动报警系统设计规范的规定和建筑的规模大小及使用性

质，对消防控制室设置的位置、建筑结构、耐火等级、安全疏散、供电等级及室内照明等都有明确的技术要求。消防控制室中的消防控制设备应由图 7-27 所示部分或全部控制装置组成。

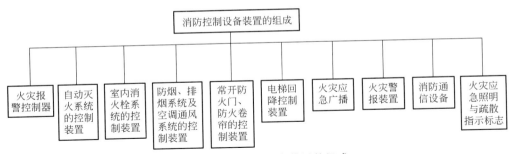

图 7-27　消防控制设备装置的组成

规范规定，消防控制设备的控制电源及信号回路电压应采用直流 24V。消防控制设备应根据建筑的形式、工程规模、管理体制及功能要求综合确定其控制方式。

消防控制室也是控制室工作人员长期工作的场所，设备布置也非常重要。为保证火灾自动报警系统设备正常可靠工作，消防控制室室内设备的布置应符合下列要求。

(1) 设备面盘前的操作距离，单列布置时不应小于 1.5m，双列布置时不应小于 2m。

(2) 在值班人员经常工作的一面，设备面盘至墙的距离不应小于 3m。

(3) 设备面盘后的维修距离不宜小于 1m。

(4) 设备面盘的排列长度大于 4m 时，其两端应设置宽度不小于 1m 的通道。

(5) 集中火灾报警控制器（火灾报警控制器）安装在墙上时，其底边距地高度宜为 1.3～1.5m，其靠近门轴的侧面距墙不应小于 0.5m，正面操作距离不应小于 1.2m。

三、综合布线系统

1. 定义

综合布线系统（premises distributed system，简称 PDS）是一种集成化通用传输系统，是在楼宇和园区范围内，利用双绞线或光缆来传输信息，可以连接电话、计算机、会议电视和监视电视等设备的结构化信息传输系统。

综合布线系统使用标准的双绞线和光纤，支持高速率的数据传输。这种系统使用物理分层星型拓扑结构，积木式、模块化设计，遵循统一标准，使系统的集中管理成为可能，也使每个信息点的故障、改动或增删不影响其他的信息点，使安装、维护、升级和扩展都非常方便，并节省了费用。

2. 综合布线系统的结构

综合布线系统（图 7-28）可分为 6 个独立的子系统：工作区子系统、水平区子系统、管理子系统、设备间子系统、垂直干线子系统、建筑群子系统，如表 7-12 所示。

表 7-12　综合布线系统的组成

名称	内容
工作区子系统	工作区子系统由终端设备连接到信息插座之间的设备组成。包括：信息插座、插座盒、连接跳线和适配器
水平区子系统（水平子系统）	水平区子系统应由工作区用的信息插座，楼层分配线设备至信息插座的水平电缆、楼层配线设备和跳线等组成。一般情况下，水平电缆应采用 4 对双绞线电缆

续表

名称	内容
管理子系统	管理子系统设置在楼层分配线设备的房间内。管理子系统应由交接间的配线设备、输入/输出设备等组成,也可应用于设备间子系统中
垂直干线子系统(骨干子系统)	通常是由主设备间(如计算机房、程控交换机房)提供建筑中最重要的铜线或光纤线主干线路,是整个大楼的信息交通枢纽。一般而言,它提供位于不同楼层的设备间和布线框间的多条连接路径,也可连接单层楼的大片地区
设备间子系统	设备间是在每一幢大楼的适当地点设置进线设备,进行网络管理以及管理人员值班的场所。设备间子系统应由综合布线系统的建筑物进线设备、电话、数据、计算机等各种主机设备及其保安配线设备等组成
建筑群(户外)子系统	建筑群子系统将一栋建筑的线缆延伸到建筑群内的其他建筑的通信设备和设施。它包括铜线、光纤,以及防止其他建筑的电缆的浪涌电压进入本建筑的保护设备

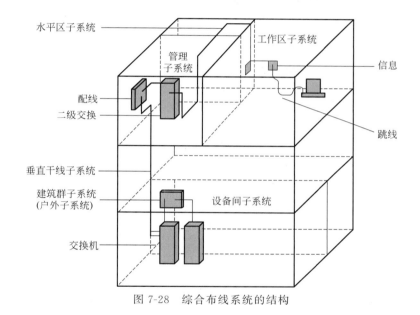

图 7-28　综合布线系统的结构

3. 布线系统测试验收

布线系统测试验收的内容见表 7-13。

表 7-13　布线系统测试验收的内容

名称	内容
设备入场前测试	例如每箱线会造成 3~5 个信道的不合格
链路与信道现场测试	在正式施工前应在实际工程环境中做几条线路进行链路与信道的测试,判断布线产品在这种环境中是否有优良的性能
施工中督测	在工程实施过程中,不标准的操作常常是影响工程质量的关键因素,这就要求督导工程师能抽测,或者配备小巧的测试仪器给施工人员进行自测,以防一些通常性故障的扩大而造成工程延期
验收前抽测	在业主全部工程测试验收之前,施工方应组织全面的测试并做内部验收,以增加工程验收的一次性通过概率

名称	内容
布线拓扑图	布线路由拓扑能很好地反映一个布线工程的线缆铺设位置,给其他系统的线路铺设提供参照与配合,同时也是维护网络线路的一份重要资料
信息点位置分布图	该图表明各用户的实际位置,是开通用户与用户管理和维护的一份文档,是维护网络正常运营的重要资料
配线架配线图	数据网多使用 RJ45 端口的配线架。配线架是连接用户与网络设备的重要布线器材,其配线口编号是网络人员对线路排查的有效文档

第五节　建筑电气避雷图快速识读

一、雷电活动规律及建筑防雷分类

进行建筑防雷设计时，应认真调查地质、气象等条件和雷电活动规律以及被保护物的特点等；因地制宜地采取防雷措施，做到安全可靠、技术先进和经济合理。

1. 雷电活动规律

雷电活动有如下规律。

（1）局部土壤电阻率小的地方容易受到雷击，因为雷电总是选取最易导电的途径。

（2）湖、塘、河边的建筑容易受到雷击。

（3）空旷地区中的孤立建筑物易受雷击。

（4）高层建筑周围的多层建筑比其他地区的多层建筑受雷击的概率要大。

（5）高层建筑比多层建筑易受雷击，因为高层建筑容易产生更强烈的上行先导，将雷电引向本身。

（6）尖屋顶及高耸建筑物、构筑物易遭受雷击。

（7）高出周边建筑物的金属构件、设备易受雷击。

（8）金属屋顶或金属库容易受到二次雷击效应：建筑物本身构造及其附属构件能积蓄电荷的多少，对雷击影响很大，金属屋顶具有良好导电性能，是易遭雷击的部位。

2. 建筑防雷分类

（1）按其生产性质及累计事故造成的后果分

工业建筑物和构筑物应根据其生产性质、发生雷电事故造成的后果，按防雷要求分为如下三类。

① 第一类工业建筑物和构筑物：

a.凡建筑物和构筑物中制造、使用或贮存大量爆炸物质，如炸药、火药、起爆药、火工品等，因电火花而引起爆炸，会造成巨大破坏和人身伤亡者；

b.Q—1 级或 G—1 级爆炸危险场所。

② 第二类工业建筑物和构筑物：

a.凡建筑物和构筑物中制造、使用或贮存爆炸物质，但电火花不易引起爆炸或不致造成巨大破坏和人身伤亡者；

b.Q—2 级或 G—2 级爆炸危险场所。

③ 第三类工业建筑物和构筑物：

a. 根据雷击对工业生产的影响，并结合当地气象、地形、地质及周围环境等因素，确定需要防雷的 Q－3 级爆炸危险场所或 H－1、H－2、H－3 级火灾危险场所；

b. 根据建筑物年计算雷击次数为 0.01 及以上并结合当地雷击情况，确定需要防雷的建筑物；

c. 历史上雷害事故较多地区的较重要建筑物和构筑物；

d. 高度在 15m 及以上的烟囱、水塔等孤立的高耸建筑物和构筑物，在少雷区高度可为 20m 及以上。

（2）按重要性及使用性质分

民用建筑物和构筑物根据其重要性和使用性质，按防雷要求分为以下两类。

① 第一类民用建筑物：具有重大政治意义的建筑物，如重要的国家机关、迎宾馆、大会堂、大型火车站、大型体育馆、大型展览馆、国际机场等的主要建筑物。

② 第二类民用建筑物和构筑物：

a. 重要的公共建筑物，如大型百货公司、大型影剧院等，结合当地雷击情况确定需要防雷者；

b. 根据雷击产生的后果，并结合当地气象、地形、地质及周围环境等因素，确定需要防雷的 Q－3 级爆炸危险场所或 H－1、H－2、H－3 级火灾危险场所。

二、防雷装置

1. 接闪器

接闪器位于防雷装置的顶部，其作用是利用其高出被保护物的突出位置把雷电引向自身，承接直击雷放电。除避雷针、避雷线、避雷网、避雷带可作为接闪器外，建筑物的金属屋面可用作第一类防雷建筑物以外的建筑物的接闪器。

（1）避雷针宜采用圆钢或焊接钢管制成，其直径不应小于下列数值：

① 针长 1m 以下：圆钢为 12mm；钢管为 20mm。

② 针长 1～2m：圆钢为 16mm；钢管为 25mm。

③ 烟囱顶上的针：圆钢为 20mm；钢管为 40mm。

（2）避雷网和避雷带宜采用圆钢或扁钢，优先采用圆钢。圆钢直径不应小于 8mm。扁钢截面不应小于 48mm^2，其厚度不应小于 4mm。

① 当烟囱上采用避雷环时，其圆钢直径不应小于 12mm。扁钢截面不应小于 100mm^2，其厚度不应小于 4mm。

② 架空避雷线和避雷网宜采用截面不小于 35mm^2 的镀锌钢绞线。

（3）除第一类防雷建筑物外，金属屋面的建筑物宜利用其屋面作为接闪器，并应符合下列要求。

① 金属板之间采用搭接时，其搭接长度不应小于 100mm。

② 金属板下面无易燃物品时，其厚度不应小于 0.5mm。

③ 金属板下面有易燃物品时，其厚度：铁板不应小于 4mm，铜板不应小于 5mm，铝板不应小于 7mm。

（4）除利用混凝土构件内钢筋作接闪器外，接闪器应热镀锌或涂漆。在腐蚀性较强的场所，尚应采取加大其截面或其他防腐措施。

2. 引下线

引下线的材质及安装的要求如下。

（1）引下线宜采用圆钢或扁钢，宜优先采用圆钢。圆钢直径不应小于 8mm。扁钢截面

不应小于 $48mm^2$，其厚度不应小于 $4mm$。

当烟囱上的引下线采用圆钢时，其直径不应小于 $12mm$；采用扁钢时，其截面不应小于 $100mm^2$，厚度不应小于 $4mm$。引下线应沿建筑物外墙明敷，并经最短路径接地；建筑艺术要求较高者可暗敷，但其圆钢直径不应小于 $10mm$，扁钢截面不应小于 $80mm^2$。

（2）建筑物的消防梯、钢柱等金属构件宜作为引下线，但其各部件之间均应连成电气通路。

（3）采用多根引下线时，宜在各引下线上于距地面 $0.3\sim1.8m$ 之间装设断接卡。当利用混凝土内钢筋、钢柱作为自然引下线并同时采用基础接地体时，可不设断接卡，但利用钢筋作引下线时应在室内外的适当地点设若干连接板，该连接板可供测量、接人工接地体和作等电位联结用。当仅利用钢筋作引下线并采用埋于土壤中的人工接地体时，应在每根引下线上于距地面不低于 $0.3m$ 处设接地体连接板。采用埋于土壤中的人工接地体时应设断接卡，其上端应与连接板或钢柱焊接。连接板处宜有明显标志。

3. 接地装置

接地装置是指埋设在地下的接地电极与该接地电极到设备之间的连接导线的总称。

（1）接地体

埋入地中并直接与大地接触的金属导体称为接地体。接地体包括两大类：

① 自然接地体，指兼作接地体用的直接与大地接触的各种金属构件、金属井管、钢筋混凝土建筑物内的钢筋、金属管道和设备。

② 人工接地体，是指人为埋入地中的金属构件，按打入的方式不同可分为垂直接地体和水平接地体。

（2）接地系统的要求

埋于土壤中的人工垂直接地体宜采用角钢、钢管或圆钢；埋于土壤中的人工水平接地体宜采用扁钢或圆钢。圆钢直径不应小于 $10mm$；扁钢截面不应小于 $100mm^2$，其厚度不应小于 $4mm$；角钢厚度不应小于 $4mm$；钢管壁厚不应小于 $3.5mm$。

 知识拓展

人工垂直接地体

人工垂直接地体的长度宜为 $2.5m$。人工垂直接地体间的距离及人工水平接地体间的距离宜为 $5m$，当受地方限制时可适当减小。人工接地体在土壤中的埋设深度不应小于 $0.5m$。接地体应远离由于砖窑、烟道等高温影响，土壤电阻率升高的地方。

防直击雷的人工接地体距建筑物出入口或人行道不应小于 $3m$。当小于 $3m$ 时应采取下列措施之一：

① 水平接地体局部深埋不应小于 $1m$。

② 水平接地体局部应包绝缘物，可采用 $50\sim80mm$ 厚的沥青层。

③ 采用沥青碎石地面或在接地体上面敷设 $50\sim80mm$ 厚的沥青层，其宽度应超过接地体 $2m$。

埋在土壤中的接地装置，其连接应采用焊接，并在焊接处做防腐处理。

三、避雷平面图识读

避雷平面图一般分为屋顶避雷平面图、接地平面图、等电位平面图。也有把三张平面图画在一张平面图中的情况。具体内容见表 7-14。

表 7-14　避雷平面图的内容

名称	内容
屋顶避雷平面图	屋顶避雷平面图中表明避雷网所用的材料及规格、避雷网格的大小、避雷网敷设的位置及方式、避雷引下线的间距、屋顶其他设施与避雷网的连接等
接地平面图	接地平面图中主要是看接地装置的类型（是利用基础钢筋做自然接地还是人工接地）、接地装置与建筑物的距离、接地装置之间的距离、避雷测试点的设置、接地装置的材料及规格、接地装置的埋设深度等
等电位平面图	等电位平面图主要是把建筑物内可导电的金属设备和管道通过避雷母线与避雷系统连接成一个整体，防止漏电电流对人体的伤害。设置部位是管道井、电梯井、配电间、设备间、卫生间等

图 7-29 所示为一住宅楼的屋顶防雷平面图。

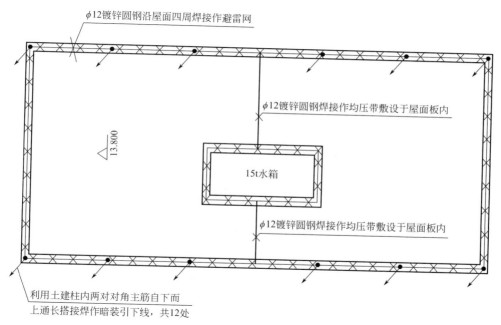

图 7-29　屋顶防雷平面图

从图 7-29 可知，避雷网沿屋面四周及水箱顶四周敷设，中间设一条均压带；避雷网分别向下引出 12 条引下线。避雷带和均压带采用直径为 12mm 的镀锌圆钢，引下线利用柱内主筋引下。

图 7-30 所示为总等电位联结平面图，由于整个连接体都与作为接地体的基础钢筋网相连，可以满足重复接地的要求，故没有另外再做重复接地。大部分做法采用标准图集，图中给出了标准图集的名称和页数。

图 7-31 所示为避雷接地平面图，从图中可知，该建筑采用人工接地体和自然接地体相结合，自然接地体利用基础钢筋可靠焊接，分别从建筑物四角引出一40×4 的镀锌扁钢与人工接地体可靠连接，并在室外地面上 0.5m 处设测试卡子。总等电位联结端子箱与自然接地体可靠焊接。

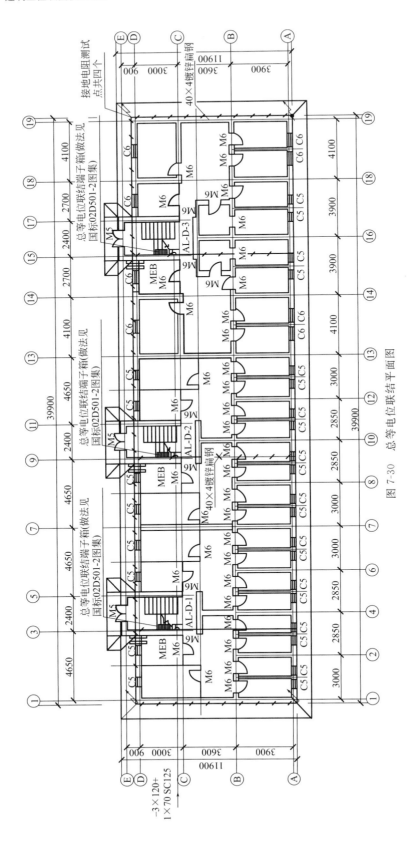

图 7-30 总等电位联结平面图

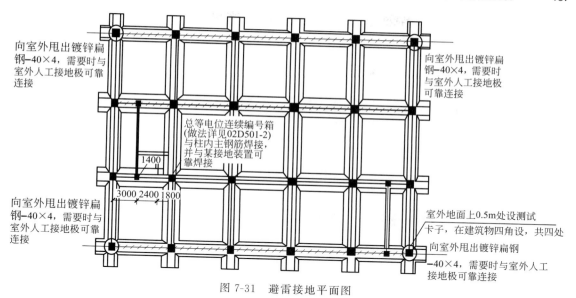

图 7-31 避雷接地平面图

第八章

土建工程识图实例解读

第一节　某住宅楼（砖混）建筑施工图解读

一、设计说明

1. 设计依据

① ××市规划局选址规划图。

② ××小区住宅楼设计方案图。

③ ××小区住宅楼设计委托书。

④《建筑结构制图标准》（GB/T 50105—2010）、《民用建筑设计通则》（GB 50352—2005）、《全国民用建筑工程设计技术措施》、《建筑设计防火规范》（GB 50016—2014）、《住宅建筑规范》（GB 50368—2005）。

2. 工程概况

① 本工程位于××市××路旁，总建筑面积 6910.07m^2，基底占地面积为 1073.47m^2。

② 建筑层数为六层，建筑高度为 18.200m，层高为 2.900m。

③ 建筑结构形式为砖混结构，设计使用年限为 50 年。

④ 建筑设计防火等级为二级。

3. 设计标高

① 本工程设计标高为±0.000，室外标高为－0.300m，室内外高差为 300mm，绝对标高以竖向标高为准。

② 各层标注标高为建筑完成面标高，屋面标高为结构面标高。

③ 本工程标高以"m"计，其他均以"mm"计。

4. 墙体工程

① 混合结构的承重砌体墙详见结构说明，本设计墙体采用烧结多孔砖外贴聚苯板，板为阻燃型，采用 B1 级。

② 墙体防潮层设在圈梁顶部，做法为 20mm 厚水泥砂浆掺 5％防水剂。凡不同墙体交接处及各种线盒箱体埋墙处及门窗周边做饰面前均钉金属网或加铺玻纤网布，每边搭接 150mm，消防栓箱、电表箱等穿透墙体时箱背后挂铁丝网抹灰。

5. 屋面工程

① 本工程的屋面采用双坡有组织排水，防水等级为 Ⅲ 级。

② 雨水管采用镀锌铁皮制作，$D＝150$mm，其距室外地坪标高 300mm。

③ 屋面做法及屋面节点见建施及各有关详图。

④ 卫生间风道为三孔成品玻璃钢制品，其中一孔为太阳能热水器管道。

6. 门窗工程

① 住宅单元门为电子门，户门为防盗门，内门只设洞口。

② 外窗采用白色塑钢窗，塑钢窗为 PVC 节能防腐塑钢窗，塑钢窗为一框三玻。65 系列联动把手，构造见 LJ2009 塑钢窗固定件，左右相同、上下相同，1400mm 高，设 2 个把手。

③ 建筑外门窗抗风压性能分级为 3 级，气密性能分级为 4 级，水密性能分级为 5 级，保温性能分级为 9 级，隔声性能分级为 3 级。门窗以上的各种性能及窗门的强度、刚度和保温由厂家提供合格产品并给予质量保证。

7. 地面、楼地面

① 根据建设单位委托，楼地面为初装修。所用房间阳角用 1：2 水泥砂浆，护角宽100mm，高 2000mm。踢脚线采用 20mm 厚 1：2 水泥砂浆。

② 卫生间及厨房地面为 30mm 厚，1：2.5 水泥砂浆中掺 10％硅质密实剂且四周沿墙上返 200mm。

③ 各卫生间墙四周出地面做 C20、高为 150mm、宽为 120mm 的素混凝土梁。

8. 其他

① 结构部分详施见结施设计说明。

② 楼梯每踏步踢脚内预埋一根 $\phi14$ 钢筋作保护筋。

③ 厨房、卫生间卫生洁具只留上下水口位置，不设洁具。

二、防火专篇

1. 设计依据

《建筑设计防火规范》（GB 50016—2014）、《住宅建筑规范》（GB 50368—2005）、《建筑物防雷设计规范》（GB 50057—2010）。

2. 工程概况

① 本工程位于××市××路旁。

② 该建筑耐火等级为二级。

③ 总建筑面积为 6910.07m²。

3. 建筑结构

① 建筑平面为"—"形平面，层数为六层，宽度为 15.000m，建筑高度为 18.200m。

② 建筑主要功能为住宅，其中相邻套房之间均采用 240mm 厚多孔烧结砖分隔，满足耐火极限 2h 的要求。

③ 本建筑安全疏散距离、疏散门数量及宽度均满足规范要求。

④ 各种管线穿过楼板及墙身时运用 C20 细石混凝土堵实。

三、一层平面图解读

某住宅楼（砖混）建筑施工图的首层平面图如图 8-1 所示。

四、二～六层平面图解读

某住宅楼（砖混）建筑的二～六层平面图如图 8-2 所示。

五、立面图解读

某住宅楼（砖混）建筑的立面图如图 8-3 所示。

六、剖面图解读

某住宅楼（砖混）建筑的剖面图如图 8-4 所示。

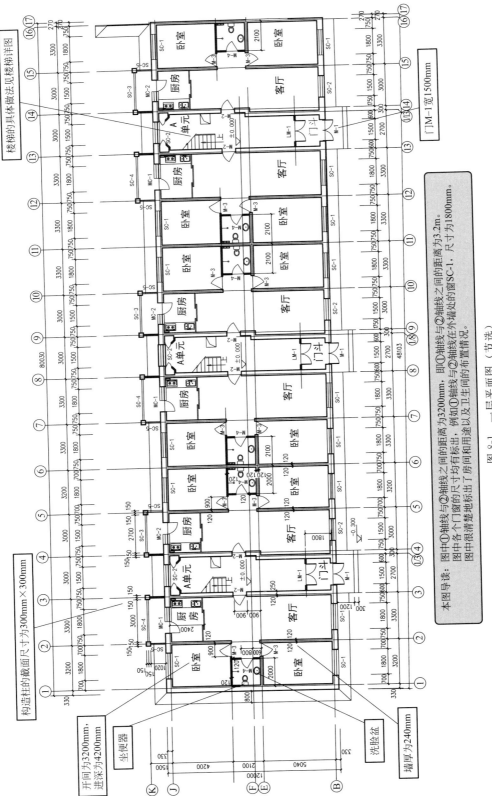

图 8-1　一层平面图（节选）

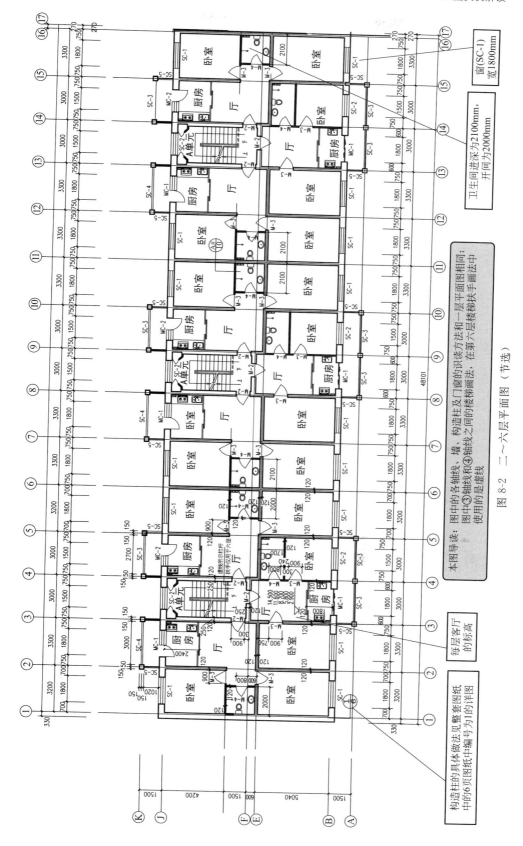

图 8-2　二~六层平面图（节选）

本图导读：图中的各轴线、墙、构造柱及门窗的识读方法和一层平面图相同；图中③轴线和④轴线之间的楼梯画法，在第六层楼梯扶手画法中使用的是虚线

窗(SC-1)宽1800mm

卫生间进深为2100mm，开间为2000mm

每层客厅的标高

构造柱的具体做法见整套图纸中的6页图纸中编号为J1的详图

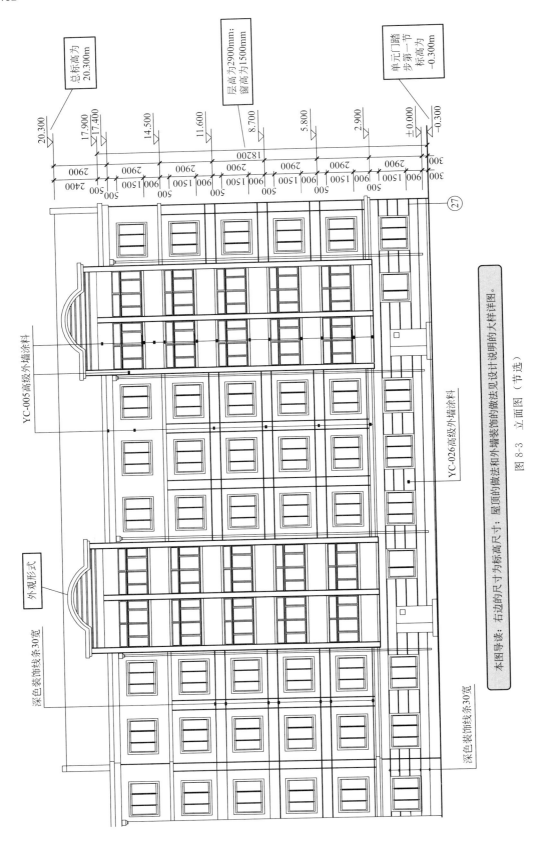

图 8-3　立面图（节选）

本图导读：右边的尺寸为为标高尺寸；屋顶的做法和外墙装饰的做法见设计说明的大样详图。

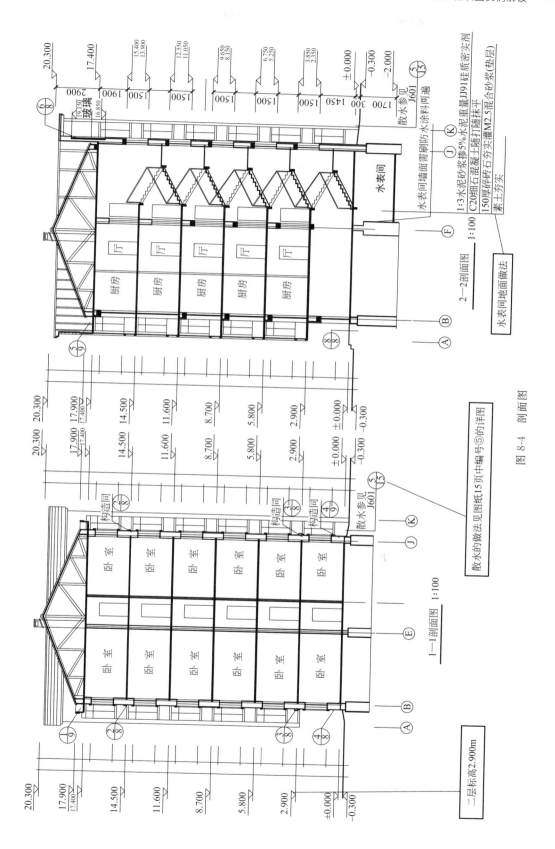

图 8-4　剖面图

第二节　某住宅楼（框架）结构施工图解读

一、设计说明

（1）本工程根据××市工程地质勘察院的岩土勘察报告进行基础设计。

（2）本工程采用柱下独立基础，基础持力层为第二层粉质黏土，地基承载力特征值 $f_{ak}=150kPa$（软弱下卧层，地基承载力特征值 110kPa）。

（3）基础垫层采用 120mm 厚 C15 素混凝土，垫层地面超出基础底板外缘 100mm；基础底板及基础梁采用 C30 混凝土，基础底板及基础梁钢筋保护层厚分别为 40mm，钢筋采用 HRB400 钢筋。

（4）所有外围框架柱的防雷接地见电施图。

（5）墙及基础定位图必须与建筑一层平面图纸核对无误后方可施工。

（6）基础底板、基础梁平法表示见图集 11G101-3。

（7）相对标高±0.000 于施工现场确定，基础底板底标高为－2.450m。应保证基础埋入室外地面以下 2m，且伸入持力层 400mm，以上两条件必须双控。

（8）所有基础下如局部存有少量回填土，必须挖除至原状土，用粗砂与碎石（7∶3）回填至设计标高，且每 300mm 夯实一次。

（9）柱下独立基础的边长大于或等于 2.5m 时，底板受力钢筋的长度可取边长的 0.9 倍，钢筋交错布置、回填施工应与压实施工均匀对称进行，压实系数为 0.96。

二、柱下独立基础平法施工图解读

某住宅楼（框架）建筑的柱下独立基础平法施工图如图 8-5 所示。

三、标准层梁平法施工图解读

某住宅楼（框架）建筑标准层的梁平法施工图如图 8-6 所示。

四、顶层梁平法施工图解读

某住宅楼（框架）建筑顶层的梁平法施工图如图 8-7 所示。

五、顶板平面布置图解读

某住宅楼（框架）建筑的顶板平面布置图如图 8-8 所示。

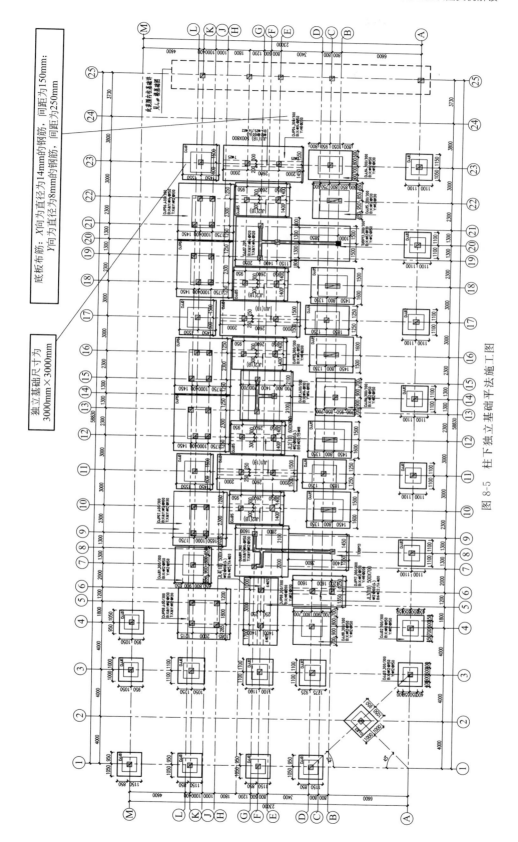

图 8-5　柱下独立基础平法施工图

底板布筋：X向为直径为14mm的钢筋，间距为150mm；
Y向为直径为8mm的钢筋，间距为250mm

独立基础尺寸为
3000mm×3000mm

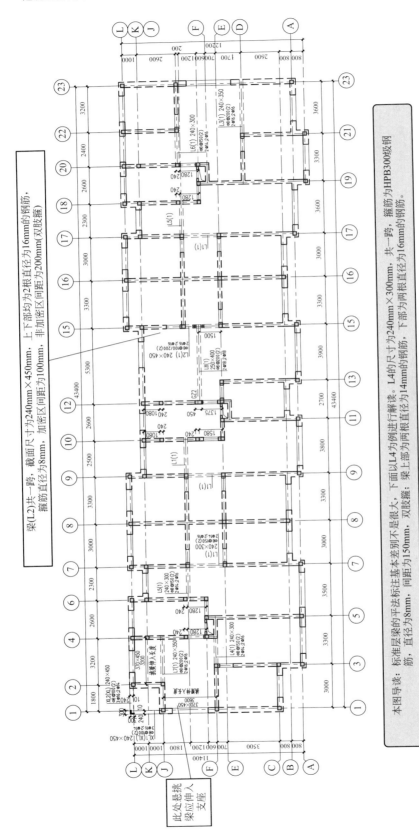

梁（L2）共一跨，截面尺寸为240mm×450mm，上下部均为2根直径为16mm的钢筋，箍筋直径为8mm，加密区（间距为100mm、非加密区（间距为200mm（双肢箍。

本图导读：标准层梁的平法标注标基本差别不是很大，下面以L4为例进行解读。L4的尺寸为240mm×300mm，共一跨，箍筋为HPB300级钢筋，直径为8mm，间距为150mm，双肢箍：梁上部为两根直径为14mm的钢筋，下部为两根直径为16mm的钢筋。

图 8-6　标准层梁平法施工图

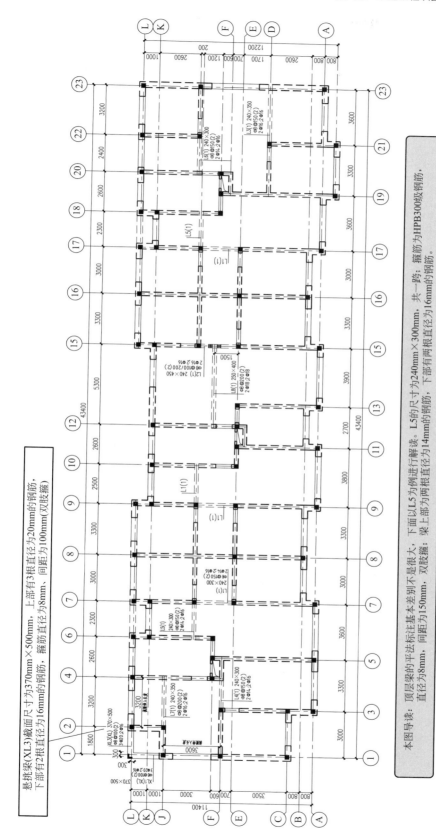

图8-7 顶层梁平法施工图

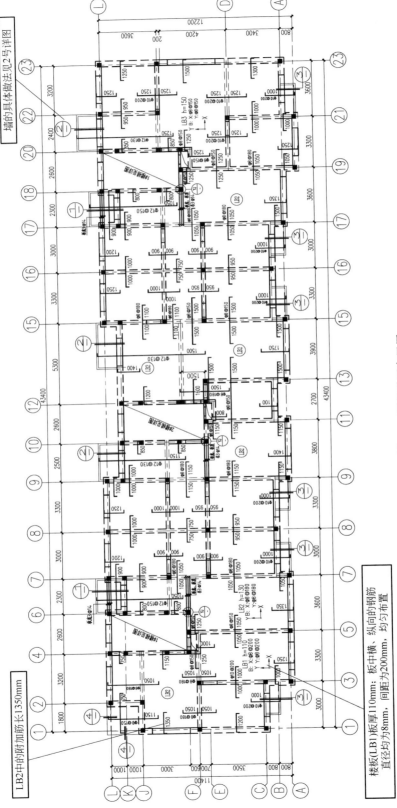

图 8-8 顶板平面布置图

第三节　某框架结构商业楼施工图解读

一、设计说明

1. 工程概况

（1）本工程位于××市××小区的沿街商业楼 C-S5 地上两层，局部有出屋面的楼梯间，室内外地面高差为 450mm，主要屋面板结构标高 8.100m。

（2）上部结构体系：现浇混凝土框架结构。

2. 设计依据

① 建筑结构安全等级：二级。

a. 设计使用年限为 50 年。

b. 抗震设防类别：丙类。

c. 地基基础设计等级：乙级。

② 场地的工程地质条件。

a. 依据××勘察设计公司勘察提供的《××小区三期工程岩土工程勘察报告》进行设计。

b. 本场地范围内第一层为素填土，第二层为粉质黏土，第三层为圆砾，负一层和负二层均为中砂。

c. 本场地地下水抗浮水位绝对标高为 42.500m，水质对混凝土中的钢筋无腐蚀性。

③ ±0.000 的绝对标高为 45.800m。

3. 主要材料

（1）钢筋。符号φ表示 HPB300 级光圆钢筋，$f_y = 300\text{N/mm}^2$，施工中任何钢筋的替换均应经设计单位同意。钢材、混凝土强度标准值应有不低于 95% 的保证率。

（2）混凝土。

① 混凝土的强度等级见表 8-1。

表 8-1　混凝土的强度等级

结构部位	混凝土等级备注
垫层	C15
基础梁板、独立基础	C30
柱、梁、板、楼梯	C30
填充墙连系梁、构造柱等	C20

② 结构混凝土环境类别及耐久性要求。

a. 一般部位属于一类环境，卫生间属于二 a 类环境，外露的挑檐等地面以下结构属于二 b 类环境。

b. 混凝土耐久性的基本要求见表 8-2。

表 8-2　混凝土耐久性的基本要求

环境类别	最大水灰比	最小水泥用量/(kg/m³)	最大氯离子含量/%	最大碱含量/(kg/m³)
一	0.65	225	1.0	不限制
二 a	0.60	270	0.3	3.0
二 b	0.55	275	0.2	3.0

③ 当柱墙混凝土强度等级与梁板混凝土强度等级相差≤5MPa 时，节点区混凝土可随梁板混凝土一起浇筑，节点处混凝土强度可与梁板相同。

（3）焊条：E43××焊接 HPB300 级钢筋；E50×× 焊接 HRB335 及 HRB400 级钢筋。钢筋与型钢焊接随钢筋定焊条。

（4）涂料：凡外露钢铁件必须在除锈后涂防腐漆、面漆各两道，并注意要经常维护。

4. 地基基础

① 施工时应控制机械挖土深度，保留 200～300mm 土层用人工挖至槽底标高，不应有超挖。土方开挖完成后应对基坑封闭，防止水浸和暴晒，并应及时进行地下结构施工。基坑周边堆载不应超过设计荷载限制。

② 基坑开挖后若不能立即进行下道工序，应预留 200～300mm 土层不挖，待下道工序展开前再人工挖至设计标高。

③ 基坑（槽）开挖后，应会同勘察设计单位进行基槽检验，验槽可采用触探或其他简便易行的方法，必要时可在槽底普遍进行轻便钎探。当持力层有下卧砂层且较高水头时，则不宜进行钎探，以免造成涌砂。当槽底岩土条件与勘查报告有较大差异或验槽人员认为有必要时，可有针对性地进行补勘。

④ 基础施工完成后，应及时进行回填土工作。回填基坑时，应清除基坑中的杂物，并应在相对的两侧或四周以及外墙 1m 范围内，同时回填并分层夯实，基槽下采用 2：8 灰土分层夯实。其他可用素土分层夯实，回填时采用对称分层夯实回填，压实系数为 0.94，每层回填经验收合格后方可继续回填。

5. 其他内容

见施工设计总说明。

二、建筑施工图识读

1. 首层建筑平面图的识读（以图 8-9 为例进行解读）
2. 二层建筑平面图的识读（以图 8-10 为例进行解读）
3. 屋顶建筑平面图的识读（以图 8-11 为例进行解读）
4. 正立面图（建筑）的识读（以图 8-12 为例进行解读）
5. 侧立面图（建筑）的识读（以图 8-13 为例进行解读）

三、结构施工图识读

1. 基础平面布置图的识读

对于基础平面布置图的识读，以图 8-14 和图 8-15 为例进行解读。

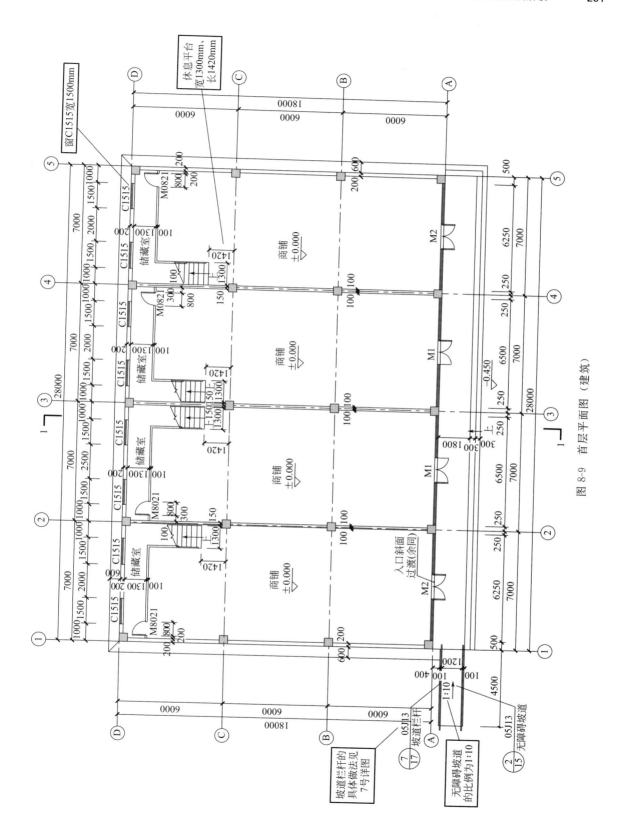

图 8-9 首层平面图（建筑）

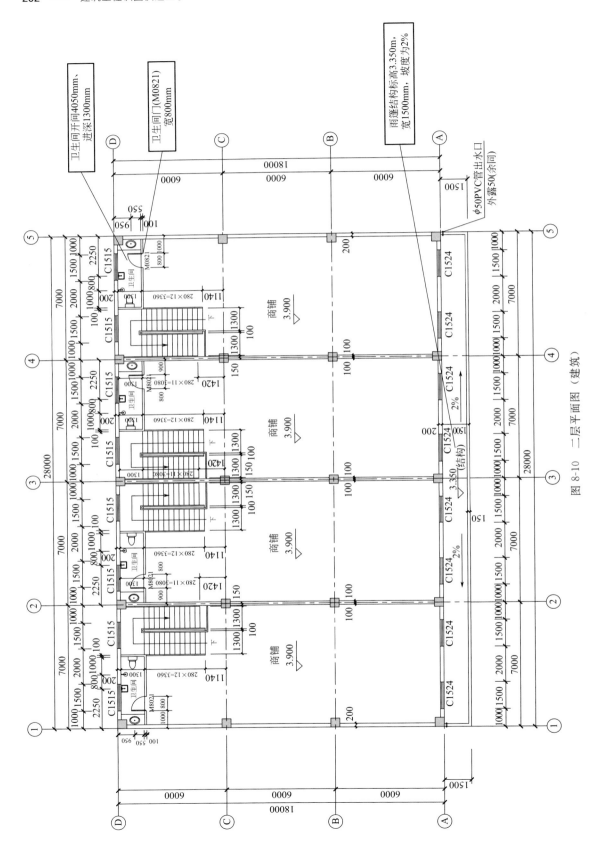

图 8-10 二层平面图（建筑）

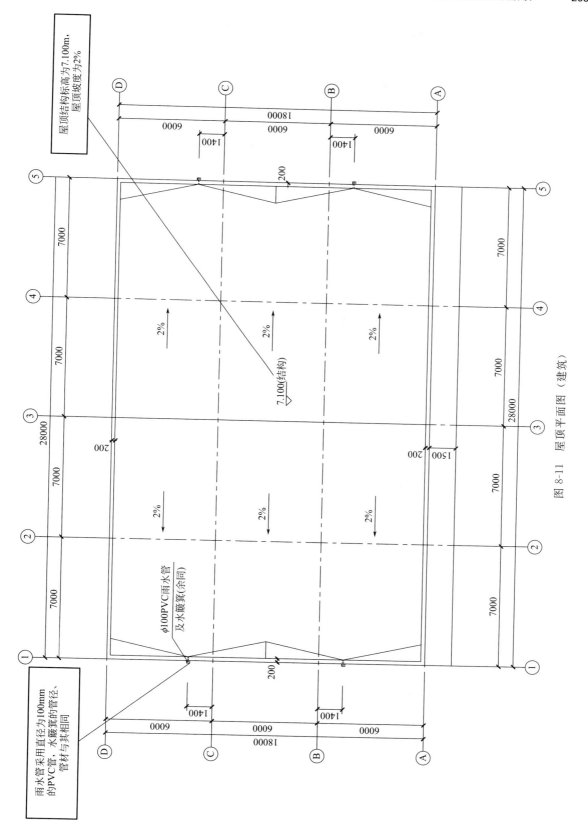

图 8-11 屋顶平面图（建筑）

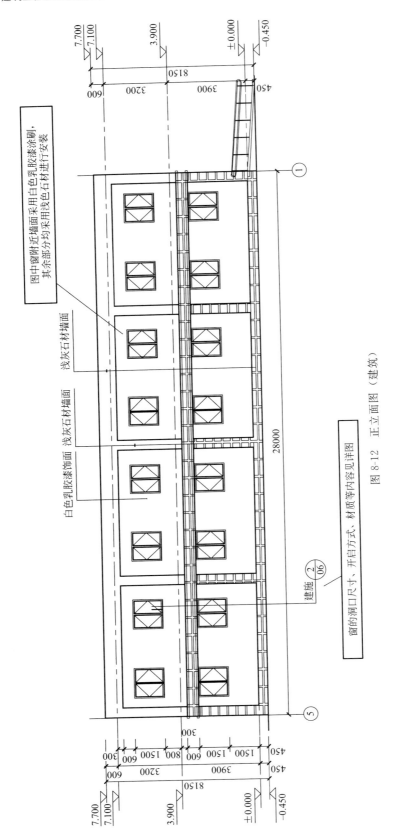

图 8-12 正立面图（建筑）

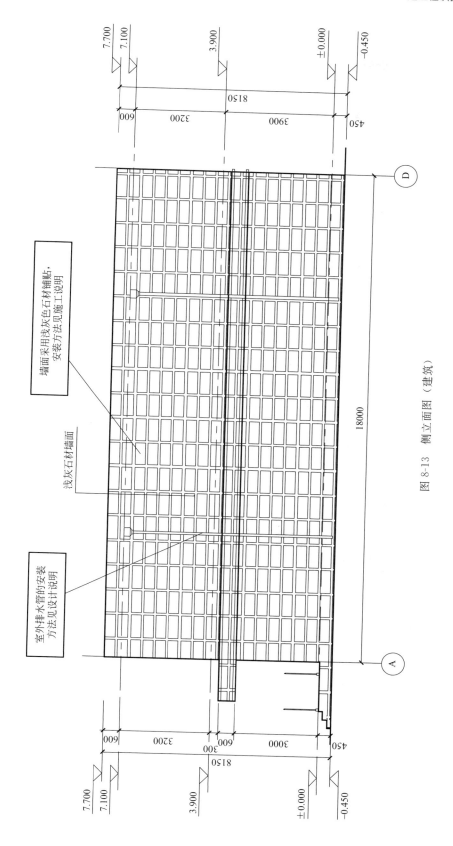

图 8-13 侧立面图（建筑）

墙面采用浅灰色石材铺贴，安装方法见施工说明

浅灰石材墙面

室外排水管的安装方法见设计说明

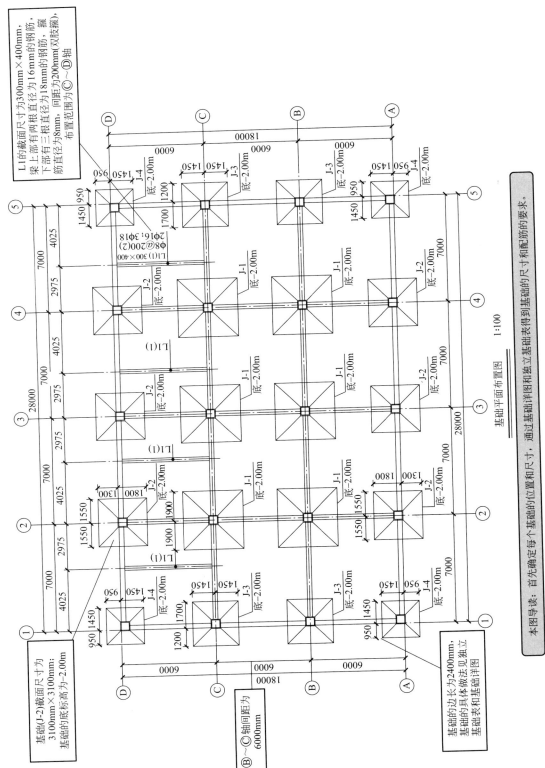

基础平面布置图 1:100

本图导读：首先确定每个基础的位置和尺寸，通过基础详图和独立基础表得到基础的尺寸和配筋的要求。

图 8-14　基础平面布置图

L1 的截面尺寸为 300mm×400mm，梁上部有两根直径为 16mm 的钢筋，下部有三根直径为 18mm 的钢筋，箍筋直径为 8mm，间距为 200mm(双肢箍)，布置范围为 ©～© 轴

基础(1-2 截面尺寸为 3100mm×3100mm，基础的底标高为-2.00m

©～© 轴间距为 6000mm

基础的边长为 2400mm，基础的具体做法见独立基础详图和基础表

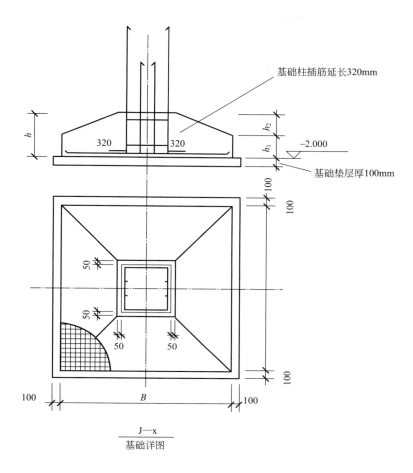

$$\frac{J—x}{基础详图}$$

独立基础表

基础编号	$(B\times L)/$ (mm×mm)	$h_1/$ mm	$h_2/$ mm	基底配筋
J-1	3800×3800	250	250	φ14@200(双向)
J-2	3100×3100	200	200	φ12@200(双向)
J-3	2900×2900	150	150	φ12@160(双向)
J-4	2400×2400	150	150	φ12@200(双向)

图 8-15 基础详图

2. 梁配筋图的识读

对于梁配筋图的识读，以图 8-16 和图 8-17 为例进行解读。

3. 顶板配筋图的识读

对于顶板配筋图的识读，以图 8-18～图 8-20 为例进行解读。

4. 框架柱配筋平面图的识读

对于框架柱配筋平面图的识读，以图 8-21 为例进行解读。

5. 楼梯平面图和剖面图的识读

对于楼梯平面图和剖面图的识读，以图 8-22 和图 8-23 为例进行解读。

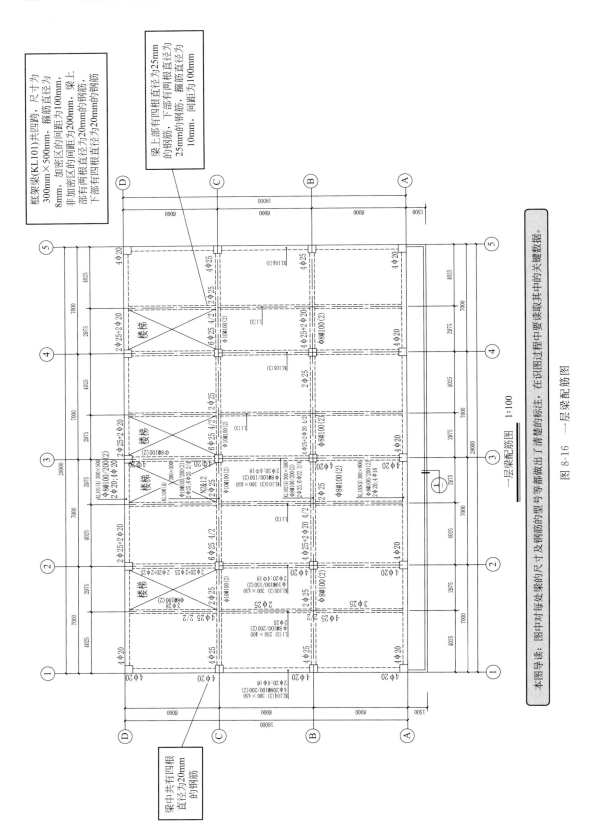

图 8-16 一层梁配筋图

框架梁(KL101)共四跨，尺寸为300mm×500mm，箍筋直径为8mm，非加密区的间距为200mm，加密区的间距为100mm，梁上部有两根直径为20mm的钢筋，下部有四根直径为20mm的钢筋

梁上部有四根直径为25mm的钢筋，下部有两根直径为25mm的钢筋，箍筋直径为10mm，间距为100mm

梁中共有四根直径为20mm的钢筋

本图导读：图中对每处梁的尺寸及钢筋的型号等都做出了清楚的标注，在识图过程中要读取其中的关键数据。

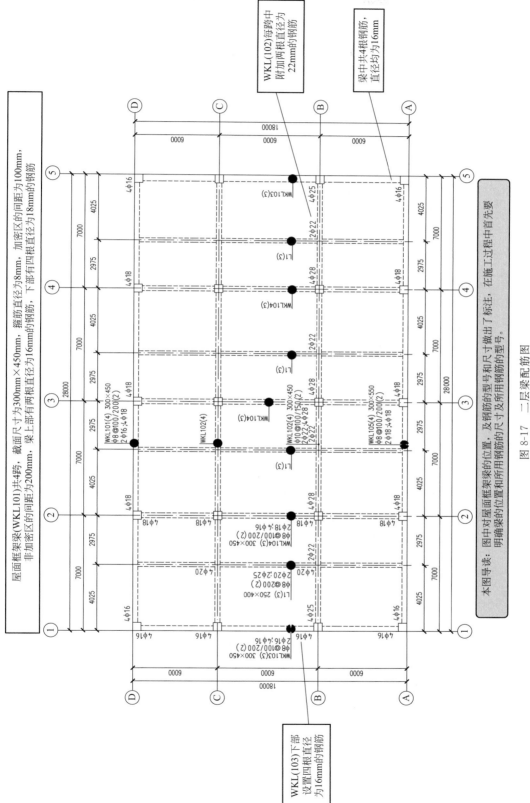

图 8-17　二层梁配筋图

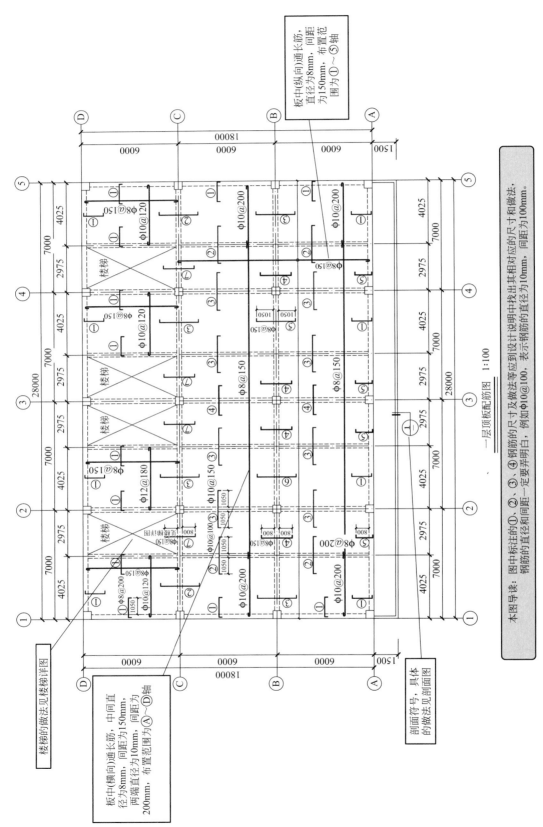

图 8-18 一层顶板配筋图

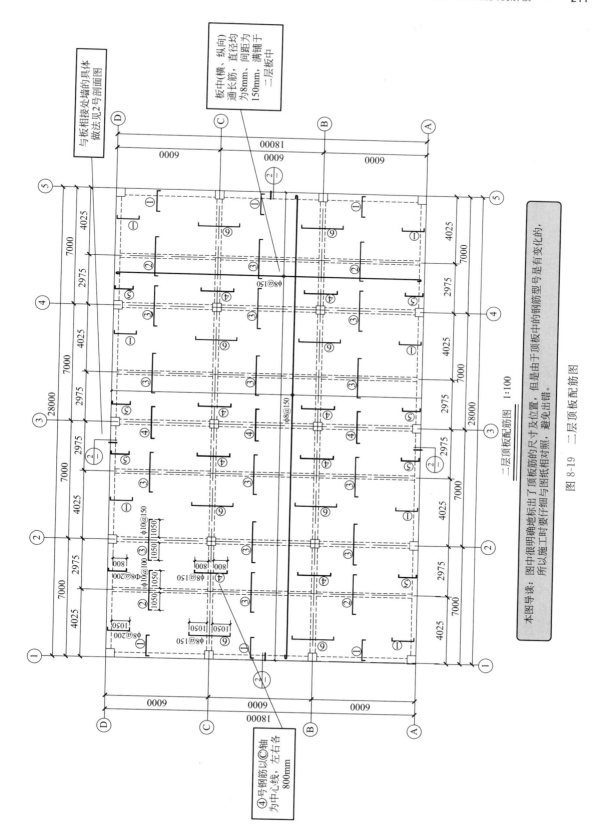

图 8-19 二层板配筋图

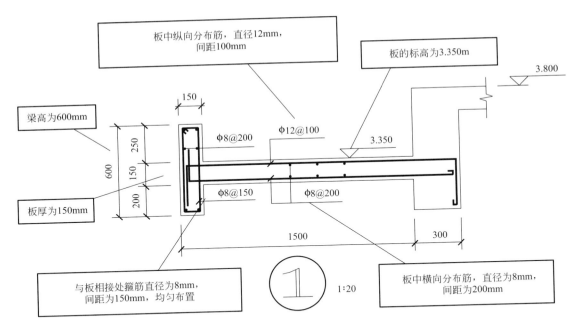

板中纵向分布筋，直径12mm，间距100mm

板的标高为3.350m

梁高为600mm

板厚为150mm

与板相接处箍筋直径为8mm，间距为150mm，均匀布置

板中横向分布筋，直径为8mm，间距为200mm

(a) ①号剖面图

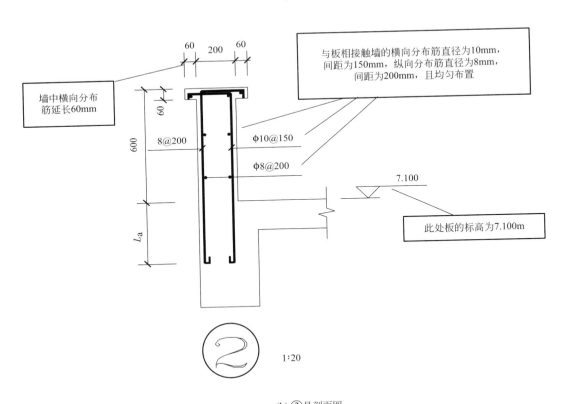

与板相接触墙的横向分布筋直径为10mm，间距为150mm，纵向分布筋直径为8mm，间距为200mm，且均匀布置

墙中横向分布筋延长60mm

此处板的标高为7.100m

(b) ②号剖面图

图 8-20　剖面图解读

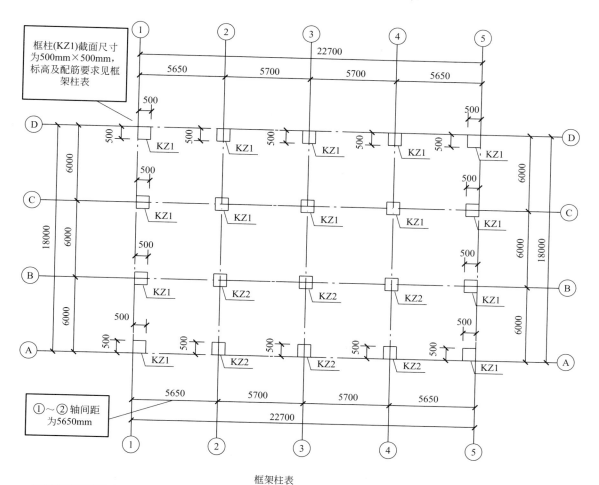

框架柱表

截面					
编号	KZ1			KZ2	
标高	基础顶~ −0.100m	−0.100~ 3.800m	3.800~7.100m	基础顶~ −0.100m	3.800~7.100m
纵筋	12Φ20	12Φ20	12Φ20	12Φ20	
箍筋	Φ10@100	Φ10@100	Φ8@100	Φ10@100	Φ10@100/ Φ8@100

图 8-21　框架柱配筋平面图

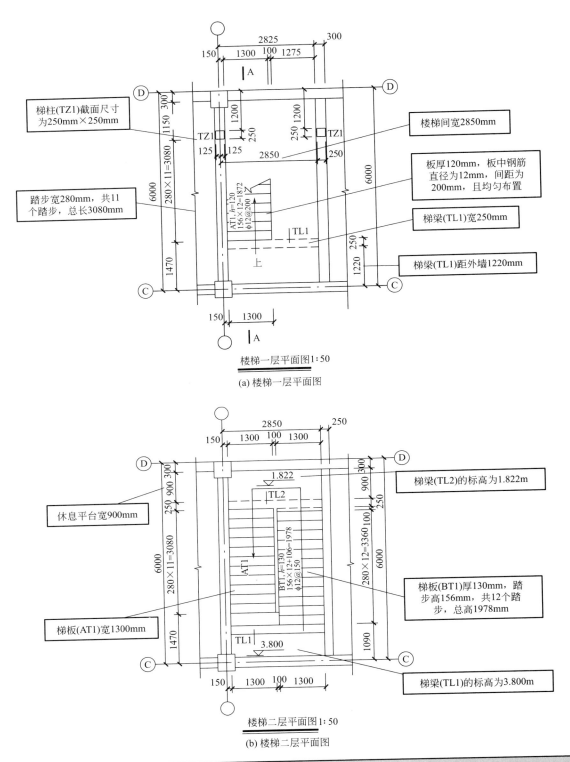

(a) 楼梯一层平面图

(b) 楼梯二层平面图

本图导读：图中标出了楼梯的标高、梯梁和梯板的尺寸及配筋情况，具体的构造及做法见剖面图和详图。

图 8-22 楼梯平面图

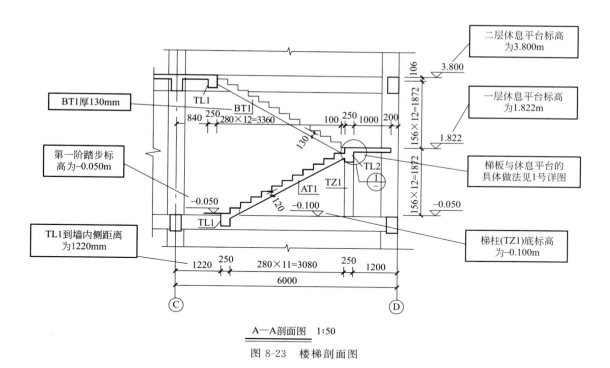

A—A剖面图　1:50

图 8-23　楼梯剖面图

第九章

给排水工程识图实例解读

第一节 某综合建筑楼（多层）给排水工程施工图实例解读

一、设计说明

图 9-1 为某综合建筑楼（多层）给排水工程设计说明。

从图 9-1 中可以得出以下信息。

① 本图是给排水图统一说明，主要包括图例和说明。

② 说明部分主要介绍该项目所用管材、连接方式、安装要求及水压试验要求等。

a. 室内排水管采用聚氯乙烯塑料排水管，其安装方式按照图集《建筑排水用硬聚氯乙烯（UPVC）管道安装》（96S406）。

b. 室外给水管采用 PE 管，热熔连接，其安装方式按照图集《交联聚乙烯（PE-X）给水管安装》（02SS405-4）。

c. 另外说明中要求管道安装完毕后需做相应的试验，如给水管应做水压试验，排水管做注水试验，并要求试压试验合格后方可进行吊顶、暗装等隐蔽工程。

③ 说明中给出了许多数值加字母的编号，如：第 6 条 03S402-100、第 7 条 99S304、第 12 条 02SS405-4 等。此类编号均为设备选用、安装或者管道安装的图集，此类图集给出了施工单位具体的施工做法依据，同时图集做法也为本专业的工程施工质量提供了保证。

二、一层给排水平面图解读

某综合建筑楼一层给排水平面图如图 9-2 所示。

三、二～五层给排水平面图解读

某综合楼二～五层给排水平面图如图 9-3 所示。

四、六层、七层给排水平面图解读

1. 六层给排水平面图解读

某综合楼六层给排水平面图如图 9-4 所示。

2. 七层给排水平面图解读

某综合楼七层给排水平面图如图 9-5 所示。

五、给排水系统图解读

某综合楼给排水系统图如图 9-6 所示。

图 例

序号	图例	名称	规格	单位	数量	材料	备注
1	J	PPR管(冷)	DN15	m	10		
2		PPR管(冷)	DN20	m	50		
3		PPR管(冷)	DN25	m	30		
4		PPR管(冷)	DN40	m	20		
5	P	硬聚氯乙烯塑料排水管	DN75	m	50	UPVC	
6		硬聚氯乙烯塑料排水管	DN100	m	70	UPVC	
7		水表	LXS-25.DN25	块	10		卡式电磁表
8		水嘴	DN15	个	32		
9		截止阀	J11X-10.DN25	个	10	铸铁	
10		截止阀	J11X-10.DN40	个	2	铸铁	
11		污水盆	400×400	套	12		99S304-16
12		洗涤盆	810×500	套	10		99S304-23
13		洗衣机专用地漏	DN50	套	10		
14		低水箱坐式大便器	730×520	套	2		99S304-66
15		淋浴器	800×800	套	10		99S304-119
16		洗脸盆	400×330	套	24		99S304-28
17		浴盆	1500×750	套	10		99S304-105
18		蹲式大便器	577×400	套	12		99S304-84
19		地漏	DN75	个	36		
20		管堵		个	48		
21		P形存水弯	DN100	个	12	UPVC	带检查口
22		S形存水弯	DN75	个	40	UPVC	带检查口
23		通气帽	DN100	个	2	UPVC	带检查口
24		检查口	DN100	个	8	UPVC	

说 明

1. 本图标注尺寸，除标高以m计外，其余均以mm计，所有管径为公称管径。
2. 本工程设计供水压力为3.5kg/cm²。
3. 室内生活给水管采用PPR管，热熔连接，安装见02SS405-2。
4. 室内排水管采用硬聚氯乙烯塑料排水管，安装见96S406。
5. 室外给水管采用PE管，采用热熔连接，安装见02SS405-4。
6. 排水立管在每层汇水支管接入口下设伸缩节一个。立管接入排水横干管处加设
   弯管支座(03S402-100)。
7. 设计选用的卫生器具及排水管道的国标图如下：
   卫生器具：99S304
   建筑排水管道(UPVC)
8. 给水支管采用管卡固定，排水支管采用支架固定，其设置按规范执行。
9. 管道安装完毕后，给水管做水压试验，排水管做注水试验，不渗、不漏为合格。
10. 各种管道安装后进行试验合格后，方可进行吊顶、暗装、覆土。
11. 管道施工与验收按国家现行有关规范和标准执行。
12. 室外给水管采用PE管，采用热熔连接，安装见02SS405-4，室外污水管采用预
    制混凝土排水管(Ⅰ级)，采用钢丝网水泥砂浆抹带接口，污水管基础为120°混凝
    土带状基础，不同管径连接采用管顶平接，室外检查井采用砖砌圆形检查井
    φ700，选用西南J812-14施工。
13. 未尽事宜，按有关规范现场处理。

图 9-1 某综合建筑楼（多层）给排水工程设计说明

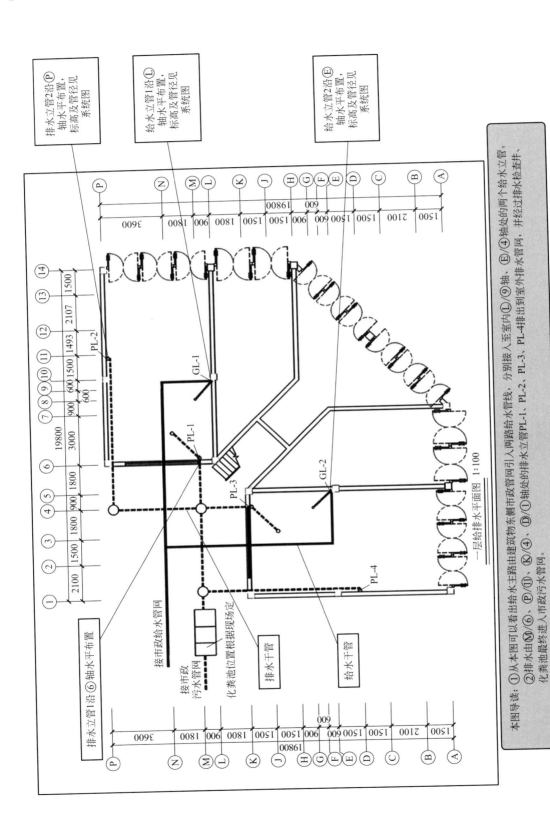

一层给排水平面图 1:100

本图导读：①从本图可以看出给水主路由建筑物东侧市政管网引入两路给水管线，分别接入室内Ⓛ、⑨轴，Ⓔ/④轴处的两个给水立管。②排水由Ⓜ/⑥、Ⓟ/Ⓘ、Ⓚ/④、Ⓓ/Ⓘ轴处的排水立管PL-1、PL-2、PL-3、PL-4排出到室外排水管网，并经过排水检查井、化粪池最终进入市政污水管网。

图 9-2 某综合楼一层给排水平面图

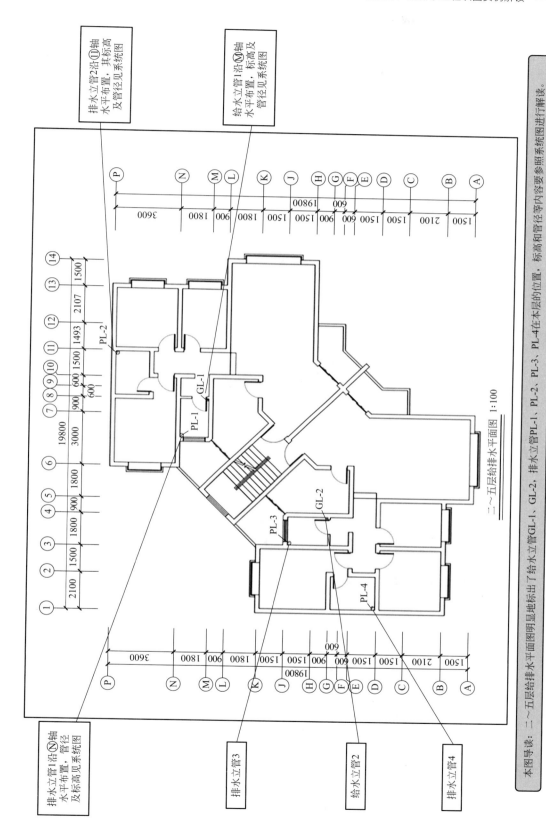

排水立管2沿①轴
水平布置见系统图
及管径见系统图

给水立管1沿⑩轴
水平布置，标高及
管径见系统图

排水立管1沿⑩轴
水平布置，管径
及标高见系统图

排水立管3

给水立管2

排水立管4

二～五层给排水平面图 1:100

图 9-3 某综合楼二～五层给排水平面图

本图导读：二～五层给排水平面图明显地标出了给水立管GL-1、GL-2，排水立管PL-1、PL-2、PL-3、PL-4在本层的位置、标高和管径等内容要参照系统图进行解读。

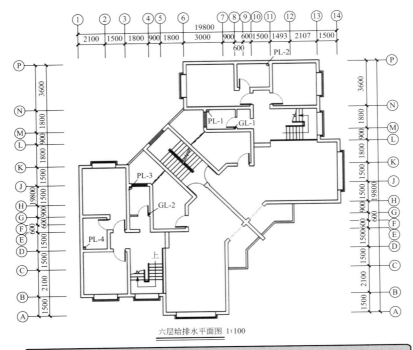

六层给排水平面图 1:100

本图导读：六层给排水平面图明显地标出了给水立管GL-1、GL-2，排水立管PL-1、PL-2、PL-3、PL-4在本层的位置，标高和管径等内容要参照系统图进行解读。

图 9-4　某综合楼六层给排水平面图

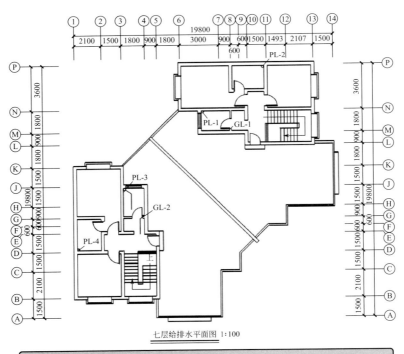

七层给排水平面图 1:100

本图导读：七层给排水平面图明显地标出了给水立管GL-1、GL-2，排水立管PL-1、PL-2、PL-3、PL-4在本层的位置，标高和管径等内容要参照系统图进行解读。

图 9-5　某综合楼七层给排水平面图

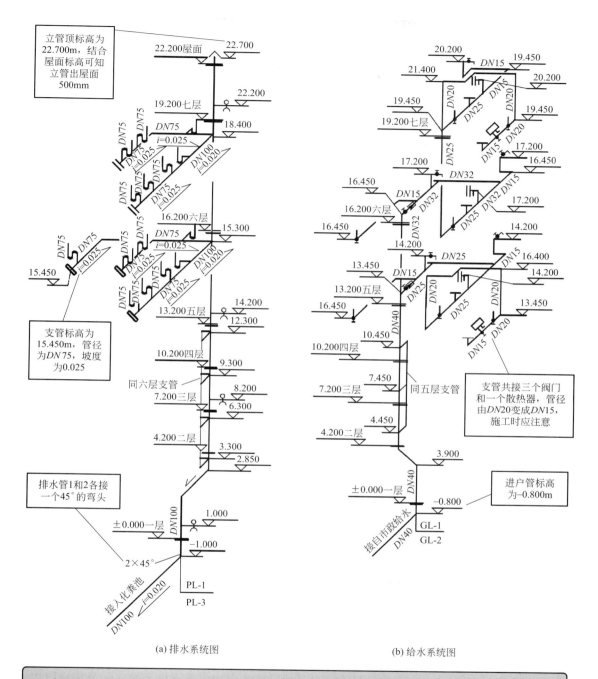

(a) 排水系统图　　　　　(b) 给水系统图

本图导读：①给水系统图中明确显示出给水方式为枝状供水方式。本工程是由市政管网直接接出给水支管后提供本工程的生活用水，其中接入本工程的给水主管径为DN40，其敷设深度为距离建筑±0.000标高为-0.800m。该主干管进入本工程后进行竖向敷设，各层支管均由本主干管引出，并且各层支管处均设置球阀、水表各一处。
②需要注意的是，由于本给水立管在不同高度所负担的用水量有所不同，故其管径也略有不同，例如，在五层分支管之后，其管径变为DN32。
③图中DN100是指水管的管径，其公称直径为100mm，以此类推。排水管上边箭头及数字表示水管坡向和坡度，如i=0.025中，i代表坡度，0.025代表坡度数值，本字母数值组合旁边的箭头代表坡向，也就是管道低点的方向。

图 9-6　某综合楼给排水系统图

第二节　某住宅楼（高层）采暖工程施工图实例解读

一、设计说明

1. 设计概况及设计内容

（1）本工程为×××市××小区的住宅楼，位于×××市宽敞路西段北侧。建筑面积为 19662.23m²，其中地下室建筑面积 2011.12m²，地上建筑面积 17651.11m²。地下一层为储藏室，1～18 层为住宅。其属二类住宅。

（2）本设计包括公建部分和住宅部分的采暖。

2. 设计依据

《采暖通风与空气调节设计规范》（GB 50019—2003）

《住宅设计规范》（GB 50096—2011）

《住宅建筑规范》（GB 50368—2005）

《居住建筑节能设计标准》（DB13（J）63—2007）

《高层民用建筑设计防火规范》［GB 50045—95（2005 版）］

《公共建筑节能设计标准》（GB 50189—2005）

3. 采暖设计及计算参数

采暖室外计算参数：

冬季采暖室外计算温度：－8.1℃；

冬季室外平均风速：2.6m/s；

采暖室内计算温度：

居住：

卧室、客厅、餐厅：18℃；

厨房：16℃；

浴厕：25℃；

商业：

营业厅、餐厅：18℃；

洗手间：16℃。

4. 采暖系统

（1）本工程一层至十八层为一个采暖系统。采暖热源为城市一次网热水经换热站换热后提供，供水温度为 80℃，回水温度为 60℃。

（2）本工程采暖总耗热量为 555.60kW，采暖热指标为 30.9W/m²。

（3）采暖系统为共用立管的新双管分户系统，住宅内为单管下供下回式，公建户内为双管下供下回同程式，供回水管埋入本层建筑垫层内，垫层内管材对接焊式铝塑复合管，每组散热器装自动式恒温阀，恒温阀的安装详见产品要求，每户设热量表。

（4）本建筑散热器除卫生间外均选用 GRD-4 型钢制绕片管对流散热器，标准散热量为 1873W/m。安装高度为距地 0.21m。

5. 施工说明

（1）户内系统垫层交联铝塑管（XPAP）不得有接头，施工过程中管道出地面，端头应用塑料盖封堵。埋地管道与散热器连接的具体做法见详图。塑料管材标准外径用 De×× 表示。

（2）管井内采暖立管采用焊接钢管，$DN>32$ 为焊接，$DN\leqslant32$ 为螺纹连接。

（3）热水管道敷设安装时，在其最高点设排气，排气阀选用自动排气阀 ZP88-1 型立式铸铜排气阀，具体见详图。

（4）管道上的阀门安装在便于操作的地方，$DN\leqslant50$mm 时采用截止阀，$DN>50$mm 时采用闸阀。

（5）防潮与保温：采暖系统埋地管道采用 40mm 厚聚氨酯直埋保温管，防潮保护壳为玻璃钢，楼内立管及非采暖房间均采用 30mm 厚橡塑管壳进行保温，外缠玻璃布保护。做法见图集 05S8，管件支架表面除垢后，刷防锈漆两道（室内明露部分再涂银粉两道）。门厅、走廊内采暖管加 10mm 厚橡塑套管。

（6）过滤器采用 Y 型过滤器，过滤网规格 60 目/寸。波纹补偿器采用轴向式波纹伸缩节，其与固定支架的设置详见 05N1-179。

（7）热量计量装置由供应商配套提供，采用机械式旋翼流量计，可水平和竖直安装。

（8）系统安装完毕后、保温之前试压，试验压力为 0.9MPa。具体按照《建筑给水排水及采暖工程施工质量验收规范》（GB 50242—2002）中规定进行。散热器组队后，安装前做 0.9MPa 的水压试验，试验方法见 GB 50242—2002 第 8.3.1 条。

（9）采暖管道经试压合格投入使用前必须进行反复冲洗，直到排出水中不带泥沙、铁渣等杂质，且水色不混浊时为合格。在冲洗之前，应先除去过滤器滤网，待冲洗工作结束后再安装。

（10）本设计民建需报县级以上人民政府建设行政主管部门或其他相关部门，施工图审图部门审查批准后方可施工。

（11）未尽事宜参见《05 系列建筑标准设计图集》（05N1）和《建筑给水排水及采暖工程施工质量验收规范》（GB 50242—2002）等中规定进行。

（12）图例。图例见表 9-1。

表 9-1　图例（一）

图例	名称	图例	名称
	采暖供水管	⋈	闸阀
- - - - -	采暖回水管	⋈	平衡调节阀
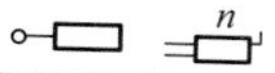 ○—▭ ⎯ᵑ⎯	散热器（n 表示散热器长度）	⋈	锁闭阀
 ✕✕	固定支架	▽	过滤器
⊶	自动排气阀	 ⓇⓇ	热量表
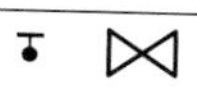 ⌐⋈	截止阀	〖▯〗	波纹膨胀节
 ⌐	自力式恒温阀	800×250CE-0.40	风管规格及风管中心标高

二、首层平面图解读

某住宅楼采暖施工图首层平面图（节选）如图 9-7 所示。

三、二层平面图解读

某住宅楼采暖施工图二层平面图（节选）如图 9-8 所示。

四、三～十八层平面图解读

由于三～十八层平面图（图 9-9）的采暖设置都是一样的，这里就不再一一解读，具体识读方法见首层和二层平面图的识读方法。

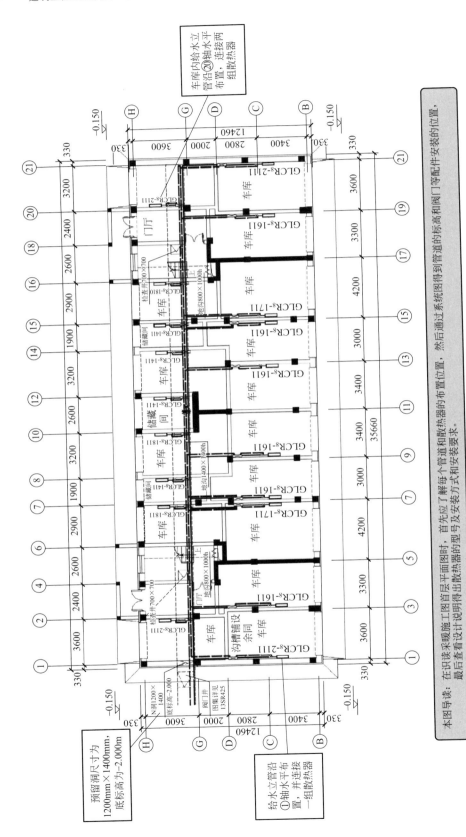

图 9-7 某住宅楼采暖施工图首层平面图（节选）

本图导读：在识读采暖施工图首层平面图时，首先应了解每个管道和散热器的布置位置，然后通过系统图得到管道的标高和阀门等配件安装的位置，最后看看设计说明得出散热器的型号及安装方式和安装要求。

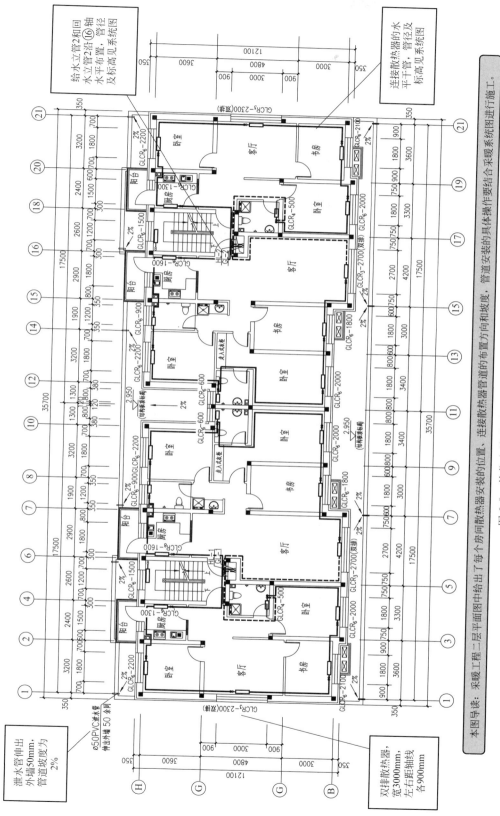

图 9-8　某住宅楼采暖工程二层平面图（节选）

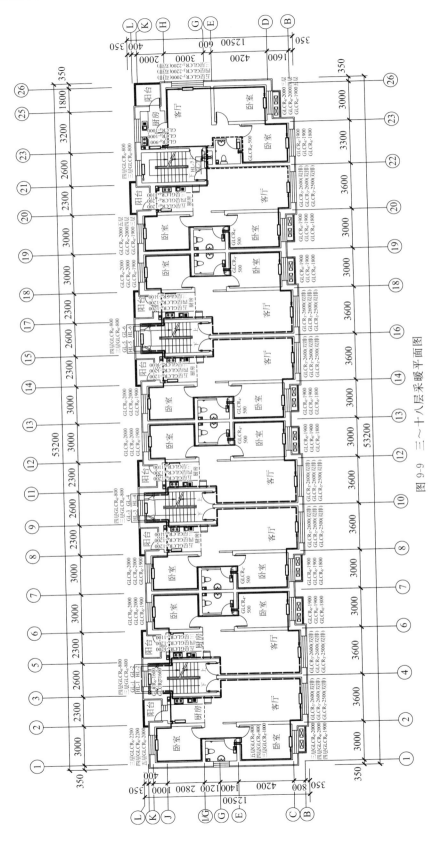

图9-9 三~十八层采暖平面图

五、采暖系统图解读

某住宅楼采暖系统图如图 9-10 所示。

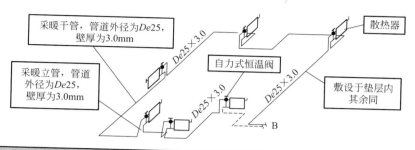

图 9-10 某住宅楼采暖系统图

第三节 某商业楼消防工程施工图实例解读

一、设计说明

（1）本建筑为耐火等级二级，建筑高度小于 24m 的二层公共建筑，按公共建筑进行消防给水设计。室内消火栓用水量为 10L/s，室外消火栓用水量为 10L/s。火灾延续时间为 2h。一次灭火设计消防用水量 72m³。

（2）消火栓规格为 SN65，水龙带长 25m，水枪口径为 ϕ19，采用单栓消火栓。

（3）消防给水管道采用焊接钢管。$DN \leqslant 80mm$ 时采用螺纹连接，$DN \geqslant 100mm$ 时采用卡箍连接，PN＝1.6MPa。

（4）本建筑按中危险级设置手提式干粉磷酸铵盐灭火器。

（5）各层设 5kg 装的手提式干粉磷酸铵盐灭火器；数量及位置见各层平面图。

（6）其他具体内容见设计总说明。

（7）图例见表 9-2。

表 9-2 图例（二）

序号	名称	图例	序号	名称	图例
1	给水管及立管编号	——— J ——— JL	10	洗衣机地漏	⊚ ⏛
2	排水管及立管编号	----W·---- WL	11	地漏	⊘ ⏛
3	热水管及立管编号	——— RJ ——— RJL	12	检查口	⊢⊣
4	消防管及立管标号	——— X ——— XL	13	存水弯	└┐ ⅃
5	消火栓	▱ ◕	14	通气帽	⊛
6	截止阀	⋈ ⊢▸⊣	15	洗涤盆	▱
7	闸阀	⋈	16	坐式大便器	▱
8	止回阀	▷	17	洗脸盆	◎
9	角式截止阀	⊦▸	18	灭火器	▲▲

二、首层消防平面图解读

图 9-11 为某商业楼首层消防平面图。

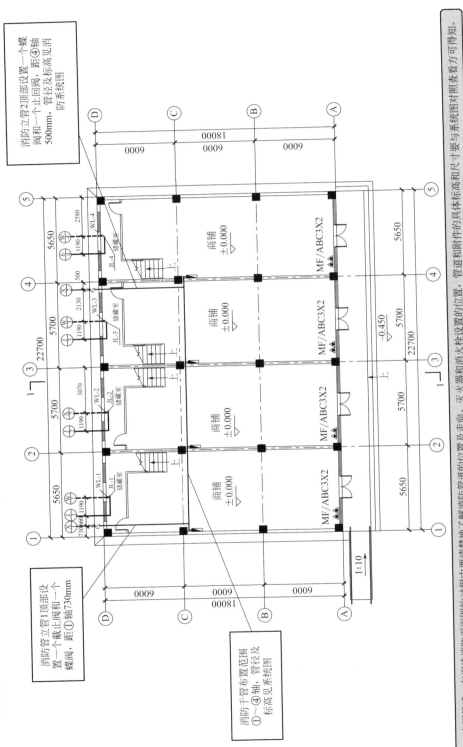

图 9-11 某商业楼首层消防平面图

三、二层消防平面图解读

某商业楼二层消防平面图如图 9-12 所示。

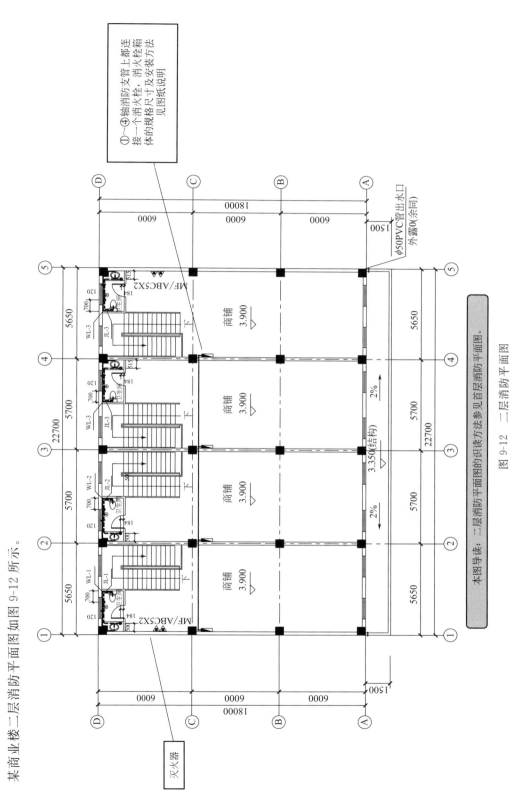

图 9-12 二层消防平面图

本图导读：二层消防平面图的识读方法参见首层消防平面图。

四、消防系统图解读

某商业楼消防系统图如图 9-13 所示。

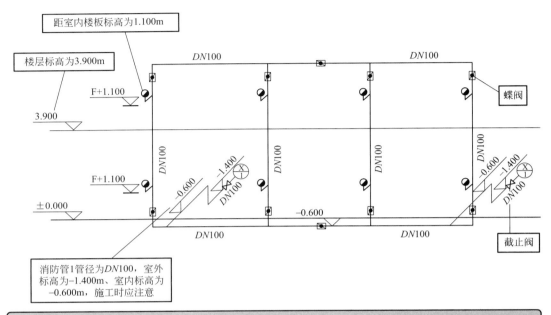

图 9-13　某商业楼消防系统图

第四节　某建筑通风（空调）施工图实例解读

一、施工说明的识读

对于施工说明的识读，以图 9-14 为例进行解读。

二、地下室空调平面图的识读

对于地下室空调平面图的识读，以图 9-15 和图 9-16 为例进行解读。

三、首层空调平面图的识读

对于首层空调平面图的识读，以图 9-17 和图 9-18 为例进行解读。

四、二层空调平面图的识读

对于二层空调平面图的识读，以图 9-19 和图 9-20 为例进行解读。

五、超级多联体机系统示意图的识读

对于超级多联体机系统示意图的识读，以图 9-21 为例进行解读。

单位：mm

风管直径D或 大边长寸b	圆形 风管	矩形系统		高压系统
		低压系统	中、低压系统	高压系统
D(b)≤320	0.5	0.5	0.5	0.75
320<D(b)≤450	0.6	0.6	0.6	0.75
450<D(b)≤630	0.75	0.6	0.6	0.75
630<D(b)≤1000	0.75	0.75	0.75	1.0
1000<D(b)≤1250	1.0	1.0	1.0	1.0
1250<D(b)≤2000	1.2	1.0	1.0	1.2
2000<D(b)≤4000	1.2	1.2	1.2	1.7

空调设计施工说明

一、工程概况、设计范围及主要依据

1. 工程概况及本专业设计范围

本工程位于深圳市，由地下一层及地上二层组成，建筑总面积约770.1m²，建筑总高度为7.90m。

本专业的设计范围包括全楼舒适性集中空调、通风设计。

2. 主要设计依据

①建设单位设计委托任务书。

②中华人民共和国工程建设标准强制性条文《房屋建筑部门》(2002年)。

③采暖通风与空调设计规范GBJ19-87(2001版)。

④通风与空调工程施工质量验收规范(GB 50243—2002)。

⑤广东省标准：建筑设计技术要求与规定。

⑥深圳市民用建筑设计技术规定。

⑦深圳市国土资源局、消防公安局对初步设计的审批文件。

⑧本院建筑及其他专业提供有关的设计文件。

二、设计计算参数

1. 室外气象设计计算参数：

①夏季：空调室外计算干球温度：33℃

空调室外计算湿球温度：27.9℃

空调日平均干球温度：29.6℃

通风室外计算干球温度：31℃

平均风速：2.1m/s

大气压力：1003.4hPa

②冬季：空调干球温度：6℃

空调相对湿度：7%

大气压力：1017.6hPa

平均风速：3m/s

2. 室内环境设计计算参数：

房间 名称	温度 /℃	相对湿 度/%	噪声/ dB(A)	备注
卧室	24~26	<65	30~40	
书房	24~26	<65	40	
餐厅	24~26	<65	55	
健身房	24~26	<65	55	
康乐室	24~26	<65	55	

三、空调设计

本工程采用超级一拖多变频泵式中央空调系统。考总到各房间功能需要，设计采用两套各自独立运行的空调系统，以利调节。空调面积约650m²。计算冷负荷为140kW，空调室外线接设于本楼顶。每台室内机各有一个有线遥控器及无线遥控器，于首层玄关处设集中控制器。

四、通风设计

1. 地下室无外窗的房间设机械排风系统S-1和空调用新风系统S-1。

2. 卫生间设天花型排气扇，通过风管排出室外，换气次数按12次设计。

五、冷媒管系统安装

1. 管径壁厚

钢管规格表：

φ9.52×0.8　φ19.05×1.0　φ28.58×1.2

φ12.7×0.8　φ22.22×1.2　φ38.1×1.3

φ15.88×1.0　φ25.4×1.2　φ41.28×1.7

φ44.45×1.7

2. 空调吊架2m一个，空调室内机接口用喇叭口连接，此外的所有接口均用焊接。

3. 冷媒管均为退火铜管，铜管连接为焊接，管路充氮气保护，管路安装时应封管口或用铜管堵，避免堵塞。

4. 冷媒管在楼内水平安装，管路连接三通可以水平或垂直放置，水平放置倾角小于30°。

5. 冷媒管安装完毕，管路要做气密性试验合格后，氮气加压至2.9MPa放置24h后检查为合格，钢管气密性检查合格后，用真空泵抽真空至真空度为133Pa。

6. 钢管抽真空合格后，在低压侧充注氟利昂22，充注量φ9.52为75g/m，φ12.7为125g/m，φ15.88为195g/m，φ19.05为280g/m，φ22.22为400g/m，φ25.4为500g/m。

7. 钢管保温材料为橡塑复合铝箔(复合不燃性)，保温层厚为10mm并作防潮。

8. 所有吊顶内安装的空调室内机均设冷凝排水和安装保养位置。

9. 管道支吊架的具体形式和安装口，由安装单位根据现场情况决定，做法按国标N112和国标95R402支架内安装。冷凝排水和安装保养位置。

10. 管道支吊架均500×500按接口，以便维修保养。

11. 冷媒管、凝结水管穿墙或楼板时要用套管，套管的尺寸比相应穿管大2号，穿管与套管之间应用胶泥堵塞。

12. 未尽之处应遵守《通风与空调工程施工质量验收规范》(GB 50243—2002)的规定。

13. 室内机安装位置应与室内装饰配合，具体情况调整，图中位置为参考位置。风管安装

六、空调系统安装

1. 空调、通风工程风管除特别说明外，均用镀锌钢板制作，其厚度按下表选用。

2. 矩形风管边长大于630mm、保温风管大于800mm均采用加固措施。加固措施有对风管棱筋、立筋、立防、角钢、扁钢、通风风管用钢法兰连接时，法兰阀用厚4.0mm的角钢，间距不大于3m；垂直安装时，同8510密封胶螺旋连接；排烟风管或排风管兼作排烟风管用厚力4.00m石棉胶垫作衬垫。

3. 空调、通风风管用钢管、吊架形式用料规格详见《通风与空调工程施工质量验收规范》(GB 50243—2016)。

4. 风管支、吊架间距，水平安装，直径或边长≤400mm，间距不大于4m；>400mm，间距不大于3m。风管支、吊架不大于4m。风管验收规范的支架安等

七、空调系统安装

1. D≤80mm用普通钢管，100mm≤D≤450mm用无缝钢管，D>450mm用焊接钢管(样图—均用D外径×壁厚表示)。

2. 所有排水管在安装前，需将管内外污杂、铁锈、杂物清除干净，安装中的敞口应临时封堵，管道安装完毕，应对系统反复冲洗，直至排出水中不带泥砂、铁屑等杂质，水色与入口无差别方为合格，且需继续排2h(必要时需装临时冲管)，才能与设备连接。

七、冷凝水系统

1. D≤80mm用普通钢管，冷凝水管穿墙时要用套管，套管与套管之间应用胶泥塞。

2. 所有排水管穿墙套管，穿管与套管之间应用胶泥塞。

3. 冷凝水系统采用无水试验，每个冷凝水系统充满水后，以其所渗漏为合格。

图9-14　空调施工说明

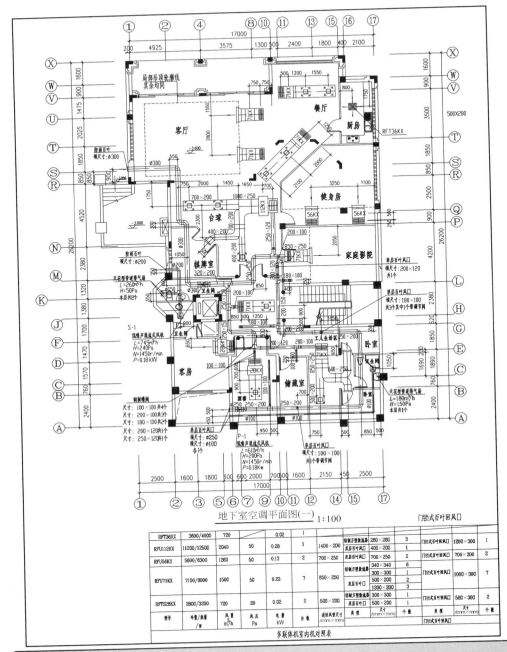

地下室空调平面图(一) 1:100

多联体机室内机对照表

型号	冷量/热量 /W	风量 m³/h	风压 Pa	电量 kW	台数	送回风管尺寸 /(mm×mm)	类型	尺寸 /(mm×mm)	个数	类型	尺寸 /(mm×mm)	个数
RFT36KX	3600/4000	720		0.02	1		铝制方型散流器	280×280	3	门锁式百叶回风口	1200×300	1
RFU112KX	11200/12500	2040	50	0.28	1	1400×200	双层百叶风口	400×200	1			
						700×200	双层百叶风口	700×250	1	门锁式百叶回风口	700×300	2
RFU56KX	5600/6300	1260	50	0.13	2	700×200	铝制方型散流器	340×340	6			
RFU71KX	7100/8000	1500	50	0.23	7	850×250		300×300	1	门锁式百叶回风口	1000×300	7
							双层百叶风口	500×200	2			
								1200×200	3			
RFTS28KX	2800/3200	720	20	0.02	2	500×200	铝制方型散流器	300×300	3	门锁式百叶回风口	500×300	2
							双层百叶风口	500×200	1			

本图导读:
①本图是地下室空调平面图。从图中可以看出,空调室内机,送、排风机,送、排风口,送、排风风管的平面位置,风管的管径,送、排风口的尺寸以及各种阀门的安装位置和规格。
②从图中可以看出该系统新风直接接入室内机回风,与室内回风混合由空调室内机处理后送入空调房间。
③图中φ300是指截面为圆形的风管,其管径为300mm,以此类推。
④图中250×150是指截面为矩形的风管,其截面尺寸为宽250mm、高150mm,以此类推。
⑤图中28KX表示空调室内机的型号,对应右下侧多联体机室内机对照表中的RFTS28KX,由此表可以查出该室内机的性能特性,以此类推。
⑥S-1表示送风机,其技术参数L为风量,H为扬程,N为转速,P为功率。
⑦P-1表示排风机,技术参数符号同送风机。
⑧图中箭头方向表示送风与排风的方向,例如:客厅侧墙有由室外向室内指的箭头,表示室外新风送入室内,侧墙百叶为送风百叶,以此类推。

图 9-15 地下室空调平面图(一)

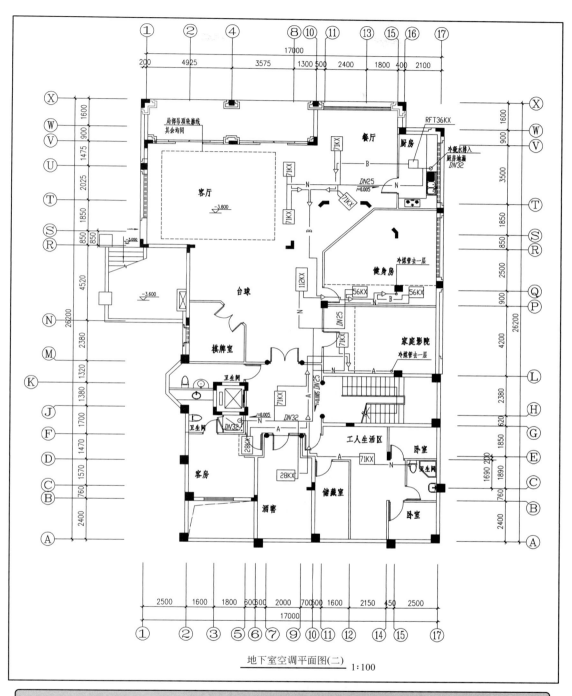

地下室空调平面图(二) 1:100

图 9-16 地下室空调平面图(二)

本图导读：①本图是地下室空调平面图。从图中可以看出，空调冷媒管与冷凝水管的走向。
②图中管线上标有A、B表示空调冷媒管，A和B分别表示两个不同的系统；标有N表示空调冷凝水管为分歧管；冷凝水管上边箭头及数字表示水管坡向和坡度。
③图中DN25表示冷凝水管公称直径为25mm，以此类推。

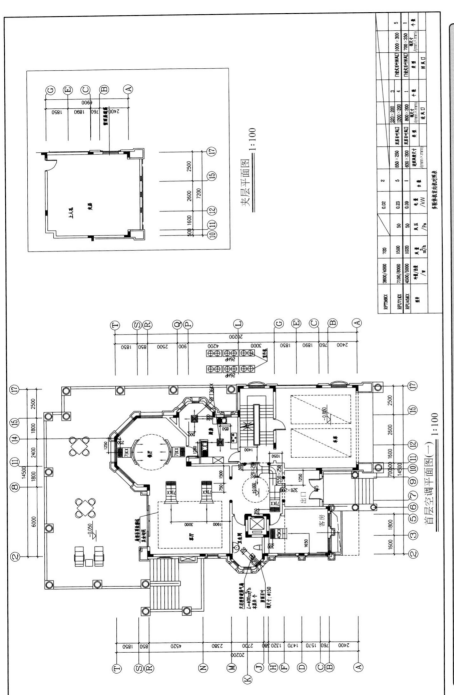

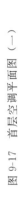

图 9-17　首层空调平面图（一）

本图导读：①本图是首层空调平面图。从图中可以看出，空调室内机、室外机和卫生间排气扇的平面位置、空调送风管管径位置。
②图中320×200是指截面为矩形的风管，其截面尺寸为宽320mm、高200mm。以此类推。
③图中71KX表示空调室内机的型号，对应右下侧多联体机室内机对照表中的RFU71KX，由此表可以查出该室内机的性能特性。以此类推。
④图中箭头方向表示送风与排风的方向。

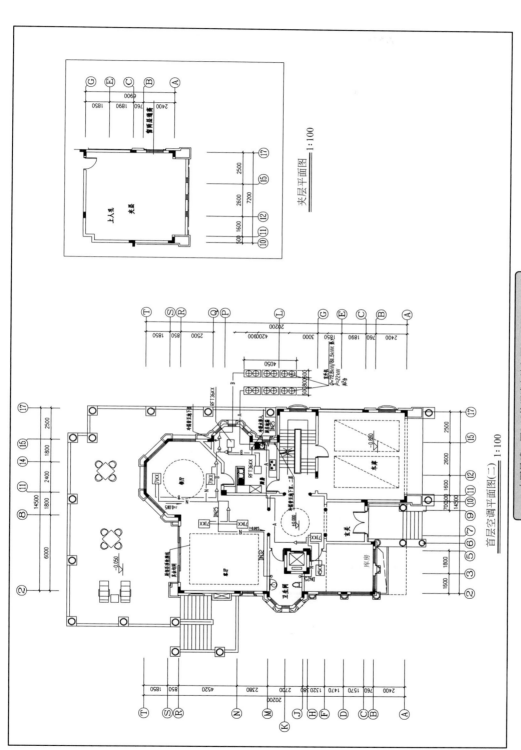

本图导读：图9-18的识读方法与图9-17相同。

图 9-18　首层空调平面图（二）

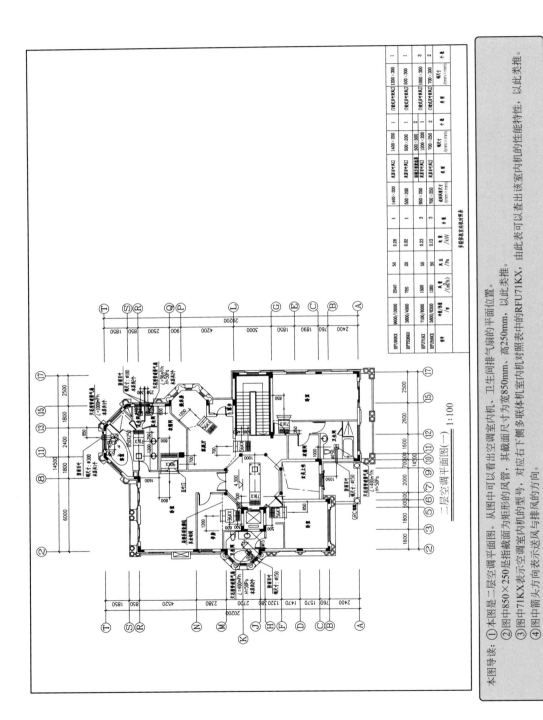

二层空调平面图(一) 1:100

图 9-19 二层空调平面图 (一)

本图导读：①本图是二层空调平面图。从图中可以看出空调室内机、卫生间排气扇的平面位置。
②图中850×250是指截面为矩形的风管，其截面尺寸为宽850mm、高250mm，以此类推。
③图中71KX表示空调室内机的型号，对应右下侧多联体机室内机对照表中的RFU71KX，由此表可以查出该室内机的性能特性，以此类推。
④图中箭头方向表示送风与排风的方向。

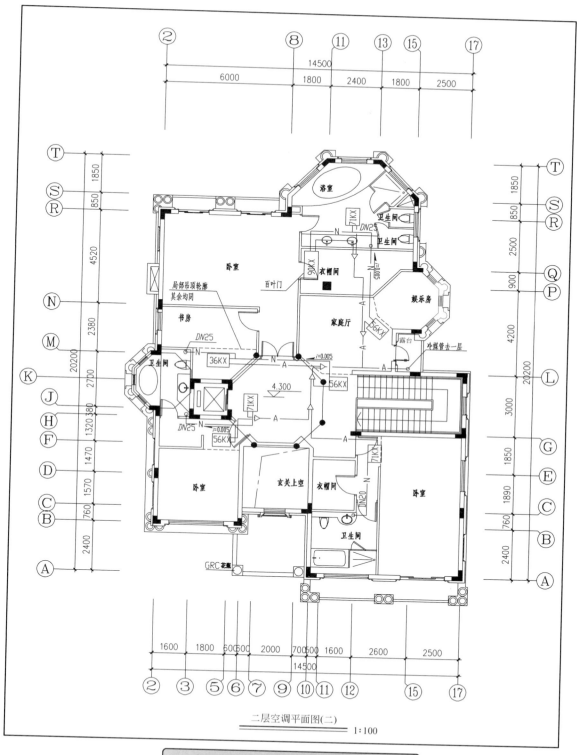

二层空调平面图(二)

1:100

本图导读：图9-20的识读方法与图9-19相同。

图9-20 二层空调平面图（二）

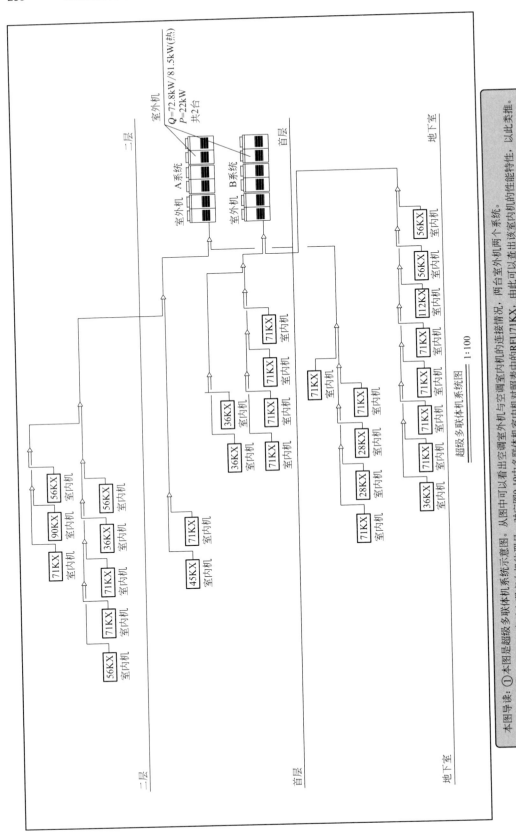

超级多联体机系统图 1:100

本图导读：①本图是超级多联体机系统示意图。从图中可以看出空调室外机与空调室内机的连接情况。两台室外机两个系统。②图中71KX表示空调室内机的型号，对应图9-19中多联体机系统，对照图中的RFU71KX。由此可以查出该室内机对照表中的性能特性，以此类推。③▷为分歧管。

图 9-21 超级多联体机系统示意图

第十章

建筑电气工程识图实例解读

第一节 建筑电气工程中的系统图实例解读

一、单元供电系统图的识读

对于单元供电系统图的识读，以图 10-1 为例进行解读。

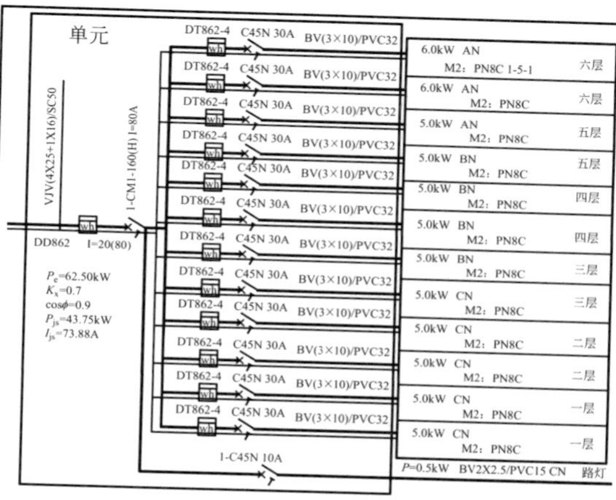

单元												
DT862-4 C45N 30A BV(3×10)/PVC32	6.0kW AN M2: PN8C 1.5-1	六层
DT862-4 C45N 30A BV(3×10)/PVC32	6.0kW AN M2: PN8C	六层
DT862-4 C45N 30A BV(3×10)/PVC32	5.0kW AN M2: PN8C	五层
DT862-4 C45N 30A BV(3×10)/PVC32	5.0kW BN M2: PN8C	五层
DT862-4 C45N 30A BV(3×10)/PVC32	5.0kW BN M2: PN8C	四层
DT862-4 C45N 30A BV(3×10)/PVC32	5.0kW BN M2: PN8C	四层
DT862-4 C45N 30A BV(3×10)/PVC32	5.0kW CN M2: PN8C	三层
DT862-4 C45N 30A BV(3×10)/PVC32	5.0kW CN M2: PN8C	三层
DT862-4 C45N 30A BV(3×10)/PVC32	5.0kW CN M2: PN8C	二层
DT862-4 C45N 30A BV(3×10)/PVC32	5.0kW CN M2: PN8C	二层
DT862-4 C45N 30A BV(3×10)/PVC32	5.0kW CN M2: PN8C	一层
1-C45N 10A	P=0.5kW BV2X2.5/PVC15 CN	路灯

VJV(4X25+1X16)/SC50

1-CM1-160(H) I=80A

DD862

$P_e=62.50kW$
$K_x=0.7$
$\cos\varphi=0.9$
$P_{js}=43.75kW$
$I_{js}=73.88A$

单元供电系统图

材料表：

序号	图例	名称	型号	单位	数量		备注
					副		
1	—	低压进户装置	三相五线			1	进户线
2	—	铜芯聚氯乙烯系电缆	VJV	m		12	
3	—	铜芯聚氯乙烯绝缘线	BV-10	m		2	
4	—	铜芯聚氯乙烯绝缘线	BV-6	m		28	
5	—	铜芯聚氯乙烯绝缘线	BV-4	m		6	
6	—	铜芯聚氯乙烯绝缘线	BV-2.5	m		52	
7	—	阻燃硬质塑料管	PVC32	m		12	
8	—	阻燃硬质塑料管	PVC20	m		6	
9	—	阻燃硬质塑料管	PVC15	m		52	
10	⊡	电度表箱		套		26	
11	⊠	M2照明电表箱	PN8C	套		12	
12	⊞	M3电度表箱	PN4C	套		4	
13	⊗	防水防尘灯	1×60W	套		142	
14	⊗	吸顶灯	1×60W	套		12	
15	⊗	白炽灯	PZ 15×100W	套			
16	⊕	客厅灯	15×25W	套			
17	✻	花灯	5×25W	套			
18	•	单光开关	250V 3A	套			
19	✶	两光开关	250V 10A	套			
20	✶	一位开关	250V 10A	套			
21	✶	二位开关	250V 10A	套			
22	⊿	三位开关	250V 10A	套			
23	⊿	双控开关		套			
24	⊥	多用插座	250V 10A	套			
25	⊥	空调插座	250V 20A	套			

说明：

一、设计依据
《民用建筑电气设计规范》(JGJ/T 16—92)及国家有关设计规范和图集。

二、设计范围
低压配电、照明、防雷接地。

三、供配电系统
1. 本工程采用380V/220V电源供电。
2. 进户处全部为重复接地，设专用PE线，接地电阻不大于1Ω。
3. 电气全采用TN-C-S接地系统，并专用保护开共用接地装置，插座接地孔应与接地线可靠连接。顶板暗敷。支干线、支干线应选用铜芯型电线(BV穿PVC管)沿建筑物墙、楼、地面、顶板暗敷设。
4. 设计容量见系统图。
5. 低压配电干线选用铜芯聚氯乙烯电缆(VJV)穿钢管埋地或沿建筑物墙敷设。户内导线为BV-4、管径线缆按照97SD567施工。
6. 导线除图中有标注外，户内导线主线和插座线为BV-4、2.5/PVC20 BV(4×2.5)PVC25 BV(5×2.5)PVC25 2.5/PVC20 BV(4×2.5)PVC25 灯线为BV-2.5，穿管管径为：BV2×2.5)PVC15 BV(3× 空调插座线为：BV-6。

四、防雷与接地
1. 屋面防雷采用避雷带，用φ12的镀锌圆钢制作。各照明配电箱电源安装高度中心距地1.8m，卫生间其余插座安装底边距0.3m。空调插座安装高度距地1.8m，厨房、卫生间用采用密封型防水防潮插座和开关。
9.插座按100W/个计。空调插座2.5kW计。
2. 利用柱内不小于φ14的主防作引下线，柱内主防应为焊接。
3. 利用基础、地梁内的钢筋作接地装置，钢筋应为焊接。出地面1.5m处连接地电阻测试点、实测接地冲击电阻小于10Ω。若不满足，应增设引下线与引下线为人工接地装置。

五、未尽事宜按国家有关规范执行

本图导读：①单元供电系统图，此图为某单元住宅总配电系统图。图中注明引进线电缆规格、进线总开关选型及整数，每户配电箱(箱内电缆)的规格尺寸等。②说明：此部分为强电设计说明，包含设计的范围。③材料表：该表说明了强电设计中所用电器表、导线数量及规格型号、规格及数量(不包含线管的长度)。

图 10-1 单元供电系统图

二、配电柜系统图的识读

对于配电柜系统图的识读，以图 10-2 为例进行解读。

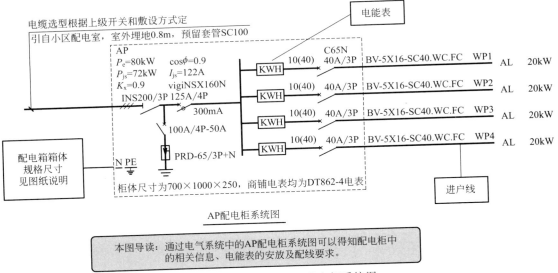

图 10-2　某住宅楼 AP 配电柜系统图

三、有线电视图的识读

对于有线电视图的识读，以图 10-3 为例进行解读。

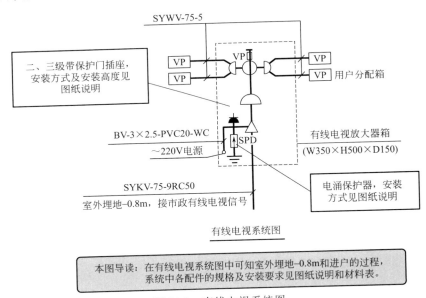

图 10-3　有线电视系统图

四、综合布线系统图的识读

对于综合布线系统图的识读，以图 10-4 为例进行解读。

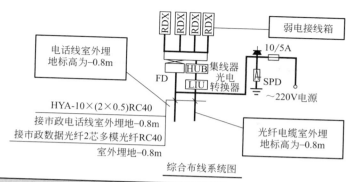

图 10-4　综合布线系统图

第二节　照明施工图实例解读

一、一层照明平面图的识读

对于一层照明平面图的识读，以图 10-5 为例进行解读。

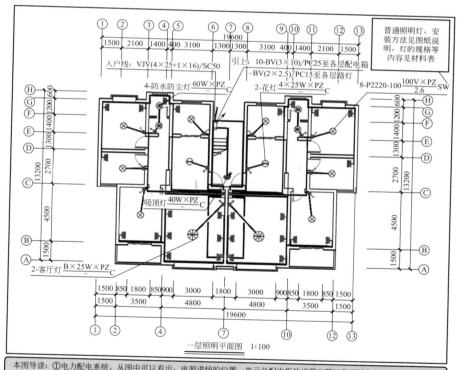

图 10-5　一层照明平面图

二、标准层照明平面图的识读

对于标准层照明平面图的识读，以图 10-6 为例进行解读。

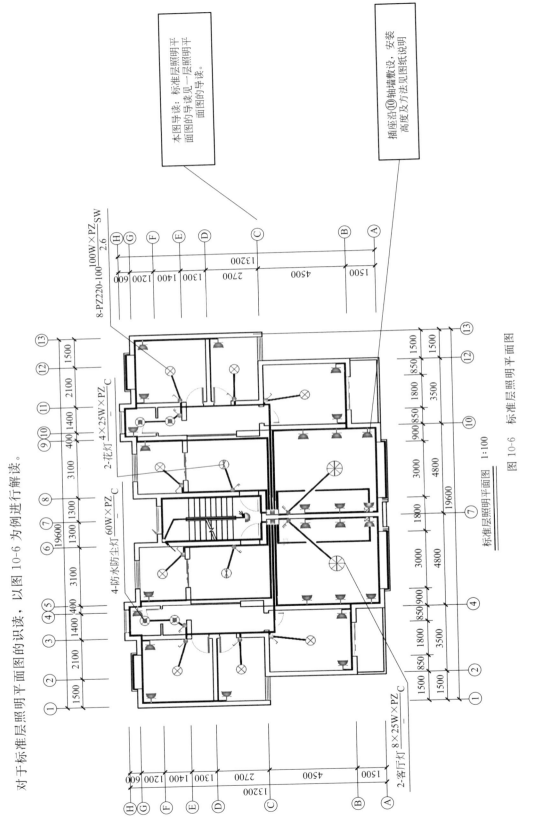

本图导读：标准层照明平面图的导读见一层照明平面图的导读。

插座沿⑩轴墙敷设，安装高度及方法见图纸说明。

图 10-6 标准层照明平面图

三、六、七层照明平面图的识读

对于六、七层照明平面图的识读，以图 10-7 和图 10-8 为例进行解读。

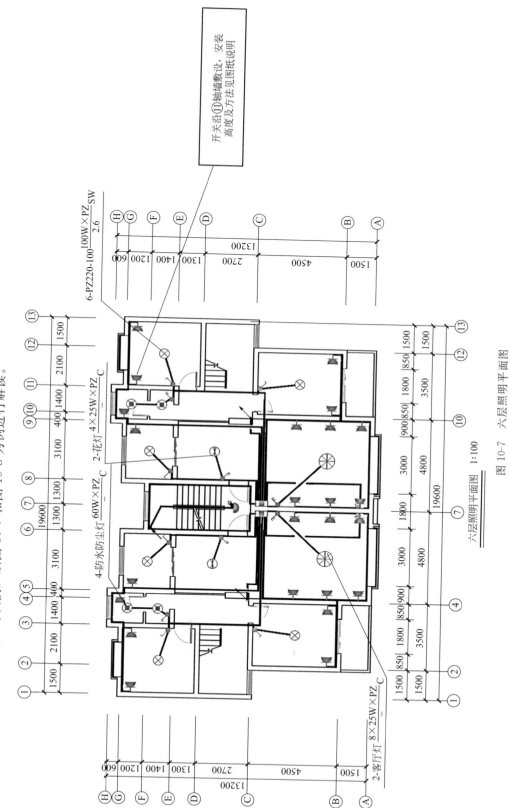

图 10-7 六层照明平面图

本图导读：
①六、七层为跃层，均为一户，户内配电箱位置：六层同标准层。七层户箱引来。电源由六层户箱设配电分箱。负责七层照明及插座及插座引来。照明灯具及插座电源各一路。管线规格参见系统图。
②从图中可看出每户电源由一层总柜沿楼梯墙引上至每户配电箱。每层含两户，每户入门处设置户内配电箱。每户内照明灯具，插座等电源均由户内配电箱引来。
③公共区域（即楼梯间）照明灯具电源由总配电柜引来，用电计入整个单元用电。

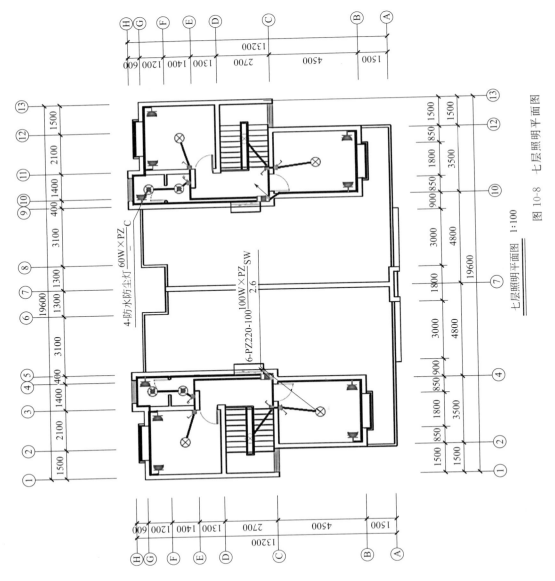

七层照明平面图 1:100

七层照明平面图

图 10-8　七层照明平面图

第三节 防雷接地施工图实例解读

对于防雷接地施工图的识读，以屋面防雷布置图（图 10-9）为例进行解读。

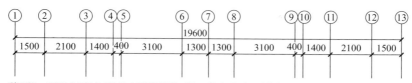

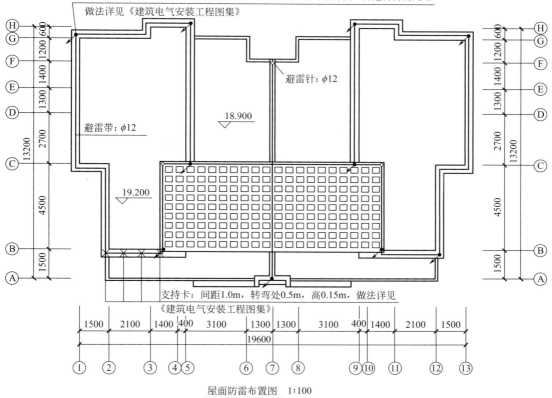

屋面防雷布置图 1:100

本图导读：①本图为建筑屋顶的防雷设置图，沿屋面女儿墙、屋檐等处明敷避雷带，避雷带采用φ12的镀锌圆钢制作，同时在屋面最高处设置避雷针，各标高避雷带及避雷针之间均可靠连接。
②防雷引下线利用结构柱或剪力墙内不小于φ14两根结构主筋，引下线上端与避雷带可靠连接，下端与基础钢筋及接地网可靠连接。
③图中箭头方向表示送风与排风的方向。

图 10-9 屋面防雷布置图

第四节 强电工程施工图实例解读

对于强电工程施工图的识读，以强电平面图为例进行解读。

一、首层强电平面图的识读

对于首层强电平面图的识读，以图 10-10 为例进行解读。

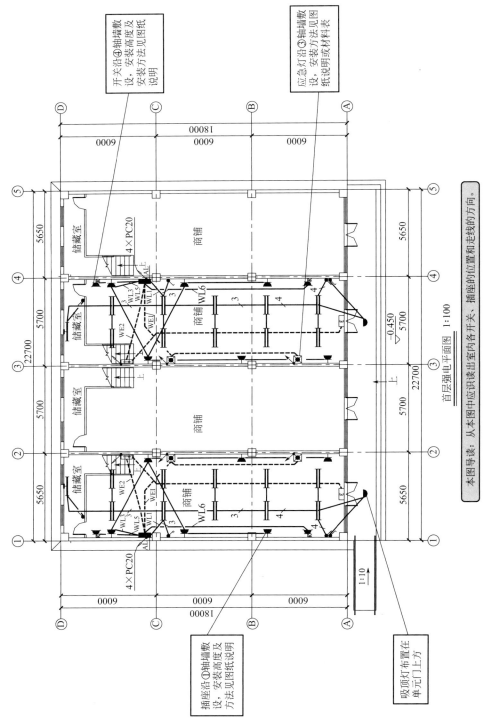

图 10-10　首层强电平面图

本图导读：从本图中应识读出室内各开关、插座的位置和走线的方向。

二、二层强电平面图的识读

对于二层强电平面图的识读，以图 10-11 为例进行解读。

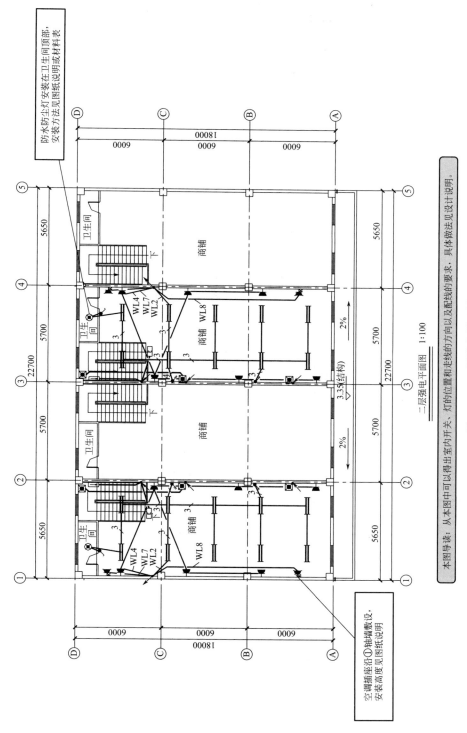

图 10-11　二层强电平面图

防水防尘灯安装在卫生间顶部，安装方法见图纸说明或材料表

空调插座沿①轴墙敷设，安装高度见图纸说明

本图导读：从本图中可以得出室内开关、灯的位置和走配线的方向以及配线的要求。具体做法见设计说明。

二层强电平面图 1:100

第五节　弱电工程施工图实例解读

一、首层弱电平面图的识读

对于首层弱电平面图的识读，以图 10-12 为例进行解读。

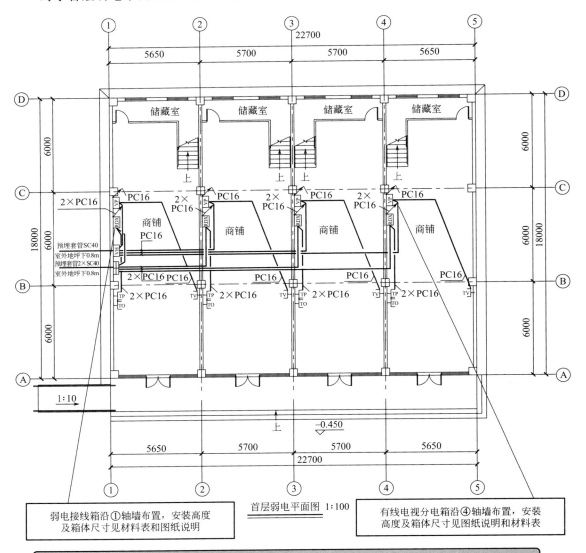

图 10-12　首层弱电平面图

二、二层弱电平面图的识读

对于二层弱电平面图的识读，以图 10-13 为例进行解读。

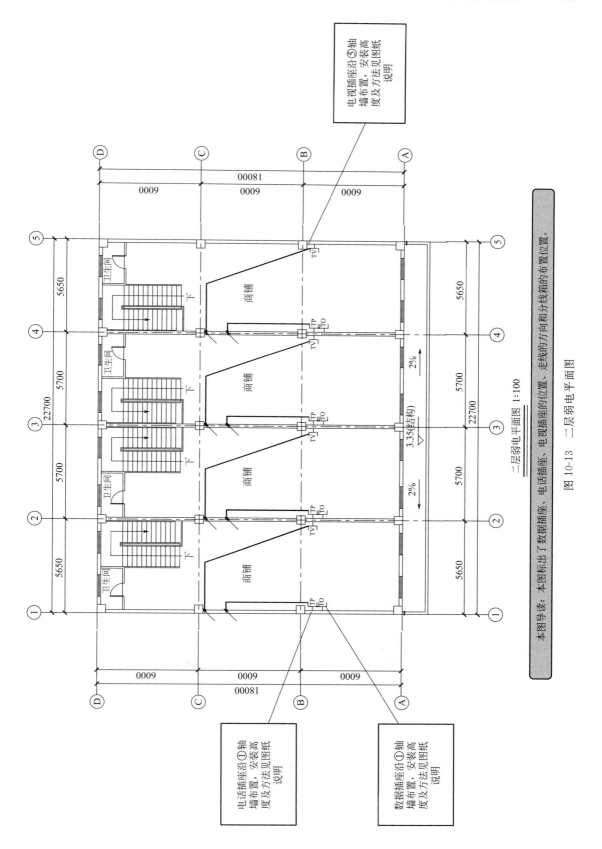

二层弱电平面图 1:100

图 10-13　二层弱电平面图

本图导读：本图标出了数据插座、电话插座、电视插座的位置、走线的方向和分线箱的布置位置。

电视插座沿⑤轴墙布置，安装高度及方法见图纸说明

电话插座沿①轴墙布置，安装高度及方法见图纸说明

数据插座沿①轴墙布置，安装高度及方法见图纸说明

三、标准层电视、电话平面图的识读

对于标准层电视、电话平面图的识读，以图 10-14 为例进行解读。

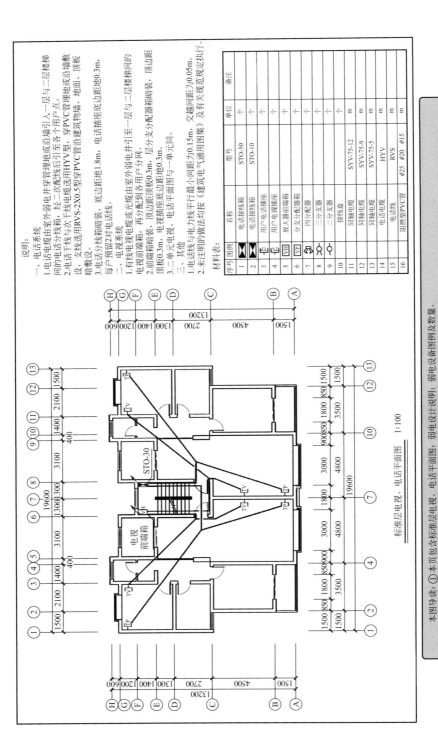

图 10-14 标准层电视、电话平面图

说明：

一、电话系统

1. 电话电缆由室外弱电井穿埋电缆沿墙引入一层与二层楼梯间的电话分线箱，经二次配线后引至各个用户。
2. 电话干线与次干线电缆选用HYV型，穿PVC管埋地或沿墙暗敷设，支线选用RVS-2×0.5型穿PVC管沿建筑物墙、地面、顶板暗敷设。
3. 电话分线箱暗装，底边距地1.8m，电话插座边距地0.3m。
4. 每户预留2对电话线。

二、电视系统

1. 有线电视电缆或光缆由室外弱电井引至一层与二层楼梯间的电视前端箱，再分配到各用户分网。
2. 电视前端箱暗装。顶边距顶板0.3m，电视插座边距地0.3m。顶板0.3m。电视、电话平面图与一单元同。
3. 二单元电视、电话图与一单元同。

三、其他

1. 电话线与电力线平行时最小间距为0.15m，交越间距为0.05m。
2. 未注明的做法均按《建筑电气通用图集》及有关规范规定执行。

材料表：

序号图例	名称	型号	单位	备注
1	电话接线箱	STO-50	个	
2	电话接线箱	STO-10	个	
3	用户电话插座		个	
4	用户电视插座		个	
5	放大器前端箱		个	
6	分支分配器箱		个	
7	四分配器		个	
8	三分支器		个	
9	二分支器		个	
10	接线盒		个	
11	同轴电缆	SYV-75-12	m	
12	同轴电缆	SYV-75-9	m	
13	同轴电缆	SYV-75-5	m	
14	电话电缆	HYV	m	
15	电话线	RVS	m	
16	阻燃型PVC管	φ25 φ20 φ15	m	

标准层电视、电话平面图 1:100

本图导读：①本页包含标准层电视、电话平面图；弱电设备图例及数量。
②VH为电视前端箱，STO-30为电话交接箱，均设于一层楼梯间。
③每户内电视及电话线路均由一层楼梯间设备处沿墙引上再沿地面敷设而来，标准层每户内分别设置两个电话及电视接口。

四、六、七层电视、电话平面图的识读

对于六、七层电视、电话平面图的识读，以图10-15和图10-16为例进行解读。

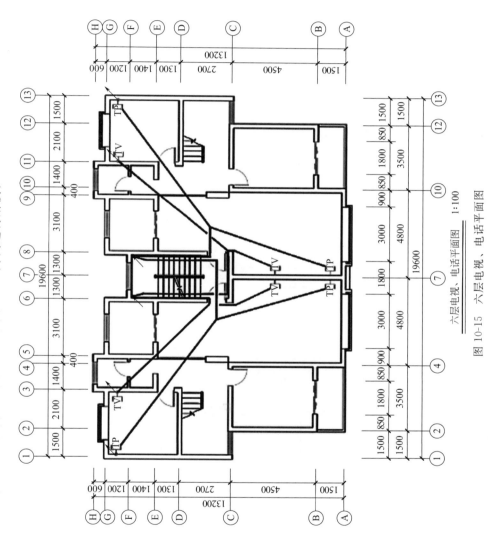

六层电视、电话平面图　1:100

图10-15　六层电视、电话平面图

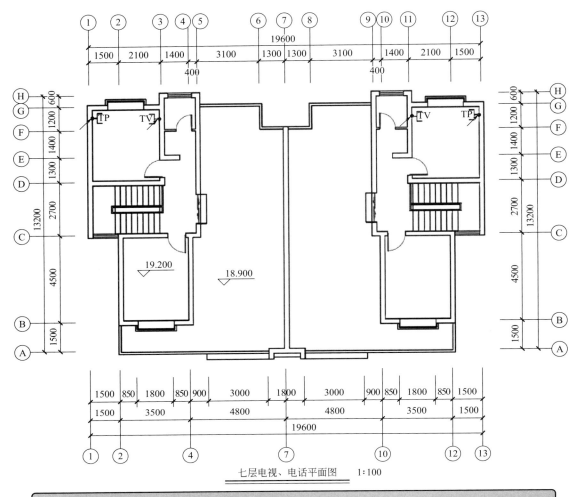

七层电视、电话平面图   1:100

本图导读： 本图为顶层跃层的电话及电视平面设置，七层电话、电视管线由六层沿墙内敷设至各点位，七层每户内设置电话及电视点位各一个。

图 10-16   七层电视、电话平面图

参 考 文 献

[1] 中华人民共和国住房和城乡建设部.总图制图标准：GB/T 50103—2010 [S].北京：中国计划出版社，2011.

[2] 中华人民共和国住房和城乡建设部.房屋建筑制图统一标准：GB/T 50001—2010 [S].北京：中国计划出版社，2011.

[3] 中华人民共和国住房和城乡建设部.建筑制图标准：GB/T 50104—2010 [S].北京：中国计划出版社，2011.

[4] 中华人民共和国住房和城乡建设部.建筑结构制图标准：GB/T 50105—2010 [S].北京：中国建筑工业出版社，2010.

[5] 中华人民共和国住房和城乡建设部.建筑给水排水制图标准：GB/T 50106—2010 [S].北京：中国建筑工业出版社，2010.

[6] 中华人民共和国住房和城乡建设部.暖通空调制图标准：GB/T 50114—2010 [S].北京：中国建筑工业出版社，2010.

[7] 中国建筑标准设计研究院.建筑电气工程设计常用图形和文字符号：09DX001 [S].北京：中国计划出版社，2010.

[8] 诸振文.建筑识图入门 [M].北京：化学工业出版社，2013.

[9] 赵研.建筑识图与构造 [M].北京：中国建筑工业出版社，2011.

[10] 张瑞祯.建筑给排水工程施工图识读要领与实例 [M].北京：中国建材工业出版社，2013.

[11] 张日新.建筑电气施工图识图口诀与实例 [M].北京：化学工业出版社，2015.